新世纪高校机械工程系列教材

精密与特种加工技术

主　编　张建华

副主编　盖玉先　刘军营　王斌修

参　编　许崇海　刘永红　尹占民　王积森

　　　　张　佳　王　强　徐　宁

主　审　张　明

机械工业出版社

本书收集了国内外大量的文献资料，较系统地讲述了精密和特种加工的主要内容，适于作为机械制造及其自动化专业本科学生的教材，同时也适于从事机械制造业的工程技术人员作为参考书使用。

全书共十一章，除第一章概论外，其余各章的内容分别为：金刚石刀具精密切削加工、精密与超精密磨料加工、电火花加工、电火花线切割加工、电化学加工、激光加工、超声波加工、电子束和离子束加工、超高压水射流切割、其他精密与特种加工技术。

图书在版编目（CIP）数据

精密与特种加工技术/张建华主编. —北京：机械工业出版社，2003.7（2025.6 重印）
新世纪高校机械工程系列教材
ISBN 7-111-12108-2

Ⅰ.精… Ⅱ.张… Ⅲ.①金刚石—精密切削—高等学校—教材②金刚石—特种加工—高等学校—教材
Ⅳ.TG580.61

中国版本图书馆 CIP 数据核字（2003）第 034744 号

机械工业出版社（北京市百万庄大街 22 号　邮政编码 100037）
责任编辑：冯　铁　王勇哲　版式设计：霍永明　责任校对：张晓蓉
封面设计：姚　毅　　　　　责任印制：张　博
北京铭成印刷有限公司印刷
2025 年 6 月第 1 版第 27 次印刷
169mm×239mm · 16.25 印张 · 314 千字
标准书号：ISBN 978-7-111-12108-4
定价：40.00 元

电话服务　　　　　　　　　　　网络服务
客服电话：010-88361066　机　工　官　网：www.cmpbook.com
　　　　　010-88379833　机　工　官　博：weibo.com/cmp1952
　　　　　010-68326294　金　书　网：www.golden-book.com
封底无防伪标均为盗版　　　　机工教育服务网：www.cmpedu.com

前　言

精密与特种加工是先进制造技术的重要组成部分，不仅直接影响着尖端技术和国防工业的发展，而且还影响到机械产品的加工精度和加工表面质量，影响产品的国际竞争能力。例如，通过精密加工技术制造的陀螺仪，其制造精度直接影响导弹的命中精度；通过微细特种加工技术制造的大规模集成电路，其集成度与微细特种加工技术的进步直接相关，加工工艺水平决定了集成电路上的集成元件数，直接影响微电子工业和计算机技术的发展。目前，世界各国都非常重视精密和特种加工技术，将其作为发展先进制造技术中的优先发展内容。

近年来，微电子技术、计算机技术、自动控制技术等发展迅速，精密与特种加工技术也产生了飞跃式的发展，已经成为机械制造业水平的重要标志。例如，20 世纪 50 年代加工精度的最高水平是 1μm，20 世纪 70 年代后期加工精度的最高水平是 0.1μm，目前加工精度的最高水平已经达到 0.01~0.001μm。

改革开放以来，我国在精密和特种加工技术方面取得了很大的进步，对改造和提升我国的制造业水平及提高产品竞争力起到了很大的推动作用。但必须注意的是，目前我国在精密和特种加工技术及设备方面与西方发达国家相比还有很大的差距，严重制约着我国的尖端技术和国防工业发展，影响自主知识产权产品和核心竞争力产品的开发，需要加大这方面的研究开发和推广等工作。

高等学校机械制造及其自动化专业的历史较长。近年来，由于各种新技术的发展和应用，机械制造业的面貌发生了很大的变化。机械制造及其自动化专业也面临着改革和发展，迫切需要更新教学内容，增设新的课程以适应机械制造业的快速发展。已经有很多高等学校为机械制造及其自动化专业本科生开设了特种加工选修课或精密加工选修课。

本书收集了国内外大量的文献资料，较系统地讲述了精密和特种加工的主要内容，适于作为机械制造及其自动化专业本科学生的教材，同时也适于从事机械制造业的工程技术人员作为参考书使用。

本书各章的编者如下：山东大学张建华(第一、十一章)；哈尔滨工业大学威海分校盖玉先(第二、三章)；青岛建筑工程学院王斌修(第四章)；山东理工大学尹占民(第五章)；山东理工大学刘军营、徐宁(第六章)；华东石油大学刘永红(第七章)；山东科技大学张佳、王积森(第八章)；山东轻工业学院许崇海(第九章)；济南大学王强(第十章)；全书由山东大学张建华任主编，山东理工大学张明教授任主审。

在本书的编写过程中，得到山东机械工程学会特种加工专业委员会的大力支持，山东大学机械工程学院的秦勇、张代林、任升峰等做了大量的辅助工作，在此表示衷心感谢。

本书的内容涉及面较广，由于编者水平所限，书中难免有不足和欠妥之处，恳请广大读者批评指正。

编　者

目　　录

第一章　概　　论

第一节　精密与特种加工的产生背景

制造技术的发展已经有几千年的历史，从石器时代、铜器时代、铁器时代到现代的高分子塑料时代；从手工制作、机器制作到现代的智能控制自动化制作；同时，从一般精度加工、精密加工到现代的超精密加工及纳米加工，代表了当前先进制造技术发展的重要方向。

由于现代科学技术的迅猛发展，机械工业、电子工业、航空航天工业、化学工业等，尤其是国防工业部门，要求尖端科学技术产品向高精度、高速度、大功率、小型化方向发展，以及在高温、高压、重载荷或腐蚀环境下长期可靠地工作。为了适应这些要求，各种新结构、新材料和复杂形状的精密零件大量出现，其结构和形状越来越复杂，材料的性能越来越强韧，对精度要求越来越高，对加工表面粗糙度和完整性要求越来越严格，使机械制造面临着一系列严峻的任务：

1）解决各种难切削材料的加工问题。如硬质合金、钛合金、耐热钢、不锈钢、淬火钢、金刚石、石英以及锗、硅等各种高硬度、高强度、高韧性、高脆性的金属及非金属材料的加工。

2）解决各种特殊复杂型面的加工问题。如喷气涡轮机叶片、整体涡轮、发动机机匣、锻压模等的立体成型表面，各种冲模、冷拔模等特殊断面的型孔，炮管内膛线、喷油嘴，喷丝头上的小孔、窄缝等的加工。

3）解决各种超精密、光整零件的加工问题。如对表面质量和精度要求很高的航天航空陀螺仪、精密光学透镜、激光核聚变用的曲面镜、高灵敏度的红外传感器等零件的精细表面加工，形状和尺寸精度要求在 0.1μm 以上，表面粗糙度 R_a 要求在 0.01μm 以上。

4）特殊零件的加工问题。如大规模集成电路、光盘基片、复印机和打印机的感光鼓、微型机械和机器人零件、细长轴、薄壁零件、弹性元件等低刚度零件的加工。

要解决上述一系列问题，仅仅依靠传统的切削加工方法很难实现，有些根本无法实现。在生产的迫切需求下，人们通过各种渠道，借助于多种能量形式，不断研究和探索新的加工方法。精密和特种加工技术就是在这种环境和条件下产生和发展起来的。

目前，精密与特种加工已经成为制造领域不可缺少的重要方面，在难切削材料、复杂型面、精细零件、低刚度零件、模具加工、快速原形制造以及大规模集成电路等领域发挥着越来越重要的作用。

第二节　精密与特种加工的特点及其对机械制造领域的影响

精密与特种加工是一门多学科的综合高级技术，要获得高精度和高质量的加工表面，不仅要考虑加工方法本身，而且涉及被加工的工件材料、加工设备及工艺装备、检测方法、工作环境和人的技艺水平等等。精密与特种加工技术与系统论、方法论、计算机技术、信息技术、传感器技术、数字控制技术的结合，促成了精密与特种加工系统工程的形成。

精密加工的范畴包括微细加工、光整加工和精整加工等，与特种加工关系密切。

特种加工是指利用机、光、电、声、热、化学、磁、原子能等能源来进行加工的非传统加工方法（NTM，Non-Traditional Machining），它们与传统切削加工的不同特点主要有：①不是主要依靠机械能，而是主要用其他的能量（如电能、热能、光能、声能以及化学能等）去除工件材料；②工具的硬度可以低于被加工工件材料的硬度，有些情况下，例如在激光加工、电子束加工、离子束加工等加工过程中，根本不需要使用任何工具；③在加工过程中，工具和工件之间不存在显著的机械切削力作用，工件不承受机械力，特别适合于精密加工低刚度零件。

由于具有上述特点，就总体而言，特种加工技术可以加工任何硬度、强度、韧性、脆性的金属、非金属材料或复合材料，而且特别适合于加工复杂、微细表面和低刚度的零件，同时，有些方法还可以用于进行超精密加工、镜面加工、光整加工以及纳米级（原子级）的加工。

特种加工技术不仅可以采取单独的加工方法，更可以采用复合加工的方法。近年来复合加工的方法发展迅速，应用十分广泛。目前，许多精密加工和超精密加工方法采用了激光加工、电子束加工、离子束加工等特种加工工艺，开辟了精密加工和超精密加工的新途径，一些高硬度、高脆性的难加工材料，例如淬火钢、硬质合金、陶瓷、石英、金刚石等等，一些刚度差、加工中易变形的零件，例如薄壁零件、弹性零件等等，在精密加工和超精密加工时，特种加工已经成为必要的手段，甚至是惟一的手段，形成了精密特种加工技术。

当前，虽然传统加工方法仍占有较大的比例，是主要的加工手段，应该重视并进一步发展。但由于特种加工的迅速兴起，不仅出现了许多新的加工机理，而且出现了各种复合加工技术，将几种加工方法融合在一起，发挥各自所长，相辅相成，具有很大的潜力，因而提高了加工精度、表面质量和加工效率，并且扩大了加工应用范围。

由于精密与特种加工技术的特点以及逐渐被广泛应用，已经引起了机械制造领域内的许多变革。例如对材料的可加工性、工艺路线的安排、新产品的试制过程、产品零件结构设计、零件结构工艺性好坏的衡量标准等产生了一系列的影响：

（1）提高了材料的可加工性　一般情况下认为金刚石、硬质合金、淬火钢、石英、玻璃、陶瓷等是很难加工的。现在已经广泛采用的金刚石、聚晶金刚石、聚晶立方氮化硼等制造的刀具、工具、拉丝模等等，可以采用电火花、电解、激光等多种方法来加工。工件材料的可加工性不再与其硬度、强度、韧性、脆性等有直接的关系。对于电火花、线切割等加工技术而言，淬火钢比未淬火钢更容易加工。

（2）改变了零件的典型工艺路线　在传统的加工领域，除磨削加工以外，其他的切削加工、成型加工等都必须安排在淬火热处理工序之前，这是工艺人员不可违反的工艺准则。精密与特种加工技术的出现，改变了这种一成不变的程序格式。由于基本上不受工件材料硬度的影响，而且为了免除加工后再引起淬火热处理变形，一般都是先淬火处理而后加工。最为典型的是：电火花线切割加工、电火花成型加工、电解加工等都必须先进行淬火处理后再加工。

精密与特种加工的出现还对以往工序的“分散”和“集中”引起了影响。以加工齿轮、连杆等型腔锻模为例，由于精密与特种加工过程中没有显著的机械作用力，机床、夹具、工具的强度、刚度不是主要矛盾，即使是较大的、复杂的加工表面，往往使用一个复杂工具、简单的运动轨迹，经过一次安装、一道工序加工出来，工序比较集中。

（3）大大缩短新产品试制周期　试制新产品时，采用精密与特种加工技术可以直接加工出各种标准和非标准直齿轮，微型电动机定子、转子硅钢片，各种变压器铁心，各种特殊、复杂的二次曲面体零件，可以省去设计和制造相应的刀具、夹具、量具、模具以及二次工具，大大缩短新产品的试制周期。

（4）对产品零件的结构设计产生很大的影响　例如为了减少应力集中，花键孔、轴以及枪炮膛线的齿根部分最好做成小圆角，但拉削加工时刀齿做成圆角对排屑不利，容易磨损，刀齿只能设计与制造成清棱清角的齿根。而采用电解加工技术时，由于存在尖角变圆的现象，非采用小圆角的齿根不可。各种复杂冲模，例如山形硅钢片冲模，以往由于难以制造，经常采用镶拼式结构，现在采用电火花、线切割加工技术后，即使是硬质合金的模具或刀具，也可以制成整体式结构。喷气发动机涡轮也由于电解加工技术的出现可以采用整体式结构。

（5）对传统的结构工艺性好与坏的衡量标准产生重要影响　以往普遍认为方孔、小孔、弯孔、窄缝等是工艺性差的典型，是设计人员和工艺人员非常“忌讳”的，有的甚至是机械结构的“禁区”。对于电火花穿孔加工、电火花线切割加工来说，加工方孔和加工圆孔的难易程度是一样的。喷油嘴小孔，喷丝头小异形孔，涡轮叶片上大量的小冷却深孔、窄缝，静压轴承和静压导轨的内油囊型腔等等，采用电火花加工技术以后都变难为易了。过去淬火处理以前忘了钻定位销孔、铣槽等工艺，淬火处理后这种工件只能报废，现在则可以用电火花打孔、切槽等进行补救。相反，现在有时为了避免淬火处理产生开裂、变形等缺陷，故意把钻孔、开槽等工艺安排在淬火处理之后，使工艺路线安排更为灵活。

第三节　精密与特种加工的方法及分类

1. 加工成形的原理

精密与特种加工从加工成形的原理和特点来分类，可以分为去除加工、结合加工、变形加工三大类。

去除加工又称为分离加工，是从工件上去除多余的材料，例如金刚石刀具精密车削、精密磨削、电火花加工、电解加工等。

结合加工是利用理化方法将不同材料结合（Bonding）在一起。按结合的机理、方法、强弱等又可以分为附着（Deposition）、注入（Injecion）、连接（Jointed）三种。附着加工又称为沉积加工，是在工件表面上覆盖一层物质，为弱结合，例如电镀、气相沉积等。注入加工又称为渗入加工，是在工件的表层注入某些元素，使之与工件基体材料产生物化反应，以改变工件表层材料的力学、机械性质，属于强结合，例如表面渗碳、离子注入等。连接是将两种相同或不同的材料通过物化方法连接在一起，例如焊接、粘结等。

变形加工又称为流动加工，是利用力、热、分子运动等手段使工件产生变形，改变其尺寸、形状和性能，例如锻造、铸造、液晶定向等。

表 1-1 列出了上述三大类精密与特种加工方法，范围十分广泛。

从材料在加工过程中的流动来分析，去除加工是使工件材料逐步减少，一部分工件材料变成切屑的加工，这种流动称为分散流。结合加工是使工件材料在加工过程中逐步增加的加工，这种流动称之为汇合流。近年来，提出和发展了电铸、晶体生长、分子束外延、快速成形加工等加工方法，突破了传统加工大多局限于分离去除加工和表面结合加工的概念，特别是快速成形加工是一种利用离散/堆积成型技术的分层制造方法，将一个三维空间实体零件分散为在某个坐标方向上的若干层有很小厚度的三维实体，由于厚度很小，可按二维实体成型，再叠加而成为所需零件的原型。变形加工是指在加工过程中工件材料基本不变的加工，称为直通流。

表 1-1 精密与特种加工方法

分类		加工成形原理	主要加工方法
去除加工 （分离加工）		电物理加工 电化学加工、化学加工 力学加工（力溅射） 热物理加工（热蒸发、热扩散、热溶解）	电火花线切割加工、电火花成型加工 电解加工、蚀刻（电子束曝光）、化学机械抛光 金刚石刀具精密切削、精密磨削、研磨、抛光、珩磨、超声加工、离子溅射加工、等离子体加工、磨料喷射加工、超高压水射流加工、电子束加工、激光加工
结合加工	附着加工	化学 电化学 热物理（热熔化） 力物理	化学镀、化学气相沉积 电镀、电铸 真空蒸镀、熔化镀 离子镀（离子沉积）、物理气相沉积
	注入加工（渗入加工）	化学 电化学 热物理（热扩散） 力物理	氧化、渗氮、活性化学反应 阳极氧化 晶体生长、分子束外延、掺杂、渗碳、烧结 离子束外延、离子注入
	连接加工	热物理、电物理 化学	激光焊接、快速成形加工、卷绕成形 化学粘接
变形加工 （流动加工）		热流动、表面热流动 粘滞流动 分子定向	锻造、塑性流动加工（气体火焰、高频电流、热射线、电子束、激光） 铸造、液体流动加工（金属、塑料、橡胶等注塑、压铸）、液晶定向

2. 加工方法机理

从加工方法的机理来分类，精密与特种加工可以分为传统加工、非传统加工、复合加工。传统加工是指使用刀具进行的切削加工以及磨削加工；非传统加工是指利用机、光、电、声、热、化学、磁、原子能等能源来进行加工的特种加工方法；复合加工是指采用多种加工方法的复合作用，其中包括传统加工和非传统加工的复合、非传统加工与非传统加工的复合，进行优势互补、相辅相成的加工。目前，在制造业中，占主要地位的仍然是传统的加工方法，而非传统加工和复合加工是极其重要的发展方向。表 1-2 列出了按刀具切削加工、磨料加工、特种加工、复合加工分类的各种常用的精密加工方法，及其所用的工具、所能达到的精度和表面粗糙度、被加工材料及应用情况。

表 1-2 精密加工方法

分类		加工方法	加工工具	精度/μm	表面粗糙度 R_a/μm	被加工材料	应用
刀具切削加工	切削	精密、超精密车削	天然单晶金刚石刀具、人造聚晶金刚石刀具、立方氮化硼刀具、陶瓷刀具、硬质合金刀具	1~0.1	0.05~0.008	金刚石刀具 有色金属及其合金	球、磁盘、反射镜
		精密、超精密铣削					多面棱体
		精密、超精密镗削					活塞销孔
		微孔钻削	硬质合金钻头、高速钢钻头	20~10	0.2	低碳钢、铜、铝、石墨、塑料	印制线路板、石墨模具、喷嘴
磨料加工	磨削	精密、超精密砂轮磨削	氧化铝、碳化硅、立方氮化硼、金刚石等磨料（砂轮）	5~0.5	0.05~0.008	黑色金属、硬脆材料、非金属材料	外圆、孔、平面
		精密、超精密砂带磨削	（砂带）				平面、外圆磁盘、磁头
	研磨	精密、超精密研磨	铸铁、硬木、塑料等研具 氧化铝、碳化硅、金刚石等磨料	1~0.1	0.025~0.008	黑色金属、硬脆材料、非金属材料	外圆、孔、平面
		油石研磨	氧化铝油石、玛瑙油石、电铸金刚石油石				平面
		磁性研磨	磁性磨料	10~1	0.01	黑色金属	外圆 去毛刺
		滚动研磨	固结磨料、游离磨料、化学或电解作用液体			黑色金属等	型腔
	抛光	精密、超精密抛光	抛光器 氧化铝、氧化铬等磨料	1~0.1	0.025~0.008	黑色金属、铝合金	外圆、孔、平面
		弹性发射加工	聚氨酯球抛光器、高压抛光液	0.1~0.001	0.025~0.008	黑色金属、非金属材料	平面、型面
		液体动力抛光	带有楔槽工作表面的抛光器 抛光液	0.1~0.01	0.025~0.008	黑色金属、非金属材料、有色金属	平面、圆柱面
		水合抛光	聚氨酯抛光器 抛光液	1~0.1	0.01	黑色金属、非金属材料	平面
		磁流体抛光	非磁性磨料 磁流体	1~0.1	0.01	黑色金属、非金属材料、有色金属	平面

（续）

分类		加工方法	加工工具	精度/μm	表面粗糙度 R_a/μm	被加工材料	应用
磨料加工	抛光	挤压研抛	粘弹性物质 磨料	5	0.01	黑色金属等	型面、型腔 去毛刺、倒棱
		喷射加工	磨料 液体	5	0.01~0.02	黑色金属等	孔、型腔
		砂带研抛	砂带 接触轮	1~0.1	0.01~0.008	黑色金属、非金属材料、有色金属	外圆、孔、平面、型面
		超精研抛	研具（脱脂木材、细毛毡）、磨料、纯水	1~0.1	0.01~0.08	黑色金属、非金属材料、有色金属	平面
	超精加工	精密超精加工	磨条 磨削液	1~0.1	0.025~0.01	黑色金属等	外圆
	珩磨	精密珩磨	磨条 磨削液	1~0.1	0.025~0.01	黑色金属等	孔
特种加工	电火花加工	电火花成形加工	成形电极、脉冲电源、煤油、去离子水	50~1	2.5~0.02	导电金属	型腔模
		电火花线切割加工	钼丝、铜丝、脉冲电源、去离子水	20~3	2.5~0.16		冲模、样板（切断、开槽）
	电化学加工	电解加工	工具电极（铜、不锈钢）、电解液	100~3	1.25~0.06	导电金属	型孔、型面、型腔
		电铸	导电原模 电铸溶液	1	0.02~0.012	金属	成形小零件
	化学加工	蚀刻	掩模板、光敏抗蚀剂、离子束装置、电子束装置	0.1	2.5~0.2	金属、非金属、半导体	刻线、图形
		化学铣削	刻形、光学腐蚀溶液、耐腐蚀涂料	20~10	2.5~0.2	黑色金属、有色金属等	下料、成形加工
	超声加工		超声波发生器、换能器、变幅杆、工具	30~5	2.5~0.04	任何硬脆金属和非金属	型孔、型腔
	微波加工		针状电极（钢丝、铱丝）、波导管	10	6.3~0.12	绝缘材料、半导体	打孔
	红外光加工		红外光发生器	10	6.3~0.12	任何材料	打孔、切割
	电子束加工		电子枪、真空系统、加工装置（工作台）	10~1	6.3~0.12	任何材料	微孔、镀模、焊接、蚀刻

（续）

分类		加工方法	加工工具	精度/μm	表面粗糙度 R_a/μm	被加工材料	应用
特种加工	粒子束加工	粒子束去除加工	离子枪、真空系统、加工装置(工作台)	0.01~0.001	0.02~0.01	任何材料	成形表面、刃磨、蚀刻
		粒子束附着加工		1~0.1	0.02~0.01		镀模
		粒子束结合加工					注入、掺杂
	激光束加工		激光器、加工装置(工作台)	10~1	6.3~0.12	任何材料	打孔、切割、焊接、热处理
复合加工	电解	精密电解磨削	工具极、电解液、砂轮	20~1	0.08~0.01	导电黑色金属、硬质合金	轧辊、刀具刃磨
		精密电解研磨	工具极、电解液、磨料	1~0.1	0.025~0.008		平面、外圆、孔
		精密电解抛光	工具极、电解液、磨料	10~1	0.05~0.008	导电金属	平面、外圆、孔、型面
	超声	精密超声车削	超声波发生器、换能器、变幅杆、车刀	5~1	0.1~0.01	难加工材料	外圆、孔、端面、型面
		精密超声磨削	超声波发生器、换能器、变幅杆、砂轮	3~1	0.1~0.01		外圆、孔、端面
		精密超声研磨	超声波发生器、换能器、变幅杆、研磨剂、研具	1~0.1	0.025~0.008	黑色金属等硬脆材料	外圆、孔、平面
	化学	机械化学研磨	研具、磨料、化学活化研磨剂	0.1~0.01	0.025~0.008	黑色金属、非金属材料	外圆、孔、平面、型面
		机械化学抛光	抛光器、增压活化抛光液	0.01	0.01	各种材料	外圆、孔、平面、型面
		化学机械抛光	抛光器、化学活化抛光液	0.01	0.01		外圆、孔、平面、型面

第四节　精密与特种加工技术的地位和作用

目前，先进制造技术已经是一个国家经济发展的重要手段之一，许多发达国家都十分重视先进制造技术的水平和发展，利用它进行产品革新、扩大生产和提高国际经济竞争能力。

美国、日本、德国等国家的经济发展在世界上处于领先水平的重要原因之一，就是他们把先进制造技术看作是现代国家在经济上获得成功的关键因素。日本在第二次世界大战后，为了迅速恢复经济，大力发展制造技术，特别是精密加工技术，使机械制造业的水平有了很大的提高，有力地支持了相关工业领域的发展，在汽车制造业和微电子工业方面取得了显著的成绩，在短短的30年中，从一个战败国发展为世界上的经济强国。美国从20世纪30年代开始，在制造技术方面处于世界的领先地位，但在50年代以后，对制造技术不够重视，特别是进入80年代后，美国在重要的、高速增长的技术市场上失利的一个重要原因是没有把自己的技术用到制造技术领域。近年来，美国国家工程科学院的国家研究理事会经过反复研究，提出要把注意力重新放在制造技术上，而不是像以前那样把制造放在从属于设计的地位上。

发展先进制造技术是当前世界各国发展国民经济的主攻方向和战略决策，同时又是一个国家独立自主、繁荣富强、经济持续稳定发展、科技保持先进领先的长远大计。

从先进制造技术的技术实质而论，主要有精密、超精密加工技术和制造自动化两大领域，前者追求加工上的精度和表面质量极限，后者包括了产品设计、制造和管理的自动化，不仅是快速响应市场需求、提高生产率、改善劳动条件的重要手段，而且是保证产品质量的有效举措，两者有密切的关系，有许多精密、超精密加工要依靠自动化技术才得以达到预期指标，制造自动化通过精密加工才能准确可靠地实现。两者具有全局的决定性的作用，是先进制造技术的支柱。

目前，精密与特种加工技术水平是一个国家制造工业水平的重要标志之一。精密加工所能达到的精度、表面粗糙度、加工尺寸范围和几何形状是一个国家制造技术水平的重要标志之一。例如：金刚石刀具切削刃钝圆半径的大小是金刚石刀具超精密切削加工的一个关键技术参数，日本声称已经达到2nm，而我国尚处于亚微米水平，相差一个数量级。

精密与特种加工技术已经成为在国际竞争中取得成功的关键技术，发展尖端技术，发展国防工业，发展微电子工业等，都需要精密与特种加工技术来制造相关的仪器、设备和产品。

在制造自动化领域，已经进行了大量有关计算机辅助制造软件的开发，例如计算机辅助设计（CAD）、计算机辅助工程分析（CAE）、计算机辅助工艺过程设计（CAPP）、计算机辅助加工（CAM）等；又例如面向装配的设计（DFA）、面向制造的设计（DFM）等，统称为面向工程的设计（DFx）；又进行了计算机集成制造（CIM）技术，生产模式如精良生产、敏捷制造、虚拟制造以及清洁生产和绿色制造等研究，这些都是十分重要和必要的，代表了当今社会高新制造技术的一个重要方面。但是，作为制造技术的主战场，作为真实产品的实际制造，必然要依靠精密加工技术。例如，计算机工业的发展不仅要在软件上，还要在硬件上，亦即在集成电路芯片上有很强的设计、开发和制造能力。目前我国集成电路的制造水平制约了计算机工业的发展。

我国对精密与特种加工技术既有广大的社会需求，又有巨大的发展潜力。目前，我国精密与特种加工的整体技术水平与发达国家还存在着较大的差距，需要我们不断地拼搏和努力，加速开展在这些方面的研究开发和推广应用等工作。

思 考 题

1. 精密与特种加工技术在机械制造领域的作用和地位如何？
2. 精密与特种加工技术的逐渐广泛应用引起机械制造领域的哪些变革？
3. 特种加工工艺与常规加工工艺之间有何关系？应该如何正确处理特种加工与常规加工之间的关系？
4. 特种加工对材料的可加工性及产品的结构工艺性有何影响？试举例说明。

第二章　金刚石刀具精密切削加工

第一节　概　　述

精密与超精密加工和制造自动化是先进制造技术的两大领域。精密与超精密加工要靠自动化技术的支持，而制造自动化有赖于精密加工才能得以实现。当代的精密工程、微细工程和纳米技术是现代制造技术的前沿、未来技术的基础。精密与超精密加工技术发展到今天，已不再是一种孤立的加工方法和单纯的工艺问题，而成为一项包含内容极为广泛的系统工程。

天然金刚石刀具是精密与超精密加工的基本刀具。金刚石刀具的超精密加工技术主要应用于两个方面，即单件大型超精密零件的切削加工和大量生产中的中小型超精密零件加工。

精密和超精密加工到目前为止还没有一个确切的定义。通常将加工精度在0.1~1μm，加工表面粗糙度 R_a 在0.02~0.1μm之间的加工方法称为精密加工，而将加工精度高于0.1μm，加工表面粗糙度 R_a 小于0.01μm的加工方法称为超精密加工。

当前各种加工方法所能达到的精度及其发展趋势如图2-1所示。

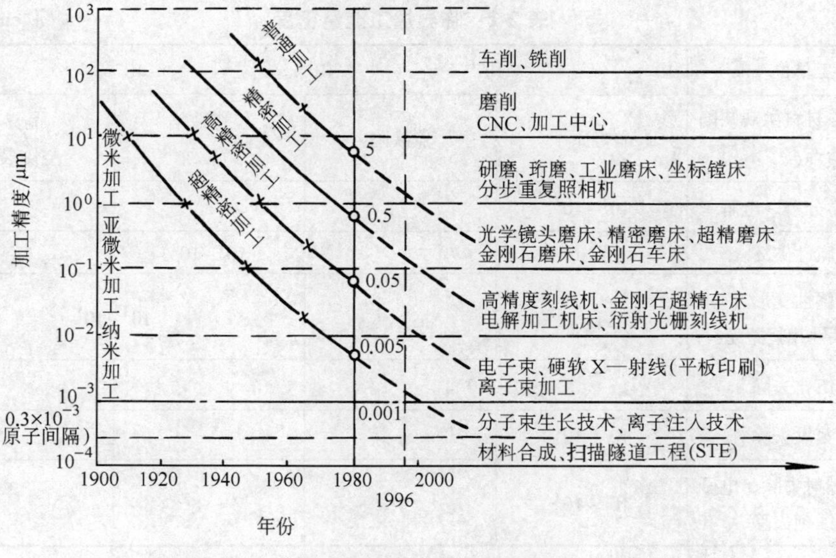

图2-1　各种加工方法所能达到的精度及发展趋势

一、超精密加工的难点

超微量去除技术是实现超精密加工的关键，其难度比常规的大尺寸去除加工技术大得多。这是因为在这种情况下，工具和工件表面微观的弹性变形和塑性变形是随机的，精度难以控制；工艺系统的刚度和热变形对加工精度有很大影响；去除层越薄，被加工表面所受的切应力越大，材料就越不易被去除。

当去除厚度在 1μm 以下时，材料被去除的区域内产生的切应力急剧增大。因为当晶粒的尺寸为数微米时，加工就需在晶粒内进行，即把晶粒当作一个个不连续体进行切削。在晶粒内部，大约 1μm 左右的间隙内就有一个位错缺陷，如图 2-2 所示，其分布间隔如表 2-1 所示。

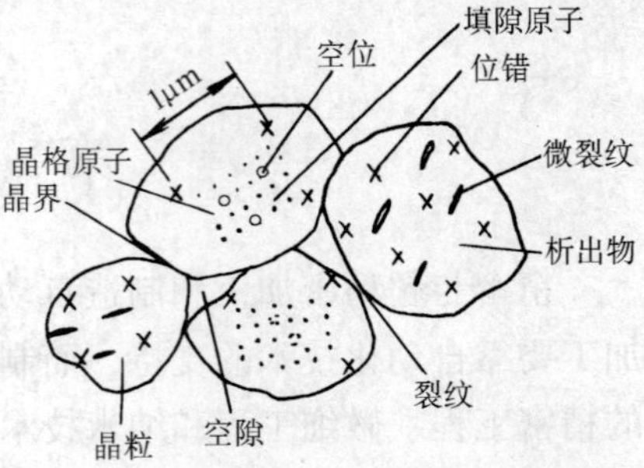

图 2-2　材料微观缺陷分布

表 2-1　缺陷分布间距　（cm）

晶格原子	点阵缺陷	位错缺陷	晶界空穴及裂纹	缺　口
~10^{-7}	10^{-7}~10^{-5}	10^{-5}~10^{-3}	10^{-3}~10^{-1}	10^{-1}

在去除加工时，如加工应力仅仅限制在上述各种缺陷空间范围内，则只能获得与其作用区域相对应的破坏形式，并且工件材料去除的难易程度与加工应力作用范围成正比，如表 2-2 所示。

表 2-2　临界加工能量密度　（J/cm³）

加工单位/mm	10^{-7}　　　　10^{-6}	10^{-6}　　　　10^{-4}	10^{-4}　　　　10^{-2}	10^{-2}　　　　1
材料微观缺陷 / 加工原理	晶格原子	点缺陷	位错缺陷 微裂纹	晶界、空隙裂纹
化学分解、电解	10^4~10^3			
脆性破坏		10^4~10^2		
塑性变形（微量切削、抛光）			10^3~10^1	
熔化去除	10^4~10^3			
蒸发去除	10^5~10^4			
离子溅射去除、电子蚀刻去除	10^5~10^4			

二、超精密加工的方法

超精密加工按加工方式不同可以分为切削加工、磨料加工(分固结磨料和游离磨料加工)、特种加工和复合加工四类，如表 2-3 所示。根据加工方法的机理和特点，最基本的超精密加工方法可以分为去除加工、结合加工和变形加工三大类，如表 2-4 所示。超精密加工还可分为传统加工、非传统加工和复合加工。传统加工是指刀具切削加工、固结磨料和游离磨料加工；非传统加工是指利用电能、磁能、声能、光能、化学能、核能等对材料进行加工和处理；复合加工是指多种加工方法的复合。目前，在制造业中以切削、磨削和研磨为代表的传统加工方法仍占主要地位，如表 2-5 所示。

表 2-3　精密加工方法分类(1)

分　类	加工方法	可加工材料	应　用
切削加工	等离子体切割 微细切削 微细钻削	各种材料 有色金属及其合金 低碳钢、铜、铝	熔断钼、钨等高熔点材料，硬质合金 球，磁盘，反射镜，多面棱镜 油泵油嘴，化学喷丝头，印制电路板
磨料加工	微细磨削 研磨 抛光 弹性发射加工 喷射加工	黑色金属，硬脆材料 金属，半导体，玻璃 金属，半导体，玻璃 金属，非金属 金属，玻璃，水晶	集成电路基片的外圆、平面磨削 平面、空、外圆加工，硅片基片 平面、空、外圆加工，硅片基片 硅片基片 刻槽，切断，图案成形，破碎
特种加工	电火花成形加工 电火花切割加工 电解加工 超声波加工 微波加工 电子束加工 粒子束去除加工 激光去除加工 光刻加工	导电金属，非金属 导电金属 金属，非金属 硬脆金属，非金属 绝缘金属，半导体 各种材料 各种材料 各种材料 金属，非金属，半导体	孔，沟槽，狭缝，方孔，型腔 切断，切槽 模具型腔，大空，切槽，成形 刻模，落料，切片，打孔，刻槽 在玻璃、红宝石、陶瓷等上打孔 打孔，切割，光刻 成形表面，刃磨，割蚀 打孔，切断，划线 刻线，图形成形
复合加工	电解磨削 电解抛光 化学抛光	各种材料 金属，半导体 金属，半导体	刃磨，成形，平面，内圆 平面，外圆，型面，细金属丝，槽 平面

表 2-4　精密加工方法分类(2)

分　类	加工机理	加工方法
去除加工 (分离加工)	化学分解(气体、液体、固体) 电解(液体) 蒸发(真空、气体) 扩散(固体) 熔化(液体) 溅射(真空)	刻蚀(曝光)，化学抛光，软质粒子机械化学抛光 电解加工，电解抛光 电子束加工，激光加工，热射线加工 扩散去除加工 熔化去除加工 粒子束溅射去除加工，等离子体加工

（续）

分类	加工机理	加工方法
结合加工（附着加工）	化学附着 化学结合 电化学附着 电化学结合 热附着 扩散结合 熔化结合 物理附着 注入	化学镀，气相镀 氧化，氮化 电镀、电铸 阳极氧化 蒸镀(真空蒸镀)，晶体生长，分子束外延 烧结，掺杂，渗碳 浸镀，熔化度 溅射沉积，离子沉积(离子镀) 离子溅射注入加工
变形加工（流动加工）	热表面流动 粘滞性流动 摩擦流动	热流动加工(高频电流、热射流、电子束、激光) 液体、气体流动加工(压铸、挤压、喷射、浇铸) 微粒子流动加工

表 2-5 精密切削、磨削、研磨实例

	工具等	加工装置	材料	用途、零件等
镜面切削	金刚石刀具刃口锐利化 利用 CBN 刀具切削钢 金刚石刀具的结晶方位选择 金刚石刀具刃口评价 改进型 SEM	采用空气轴承，流体轴承及空气道轨等的高精度化 高刚度化 冷却、空调、防振 采用高速运算装置控制 高刚度化的新方案：Tetraform 结构球壳结构	Al、Cu、塑料等软质材料 无电解 Ni 膜 Ge，Si KDP、$LiNbO_3$、玻璃	磁盘基板 各种模具 各种反射镜 红外用光学元件 激光核聚变用光学元件 X 射线天体望远镜用元件
镜面磨削	树脂结合剂金刚石砂轮添加 MoS_2、WS_2、C 等 铸铁基金刚石砂轮采用电解腐蚀修整		铁氧体 精细陶瓷 超硬合金 Ge、Si 玻璃	磁头 红外用光学元件 非球面玻璃透镜 各种模具
镜面研磨	沥青抛光盘、石蜡抛光盘、合成树脂抛光盘 微细磨料、软质磨料、易微细化的磨料 软质工具的采用：氟化树脂发泡体抛光盘、液体工具—EEM 及浮动抛光	基于理论分析的平面研磨机 大口径光学元件用研磨机 液中研磨机、EEM 装置、浮法抛光装置、P-MAC 抛光装置 NC 化 CAM 化	水晶 $LiTaO_3$ $LiNbO_3$ GGG Si、GaAs 精细陶瓷 CVD SiC 膜 玻璃	压电滤波器基片 SAW 元件基片 半导体基片 各种模具 SOR 用 X 射线光学元件 激光核聚变用各种光学元件 投影透镜

三、超精密加工的实现条件

超精密加工是一门多学科交叉的综合性高新技术，已从单纯的技术方法发展成精密加工系统工程。该系统主要包括以下几个方面：①超精密加工的机理与工艺方法；②超精密加工工艺装备；③超精密加工工具；④超精密加工中的工件材料；⑤精密测量及误差补偿技术；⑥超精密加工工作环境、条件等。在超精密加工的实施过程中，必须综合考虑以上因素才能取得令人满意的效果。

第二节　超精密机床及其关键部件

超精密机床的构成模块如图 2-3 所示。根据不同机床上所要求的性能、规格，包括成本，必须选择最佳的模块。对于主轴系统，可以使用超精密空气静压轴承主轴，或者通过零件的超精密化使用超精密滚动轴承工作台，同样可以达到空气静压轴承的精度。对于直线导轨，有限型 V-V 滚动导轨比较理想。为了进一步提高这些模块的性能，高精度的装配、研磨、刮研、检测等是不可缺少的。

- 机械要素
  - 主轴系统
    - 轴承形式
      - 滚珠轴承
      - 空气静压轴承
      - 油静压轴承
      - 磁力轴承
      - 水静压轴承
    - 驱动方式
      - 电动机内装方式——感应电动机
      - AC 伺服电动机
      - 带驱动方式
      - 空气涡轮驱动方式
      - 磁性联轴器方式
  - 进给系统
    - 轴承形式
      - 滚动导轨（有限型 V—V 滚动导轨）
      - V—V 滚动导轨
      - 空气静压导轨
      - 油静压导轨
      - 水静压导轨
    - 驱动方式
      - 进给丝杠——介入空气、油、静压接头的驱动方式
        介入平行弹簧
      - 摩擦驱动方式
      - 带、钢丝驱动方式
      - 直线电动机驱动方式
  - 结构件
    - 铸铁
    - 花岗岩
    - 环氧混凝土

图 2-3　超精密机床的构成模块

一、典型超精密机床

超精密加工机床是超精密加工最重要、最基本的加工设备。超精密加工对超精密加工机床的基本要求如下：

1）高精度。包括高的静精度和动精度。主要的性能指标有几何精度、定位精度和重复定位精度以及分辨率等。

2）高刚度。包括高的静刚度和动刚度。除本身刚度外，还要考虑接触刚度，及由工件、机床、刀具、夹具所组成的工艺系统刚度。

3）高稳定性。在规定的工作环境下和使用过程中能长时间保持精度，具有良好的耐磨性、抗振性等。

4）高自动化。为了保证加工质量的一致性，减少人为因素影响，采用数控系统实现自动化。

以下是超精密机床发展过程中一些典型的、有代表性的机床，它们基本代表了超精密加工技术和超精密机床的发展过程。

1. 大型光学金刚石车床——LODTM

LODTM 由美国国防部高等研究计划局（DARPA）投资，LLL 实验室和空军 Wright 航空研究所等单位合作研制。从 1980 年 3 月开始，历时 40 个月，于 1983 年 7 月初步制成加工光学零件的大型光学金刚石车床（LODTM——Large Optical Diamond Turning Machine），于 1984 年正式研制成功。该机床可以加工 $\phi 1625$mm ×500mm、重 1360kg 的大型金属反射镜。为减少工件重量产生的变形影响，机床采用立式结构，如图 2-4 所示。LLL 实验室在美国能源部的支持下，还开发了 DTM-3 型大型超精密金刚石车床。

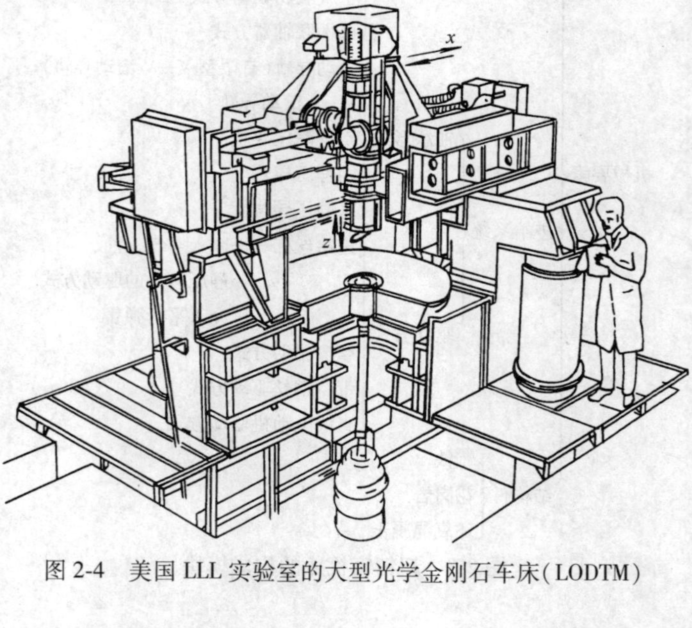

图 2-4　美国 LLL 实验室的大型光学金刚石车床（LODTM）

2. FG-001 超精密机床

德国的 FG-001 超精密机床如图 2-5 所示。该机床有三个直线运动轴和一个回转轴构成，驱动电动机皆为步进电动机，可实现纳米级的非球曲面加工。

图 2-5　FG-001 超精密机床

3. OAGM2500 大型超精密机床

英国 Cranfield 公司和 SERC Brieish(Science and Engineering Research Council)于 1991 年合作研制成功 OAGM 2500 大型超精密机床，用于 X 射线天体望远镜的大型曲面反射镜的精密磨削和坐标测量，如图 2-6 所示。该机床有一 ϕ2500mm 的高精度回转工作台，其最大加工尺寸为 2500mm×2500mm×610mm。该机床由精密数控系统驱动，运动位置检测用分辨力为 2.5nm 的 ZYGO AXIOM 双频激光测量系统。机床的 x 和 y 向导轨采用液体静压，z 向的磨轴头和测量头采用空气轴承。床身采用型钢焊接结构，中间用人造花岗岩填充，可保证结构的高刚度、尺寸的高度稳定和很强的振动衰减能力。

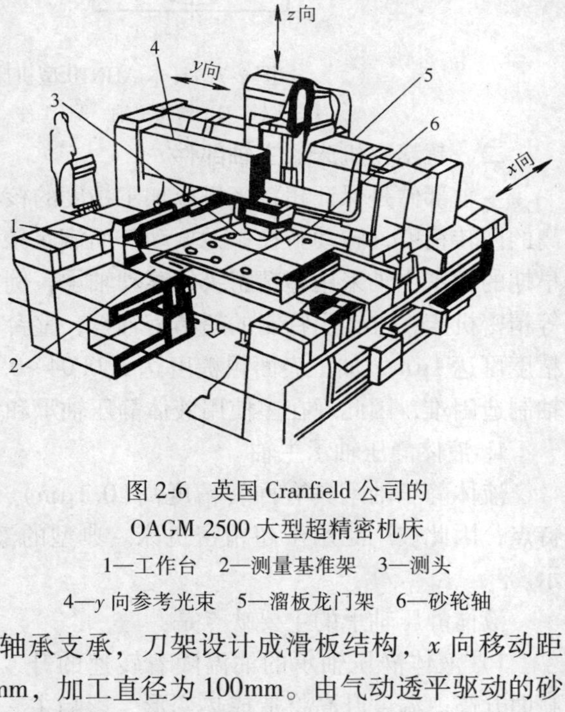

图 2-6　英国 Cranfield 公司的 OAGM 2500 大型超精密机床

1—工作台　2—测量基准架　3—测头　4—y 向参考光束　5—溜板龙门架　6—砂轮轴

4. AHNIO 型高效专用车削、磨削超精密机床

日本的超精密加工技术和超精密机床技术发展很快，一些领域已超过美国。TOYOTA 公司生产的 AHNIO 型高效专用超精密车床如图 2-7 所示。机床主轴由空气轴承支承，刀架设计成滑板结构，x 向移动距离为 250mm，z 向移动距离为 200mm，加工直径为 100mm。由气动透平驱动的砂轮轴转速为 100000r/min。采用激光测量反馈系统，直线移动分辨力为 0.01μm，定位精度全行程 0.03μm。B 轴回转分辨力为 1.3″。该机床是一台非球曲面加工机床，用于加工塑料高精度透镜的金属模。因模具材料为钢，需要磨削，故该机床可用于车削、铣削、磨削并带有精密测量装置。为实现这一目标，该机床有一个 x 和 y 向调整的刀架及绕 B 轴转动的高精度转台，借助三轴精密数控，可以加工平面、球面和非球曲面。刀具的切削刃(或砂轮廓形)通过显微镜放大显示在

屏幕上，易于定位。对于非球曲面曲率半径只有几毫米的塑料透镜模具，用指状砂轮磨削，砂轮轴相对于工件转成±45°，以避免刀具与工件发生干涉。测量时，工件(金属模)主轴逆时针旋转90°，呈垂直向上状态。模具测量仪的测针下降到工件，左右移动进行测量，尺寸数据经过计算在屏幕上显示出来。该机床加工的模具形状精度为0.05μm，表面粗糙度 R_a0.025μm。

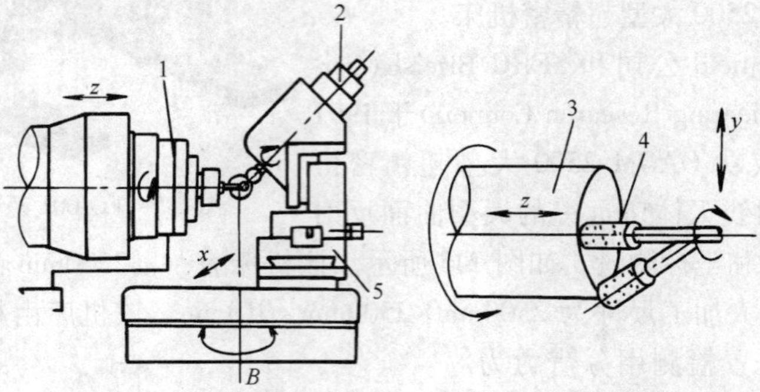

图2-7 日本AHN10型机床磨模具情况

1—主轴 2—磨头主轴 3—工件 4—砂轮 5—刀架

二、超精密机床的主轴部件

主轴部件是保证超精密机床加工精度的核心。超精密加工对主轴的要求是极高的回转精度，转动平稳，无振动。而满足该要求的关键在于所用的精密轴承。早期的精密主轴采用超精密级的滚动轴承，例如瑞士Schaublin、美国的Hardinge等精密机床，主轴用特制的超精密轴承，整台机床制造精度很高，因此机床加工精度可达1μm，加工表面粗糙度达 R_a0.04~0.02μm。但是高精度的滚动轴承主轴制造困难，因此现在多使用液体静压轴承和空气静压轴承。

1. 液体静压轴承主轴

液体静压轴承具有回转精度高(0.1μm)、刚度较高、转动平稳、无振动的特点，因此被广泛用于超精密机床。典型的液体静压轴承主轴结构如图2-8所示。

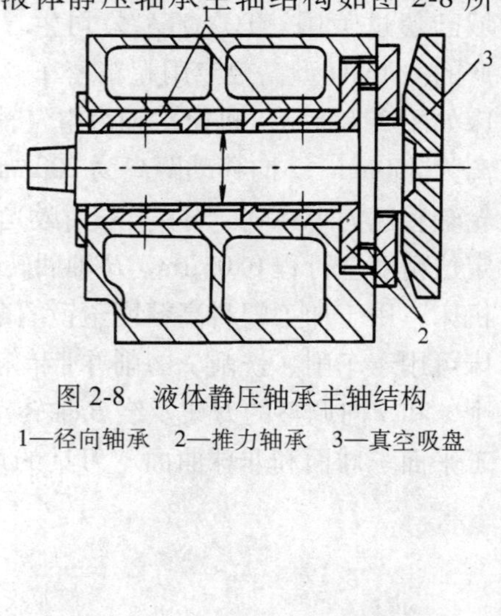

图2-8 液体静压轴承主轴结构

1—径向轴承 2—推力轴承 3—真空吸盘

液体静压轴承的主要缺点是：

1）液体静压轴承的油温随着转速的升高而升高。温度升高将造成热变形，影响主轴精度。

2）静压油回油时将空气带入油源，形成微小气泡悬浮在油中，不易排出，因而降低了液体静压轴承的刚度和动特性。

2. 空气静压轴承主轴

空气静压轴承的工作原理和液体静压轴承相同。空气静压轴承具有很高的回转精度，在高速转动时温升甚小，基本达到恒温状态，因此造成的热变形误差很小。但是与液体静压轴承相比，空气轴承刚度低，承受载荷较小。由于超精密加工的切削力很小，所以空气轴承可以满足相关要求，故在超精密机床中得到广泛的应用。以下是几种典型的结构。

（1）双半球空气轴承主轴　该主轴前后轴承均为半球状，同时起径向轴承和推力轴承的作用，如图 2-9 所示。由于轴承的球形气浮面具有自动调心作用，因此可以提高前后轴承的同心度，以提高主轴的回转精度。该主轴采用内装式，即电动机的转子直接与主轴刚性联接，所以电动机转子的回转精度将对主轴的回转精度产生影响。

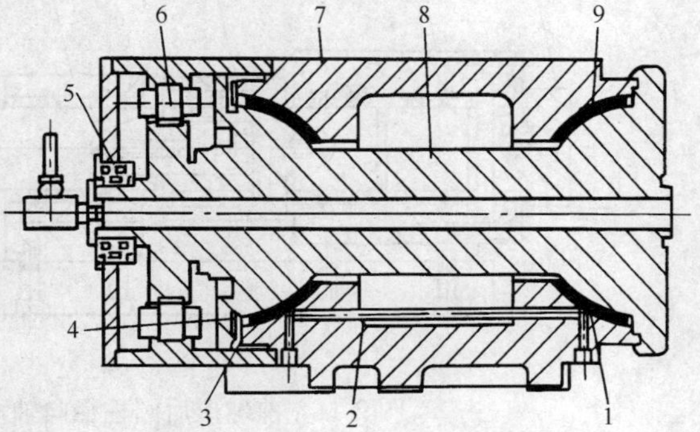

图 2-9　内装式双半球空气轴承主轴
1—前轴承　2—供气孔　3—后轴承　4—定位环
5—旋转变压器　6—无刷电动机　7—外壳
8—主轴　9—多孔石墨

（2）径向—推力空气静压轴承主轴　径向—止推空气静压轴承主轴结构如图 2-10 所示，它是在如图 2-8 所示的液体静压轴承主轴结构基础上发展起来的，只是节流孔和气腔大小形状不同。该结构中径向轴承的外鼓形轴套可起自动调整定心作用，具体方法是先通气使轴套自动将位置调好后再固定。这样可提高前后轴套的同心度，从而保证主轴的回转精度。该空气轴承采用多孔石墨作空气节流的轴衬，使用这种轴衬在没有空气状态下，即使轴发生少量旋转，也不会因和轴套咬住而损坏主轴。但这种主轴要求所用的多孔石墨组织均匀，各处透气率相同，同时制造难度大。目前国外很多空气轴承都使用多孔石墨来作空气节流。

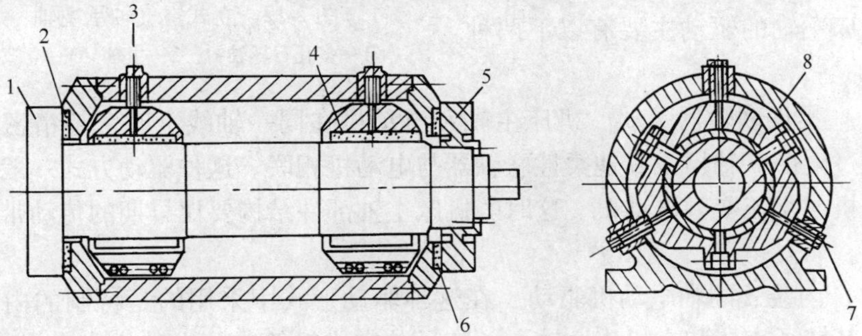

图 2-10　空气静压轴承主轴结构
1—主轴　2—前推力板　3—进气孔　4—多孔石墨轴衬
5—挠性推力环　6—后推力板　7—调整螺钉　8—外壳体

(3) 球形—径向空气轴承主轴　这种结构的主轴如图 2-11 所示。前端球形同时起到径向轴承和轴向推力轴承作用，并具有自动调心作用，保证了前后轴承(圆柱径向轴承)的同心度，从而提高了主轴回转精度。

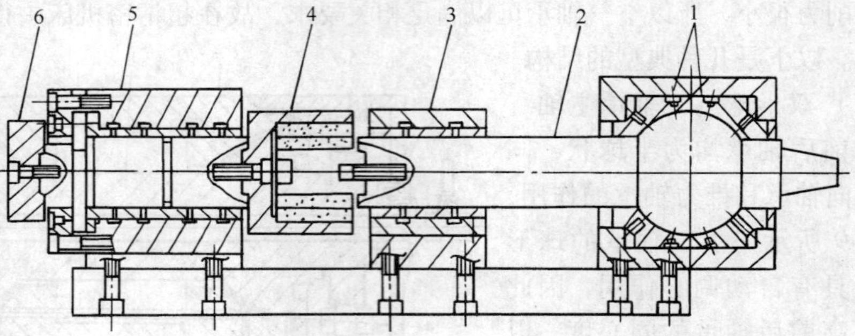

图 2-11　前球形后圆柱径向轴承的空气轴承主轴

1—球轴承　2—主轴　3—径向轴承

4—电磁联轴器　5—径向及推力轴承　6—带轮

这种球形轴承主轴的刚度和承载能力均不高，可以通过优化轴承参数提高其刚度和承载能力。若有更高要求，则需加大轴承尺寸。

(4) 立式空气轴承主轴　立式结构空气轴承主轴如图 2-12 所示，该结构主要用于大型超精密车床，以保证加工系统具有较高的刚度，且便于零件的装夹。其圆弧面的径向轴承起到自动调心、提高精度的作用。

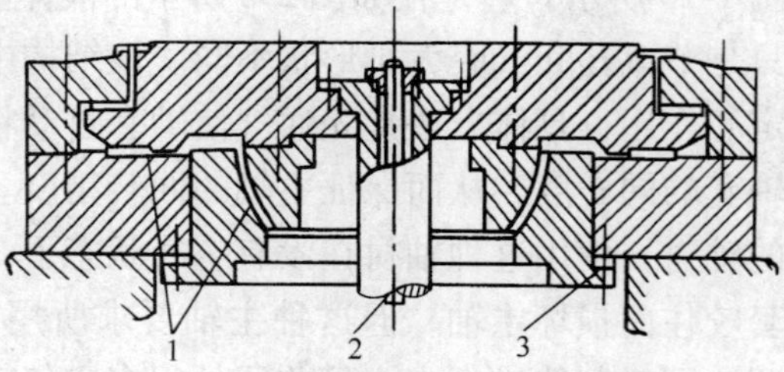

图 2-12　立式空气轴承主轴

1—多孔石墨轴衬　2—主轴　3—空隙

3. 主轴的驱动方式

主轴驱动方式也是影响超精密机床主轴回转精度的主要因素之一。超精密机床主轴的驱动主要有以下两种方式：

(1) 柔性联轴器驱动　机床主轴和电动机在同一轴线上时，超精密机床的主轴通过电磁联轴器或其他柔性联轴器与电动机相联。这种驱动方式一般采用直流电动机或交流变频电动机。这时的机床主轴部件结构要比早期的传动带驱动紧凑得多。

(2) 内装式同轴电动机驱动　在这种驱动形式中采用的是特制的内装式电动机，其转子直接装在机床主轴上，定子装在主轴箱内，电动机本身没有轴承，而是依靠机床的高精度空气轴承支承转子的转动。采用无刷直流电动机，可以很方便地进行主轴转速的无级变速，同时由于电动机没有电刷，不仅可以消除电刷引起的摩擦振动，而且避免了电刷磨损对电动机运转的影响。英国 Cranfield 公司(CUPE)所生产的采用内装式同轴直流电动机驱动的超精密机床的主轴部件如图 2-9 所示。

早期的超精密机床应用带传动驱动，在这种驱动方式中，通常采用直流电动机或交流变频电动机，以实现无级调速，避免齿轮调速产生的振动。要求电动机经过精密动平衡，并用单独地基，以免振动影响超精密机床。传动带用柔软的无接缝的丝质材料制成，以产生吸振效果。

4. 超精密机床主轴和轴承的材料

如前所述，超精密机床多采用空气轴承主轴。而主轴和轴承的材料对主轴的精度和性能有着重要影响。因此，选择机床空气主轴和轴承材料时应考虑以下主要因素：①耐磨损；②不易生锈腐蚀；③热膨胀系数小；④材料的稳定性好。

制造空气主轴和轴承的材料主要有：①经表面氮化和低温稳定处理的38CrMoAl 氮化钢；②不锈钢；③多孔石墨和轴承钢。另外还有铟钢、花岗岩、微晶玻璃和陶瓷等。

三、精密导轨部件

1. 超精密机床的总体布局

超精密机床主要用于加工反射镜等盘形零件，一般不需要后顶尖，因此在总体布局上比较简单。一般来说，刀具相对于工件，需作纵向(z)和横向(x)运动，所以需要有 z 方向和 x 方向的导轨。有些非球曲面加工机床(如 Moore 车床)还增加一个回转工作台，以保证在加工非球曲面时，金刚石刀具始终垂直于被加工表面，从而减小圆弧刃刀具误差对工件形状的影响。常见的超精密机床的总体布局有下面几种：

(1) T 形布局　这种布局的超精密机床，电动机通常通过柔性联轴器与主轴相联，或采用内装式同轴电动机驱动。这种超精密机床采用纵向和横向运动分离的结构，主轴箱为移动部件，即由主轴箱完成纵向(z 向)运动，刀架溜板完成横向(x 向)运动，如图 2-13 所示(或主轴箱作 x 向运动,刀架溜板作 z 向运动)。z 向和 x 向运动的导轨置于机床床身之上，并且布置在同一高度上，呈 T 形布局。这种总体布局结构，两道轨的精度互不影响，有利于提高导轨的制造精度和运动精度。另外，检测 z、x 向运动位置的双频激光测量系统亦装在床身上固定不动，而测量位置用的反射镜则装在 z、x 方向的移动部件上，不仅简化了测量系统的安装，而且大大提高了测量精度。目前中小型超精密机床多采用这种总体布局。

(2) 十字形布局　这种布局类似于普通机床，主轴箱位置固定不动，刀架装在十字形滑板上，如图 2-14 所示。即 z 和 x 方向的导轨都集中在工作台(或溜板)上，形成十字形滑板。

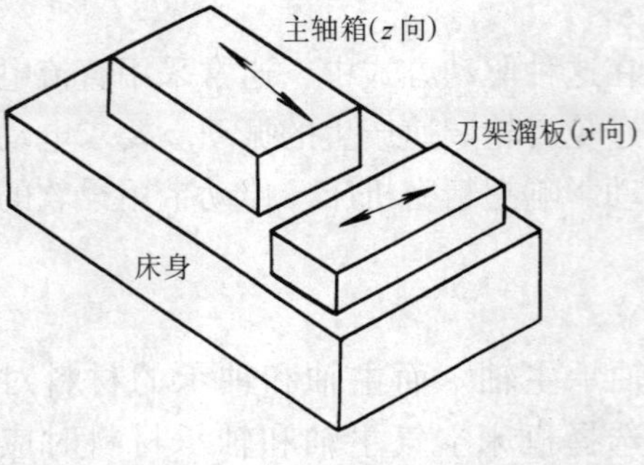

图 2-13　T 形导轨结构

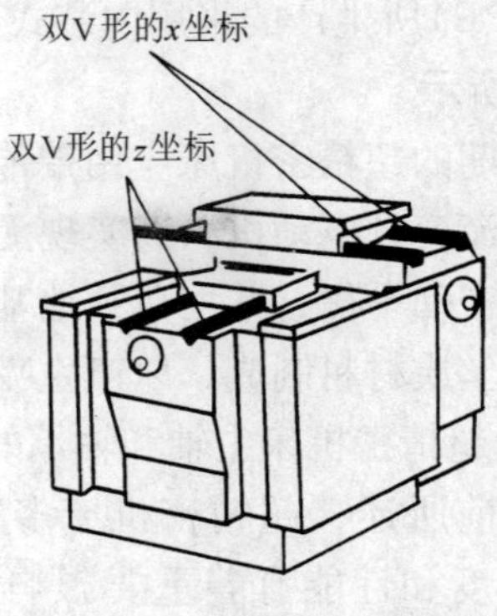

图 2-14　十字形导轨结构

采用这种结构布局时，因为主轴箱位置固定不动，所以主轴适用于传动带驱动。为了减少电动机振动对主轴的影响，电动机可以具有独立的地基。但是这种布局不仅要求导轨具有很高的直线运动精度，而且还要求导轨之间具有严格的相互垂直精度。

(3) R—θ 布局　刀架溜板装在回转工作台上，通过改变刀座导轨的转角 θ 和半径 R，可加工非球曲面。当工件的厚度改变时，主轴箱(或回转工作台)可在 z 向调整。机床结构如图 2-15 所示。

(4) 立式结构布局　当工件直径和重量较大时，为了提高超精密机床的刚度，可采用立式结构布局，如图 2-12 所示。还可采用龙门形式，即滑板在横梁上作 x 向运动，刀架在滑板上作 z 向上下运动，如图 2-16 所示。

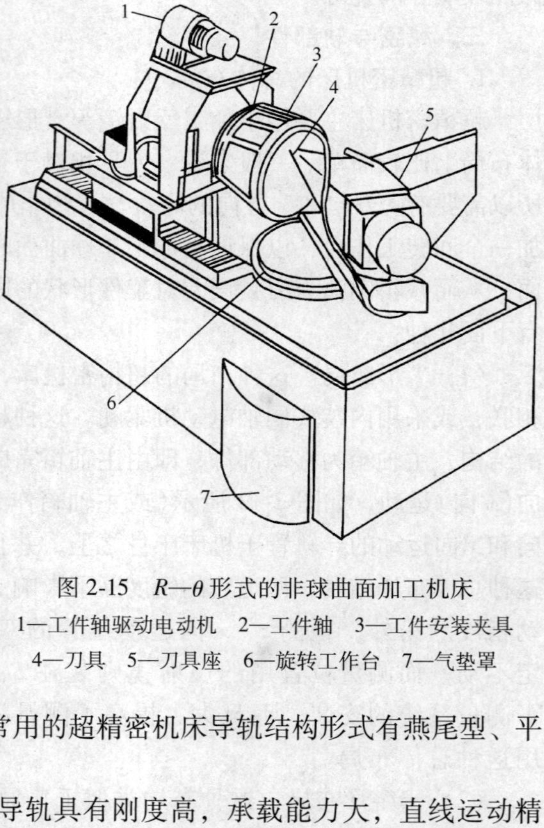

图 2-15　R—θ 形式的非球曲面加工机床

1—工件轴驱动电动机　2—工件轴　3—工件安装夹具　4—刀具　5—刀具座　6—旋转工作台　7—气垫罩

2. 常用的导轨部件

超精密机床常采用平面导轨结构的液体静压导轨和空气静压导轨，滚动导轨也有着广泛的应用。常用的超精密机床导轨结构形式有燕尾型、平面型、V—平面型、双 V 形等。

(1) 液体静压导轨　液体静压导轨具有刚度高，承载能力大，直线运动精度高，且运动平稳无爬行现象等优点。而超精密加工中导轨运动速度低，液体静压导轨的温升并不严重，所以液体静压导轨广泛用于超精密机床。两种不同结构的液体静压导轨如图 2-17 所示。图 2-17a 所示为平面型液体静压导轨，图 2-17b 所示为双圆柱型液体静压导轨，导轨运动件的上下、左右面在静压油的作用下，具有很高的导轨运动精度和刚度。为了避免工作温升产生的不良影响，两个侧向静压油腔（左右两个）集中放在左边的导轨的左右侧面。但是这种左右不对称的结构，很难达到极高精度。平面型液体静压导轨，可通过结构优化制成左右对称结构，即驱动元件（滚珠丝杠驱动或摩擦驱动）位于中心位置，从而提高导轨的运动精度。

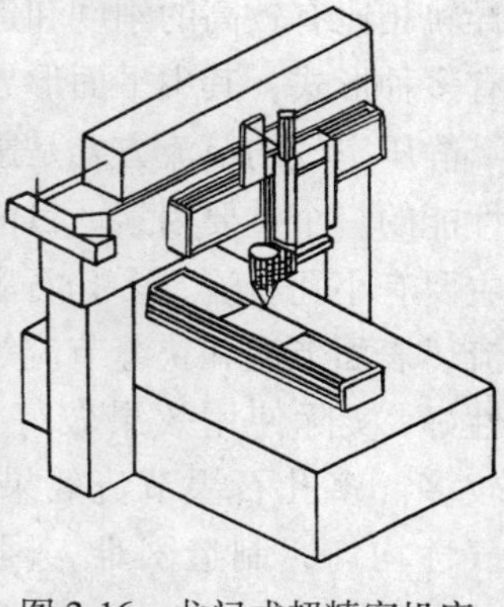

图 2-16　龙门式超精密机床

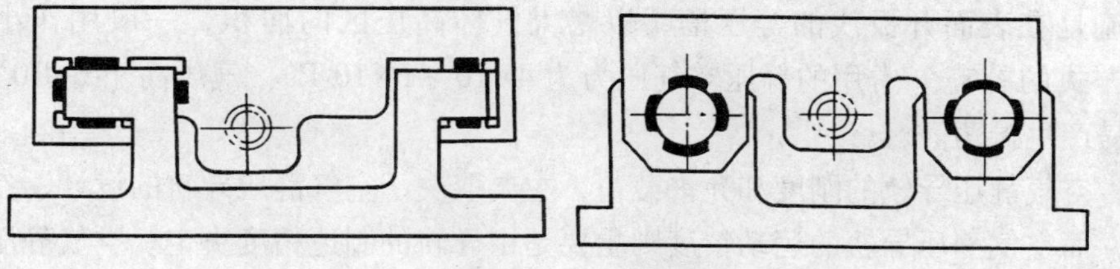

a)　b)

图 2-17　两种不同结构的液体静压导轨

目前，很多超精密机床的导轨部件是用花岗岩制造的。由于花岗岩加工困难，一般都不做成整体，而是做成花岗石块之后用螺钉紧固在一起。此时侧块应有一定宽度，以便用两排螺钉紧固，避免在压力作用下产生变形，导致间隙加大，从而保证良好的刚性，如图 2-18 所示。这一问题在空气静压导轨中同样存在。

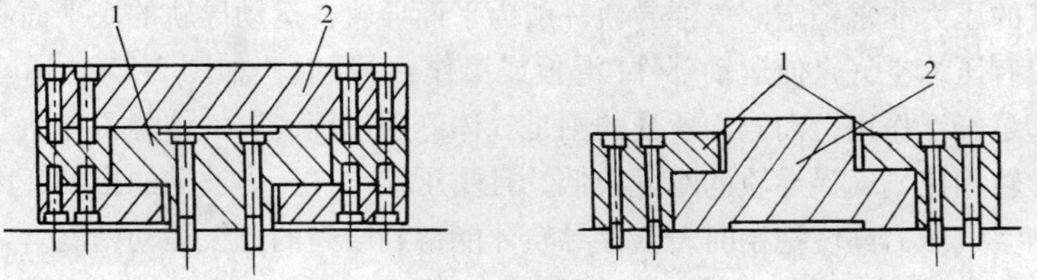

a)　b)

图 2-18　花岗石静压导轨的结构

1—床身　2—运动部件

（2）空气静压导轨和气浮导轨

空气静压导轨和气浮导轨在超精密机床中有着广泛的应用。它可以达到很高的直线运动精度，运动平稳，无爬行，且摩擦因数接近于零，不发热。

1）空气静压导轨。典型的超精密机床的空气静压导轨的结构示意图如图 2-19 所示。导轨运动件的导轨面上下、左右均在静压空气的约束下，因此和气浮导轨相比有较高的刚度和运动精度，但比液体静压导轨要差一些。空气静压导轨有多种形式，其中平面形导轨用得较多。

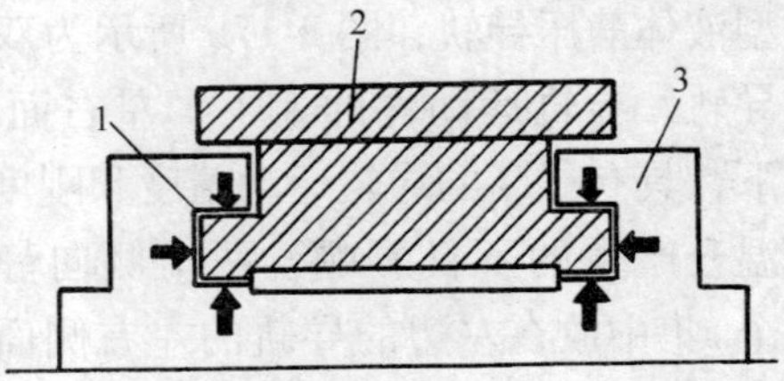

图 2-19　平面形空气静压导轨

1—静压空气　2—移动工作台　3—底座

静压空气的节流方式是影响空气静压导轨性能的一个重要因素。目前采用的节流方式主要有小孔节流、多孔石墨节流、毛细管节流、表面节流和狭缝节流等。小孔节流工艺性好，实际使用效果较好，因而国内用得较多。多孔石墨节流效果较好，但要求透气性均匀，制造困难，国外用得较多。毛细管节流和狭缝节流原理与小孔节流相同，但工艺性差，故较少应用。表面节流是在表面开极浅的等压槽，以增大气体高压区的面积，一般用作小孔节流方式的补充。常用的静压空气压力为 $4\times10^5\sim6\times10^5$Pa，气压高于 6×10^5Pa 时容易产生振荡。

空气静压导轨的刚度和允许载荷，主要取决于空气静压导轨的设计、参数优化，而空气静压导轨的运动精度则主要是由导轨的制造精度决定。空气静压导轨可达到极高的运动精度（0.1～0.05μm/100mm）。在导轨结构不允许上下、左右均有压缩空气作用的情况下，可采用如图 2-20 所示结构，即工作台一方面由压缩空气作用从导轨面浮起，同时由真空作用造成对工作台吸力，从而保持一定的空气间隙。这种空气导轨的刚度要比静压空气导轨的低，当压缩空气压力和真空度稳定时，可以达到较高的运动精度。

2）气浮导轨。使用气浮导轨的必要条件是导轨上的运动部件重量很重且压缩空气的压力非常稳定。气浮导轨一般为平面导轨，运动导轨的底平面和两侧导轨面通有压缩空气，使运动部件（滑板或工作台）浮起，如图 2-21 所示。工作台的浮起是气浮作用，而侧面所受的则是气体静压作用，属气体静压导轨。与空气静压导轨相比，气浮导轨的刚度较低，且受压缩空气压力波动的影响，因此只有在压缩空气压力高度稳定时，气浮导轨才能得到较高的直线运动精度。

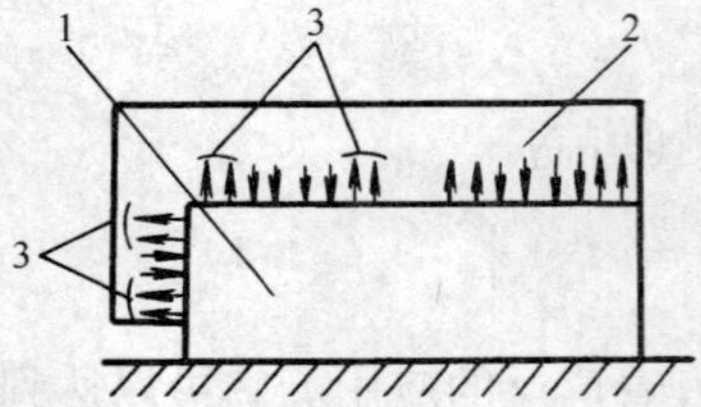

图 2-20　利用真空和气压作用的空气导轨

1—底座　2—运动工作台　3—真空

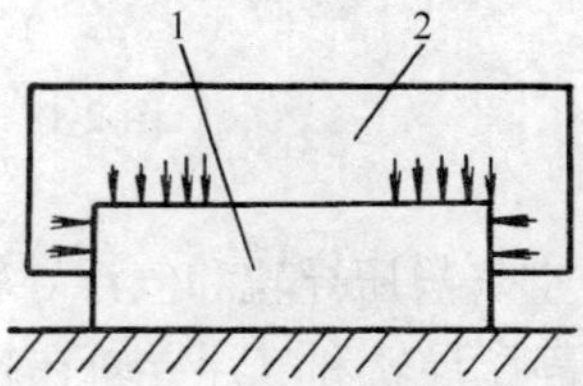

图 2-21　气浮导轨

1—床身　2—运动部件

3. 床身及导轨的材料

超精密机床床身结构与所用材料有关。常用的床身及导轨材料有优质耐磨铸铁、花岗岩、人造花岗岩等。几种常用材料的性能如表 2-6 所示。

表 2-6 几种机床结构材料的性能

性 能	Al_2O_3 陶瓷	铸铁	钢	铟钢	花岗岩	人造花岗岩
弹性模数 E/GPa	240	100	210	140	40	33
密度 ρ/g·$(cm^3)^{-1}$	3.4	7.3	7.3	8.2	2.6	2.5
刚度比	7	1.4	2.7	1.7	1.5	1.3
振动的对数减缩率 A,($\times10^{-3}$)	0.6	1~3	0.5	—	6	20
线膨胀系数 α_l/($\times10^{-6}$)·K^{-1}	7	12	11	0.6	8.3	12
热导率 λ/W·$(m\cdot K)^{-1}$	16	53.5	44	10.5	3.8	0.47

4. 微量进给装置

超精密机床的进给系统一般采用精密滚珠丝杠副、液体静压和空气静压丝杠副。而高精度微量进给装置则有电致伸缩式、弹性变形式、机械传动或液压传动式、热变形式、流体膜变形式、磁致伸缩式等。其中电致伸缩式和弹性变形式微量进给机构能够满足精密和超精密微量进给装置的要求，且技术成熟。目前高精度微量进给装置的分辨力可达到 0.001~0.01μm。

在超精密加工中，为了实现精确、稳定、可靠和快速微位移，精密和超精密微位移机构应满足以下设计要求：

1）精微进给和粗进给分开，以提高微位移的精度、分辨力和稳定性。

2）运动部分必须是低摩擦和高稳定度的，以实现很高的重复精度。

3）末级传动元件必须有很高的刚度，即夹持金刚石刀具处必须是高刚度的。

4）内部连接必须可靠，尽量采用整体结构或刚性连接，否则微量进给机构很难实现很高的重复精度。

5）工艺性好，容易制造。

6）具有好的动特性，即具有高的频响。

7）能实现微进给的自动控制。

（1）压电和电致伸缩微进给装置　电致伸缩微量进给装置的三大关键技术是电致伸缩传感器、微量进给装置的机械结构及其驱动电源。采用压电或电致伸缩微量进给装置，可以实现自动微量进给，并且具有良好的动特性。

电致伸缩材料有逆压电效应和电致伸缩效应，属于电介质在电场作用下产生变形的基本电偶合效应。电致伸缩效应的变形量与电场强度的平方成正比。用电致伸缩传感器制造微量进给机构，能够实现高刚度无间隙位移和极精细的微量位移，分辨力可达 1.0~2.5nm；具有很高的响应频率（响应时间达 100μs），且无空耗电流发热问题。

常用的电致伸缩材料为压电陶瓷 PZT(PbZnO-PbT 陶瓷)等。电致伸缩陶瓷片的伸长量实际是和它的表面电荷量成比例，当静电场电压增加时，电荷的密度增加，伸长量增加。为增加总伸长量，常采用将许多陶瓷薄片叠加在一起的办法，如图 2-22 所示。

(2) 摩擦驱动装置　摩擦驱动装置原理如图 2-23 所示。两个摩擦轮均由静压轴承支承，可以无摩擦转动。上摩擦轮由弹簧压板压在驱动杆上。当弹簧压板压力足够时，摩擦轮和驱动杆之间将无相对滑动。直流电动机驱动下摩擦轮，靠摩擦力带动驱动杆作非常平稳的直线运动。

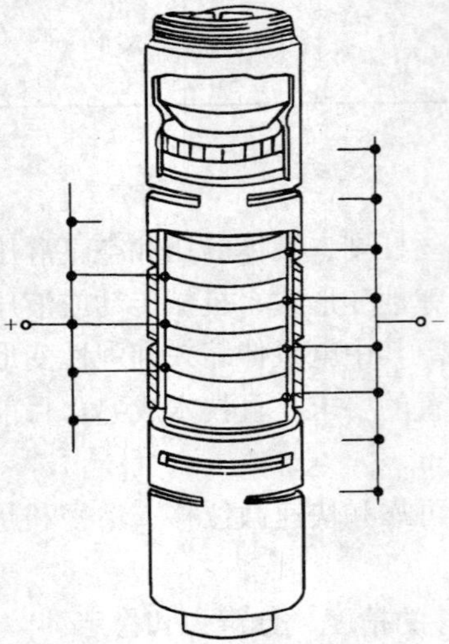

图 2-22　电致伸缩微进给装置

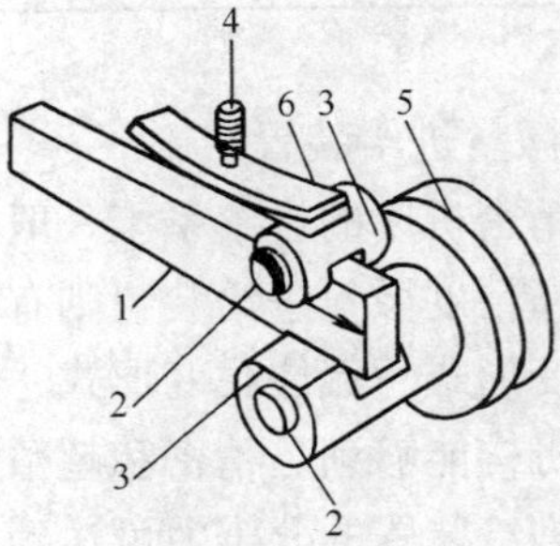

图 2-23　摩擦驱动装置原理图

1—驱动杆　2—摩擦轮　3—静压轴承　4—弹簧压块　5—驱动电动机　6—弹簧压板

单摩擦轮摩擦驱动装置的结构如图 2-24 所示。该摩擦驱动装置中只有一个摩擦轮，由滚动轴承支承，并与直流电动机相联带动驱动杆运动。驱动杆下平面为气浮导轨面，由空气压力将驱动杆压紧在摩擦轮上。

设计摩擦驱动装置需要解决以下两个结构问题：①摩擦轮直径问题。即下摩擦轮直径必须很小，才能满足驱动杆运动速度极慢的要求。②两个摩擦轮的支承问题。若都用静压轴承支承，则结构设计有很大难度；若摩擦轮用滚动轴承支承，则因滚动轴承有摩擦，导致摩擦驱动装置平稳性的降低。

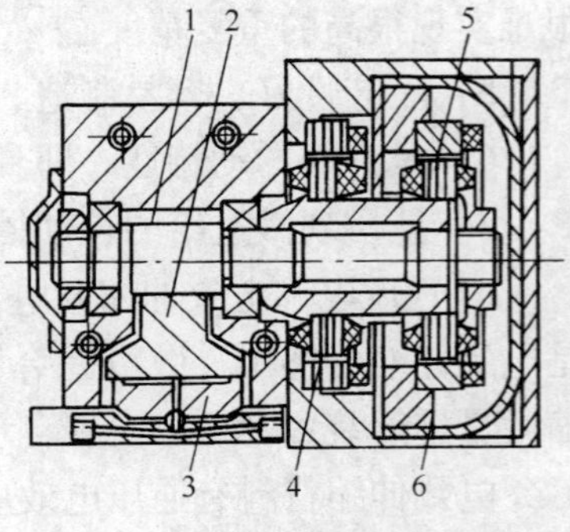

图 2-24　单摩擦轮摩擦驱动装置

1—摩擦轮　2—驱动轮　3—静压支承座　4—电动机　5—测角系统　6—压盖

(3) 机械结构弹性变形微量进给装置　机械

结构弹性变形微量进给装置具有工作稳定可靠、精度重复性好的特点，适用于手动操作。双T形弹性变形微进给装置的工作原理如图2-25所示。当驱动螺钉3向左前进时，T形弹簧1变直伸长，因B端固定，所以C端压向T形弹簧2，而T形弹簧2的D端固定，故推动E端刀夹作向左的微位移运动。该微量进给装置分辨力可达0.01μm，输出位移方向的静刚度为70N/μm，重复精度0.02μm，最大输出位移为20μm。

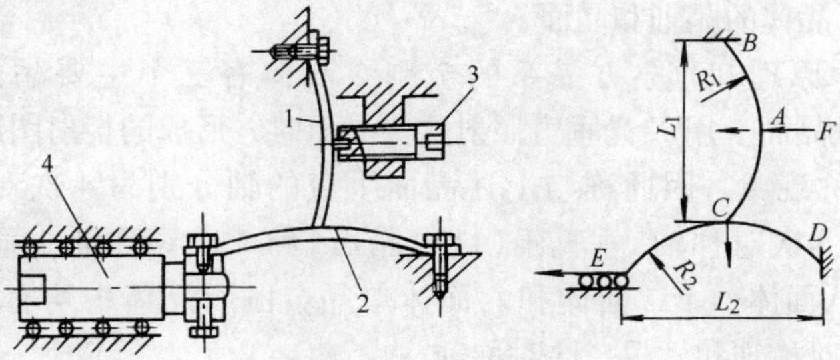

图2-25　双T形弹性变形微进给装置

1—T形弹簧1　2—T形弹簧2　3—驱动螺钉　4—微位移刀夹

第三节　金刚石的结构与性能

超精密切削加工属微量切削，背吃刀量可在0.075μm以内，相当于从材料晶格上逐个地去除原子，只有切削力超过晶体内部的原子结合力才能产生切削作用。目前只有天然金刚石刀具能承受如此大的切削力，且具有较高的耐用度。在超精密切削加工中也可以采用高性能陶瓷刀具、TiN、CBN、金刚石涂层的硬质合金刀具以及CBN刀片，但由于其加工表面质量不如天然金刚石好，仅用于表面质量要求不十分严格的场合。

一、超精密切削对刀具的要求

为满足超精密切削的要求，刀具应具有如下性能：

1）极高的硬度、极高的耐磨性和极高的弹性模量，以保证刀具有很高的尺寸耐用度。

2）刃口能磨得极其锋锐，即刃口半径ρ值很小，以实现超薄切削。

3）刀刃无缺陷，切削时刃形将复制在被加工表面上，从而得到超光滑的镜面。

4）与工件材料的抗粘结性好、化学亲和性小、摩擦因数低，以得到极好的加工表面完整性。

天然单晶金刚石被一致公认为理想的、不能代替的超精密切削刀具材料。这是因为它有着一系列优异的特性，如硬度极高、耐磨性和强度高、导热性能好、和有色金属摩擦因数低，能磨出极锋锐的刀刃等。但是它与钢铁材料的亲和性很强，因而应用范围受到限制。人造聚晶金刚石也在逐步应用于超精密加工用刀具，但其性能远不如天然金刚石。

二、金刚石的晶体结构

金刚石晶体属于立方晶系。天然单晶金刚石为规整的 8 面体和 12 面体，或 6 面体。金刚石晶体具有各向异性和解理现象。不同晶向的物理性能相差很大。

1. 金刚石晶体的晶轴和晶面

由晶体学原理知，立方晶系的金刚石晶体有三个主要晶面，即(100)、(111)和(110)晶面。用 X 光垂直照射这些晶面时，形成的衍射图形呈显出 4 次、3 次和 2 次对称现象，因此称与上述晶面垂直的轴分别为 4 次对称轴[垂直于(100)晶面]、3 次对称轴[垂直于(111)晶面]和 2 次对称轴 [垂直于(110)晶面]。规整的八面体、十二面体和六面体单晶金刚石晶体中均有三根四次对称轴、四根三次对称轴和六根二次对称轴。

以八面体为例，八面体由八个(111)面围成外表面，如图 2-26 所示。其中，两个对应四个外表面相交点的连线为四次对称轴，与四次对称轴垂直的各面均为(100)晶面(图 2-26a)；(111)晶面的法线方向为三次对称轴(图 2-26b)；每两相对棱边的中点的连线方向均为二次对称轴，与二次对称轴垂直的为(110)晶面(图2-26c)。

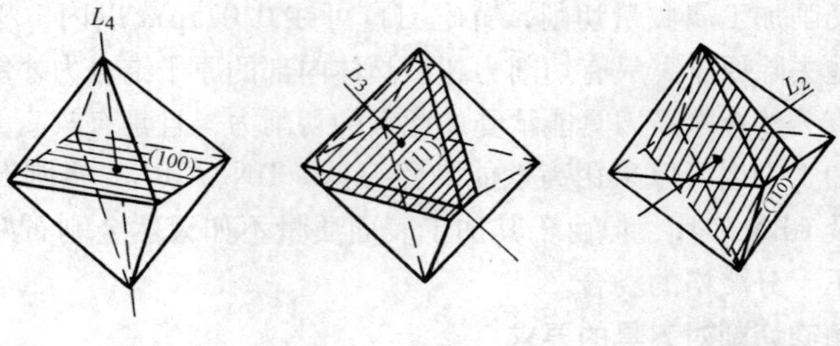

图 2-26　八面体金刚石的晶轴和晶面

a) 四次对称轴和(100)晶面　b) 三次对称轴和(111)晶面　c) 二次对称轴和(110)晶面

2. 金刚石晶体的面网

晶体内部分布有原子的面叫做晶面，也称面网。如上所述，金刚石属立方晶系，主要有(100)、(111)和(110)面网。三种面网上原子排列形式的不同、原子密度的不同以及面网间距离的差异，决定了金刚石的晶体各向异性。晶体在不同晶向上，性能差异极大。

(1) 金刚石晶体各面网的原子排列形式——最小单元　金刚石晶体的

(100)、(111)和(110)面网的最小单元如图 2-27 所示。(100)面网的最小单元为正方形，边长为 D，有五个碳原子(图 2-27a)；(110)面网的最小单元为矩形，边长分别为 D 和 $\sqrt{2}D$，有八个碳原子(图 2-27b)；(111)面网的最小单元为等边三角形，边长为 $\sqrt{2}D$，有六个碳原子(图 2-27c)。其中 D($D=a_0=0.35667$nm)为刚石晶体中单位晶胞(六面体)的边长。

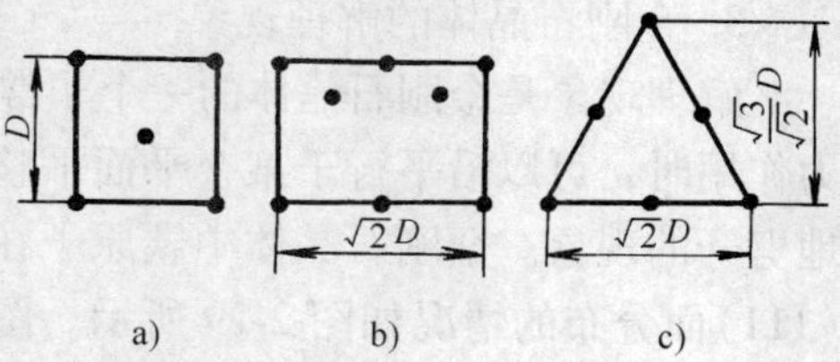

图 2-27　金刚石不同晶面的面网的原子排列形式——最小单元
a) (100)晶面　b) (111)晶面　c) (110)晶面

(2) 金刚石晶体的面网距　晶体面网之间的距离称为面网距。金刚石晶体的(100)、(111)和(110)面网之间的距离，如图 2-28 所示。其中(100)面网和(110)网的分布是均匀的，(100)面网的面间距为 $D/4=0.089$nm，(110)面网的面间距为 $\sqrt{2}D/4=0.126$nm；而(111)面网的面间距则出现一宽一窄的交替结构；宽的面间距为 $\sqrt{3}D/4=0.154$nm，窄的面间距为 $\sqrt{3}D/12=0.051$nm。窄的面间距极小，实际中可以把这相邻两个面网看成一个加厚的面网。两个加厚面网的面间距，即(111)面的宽的面间距，成为(111)面的实际面间距。(111)面的宽的面间距(0.154nm)是金刚石晶体中所有晶面面间距中最大的一个。

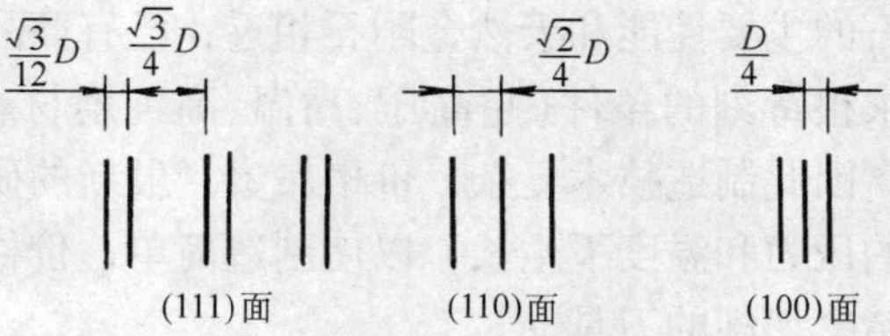

图 2-28　金刚石晶体不同晶面的面网距

(3) 金刚石晶体的面网密度　面网的单位面积上的原子数称为面网密度。面网密度决定了金刚石的硬度和耐磨性。

由图 2-27 所示的关系可得(100)、(110)和(111)的面网密度之比为：

(100)密度：(110)密度：(111)密度＝1：1.414：1.154

由上述比例可以得到(110)面网密度最大的结论。但是实际的金刚石晶体结构中，(111)面网的面间距出现一宽一窄的交替，如图 2-28 所示，窄的面间距只有宽网面的 1/3，因此可以把相邻的两个面网看成一个加厚的面网，此时其密度应为两个面网密度之和，即(111)面网密度增加了一倍。因此，三个晶面的实际面网密度之比为：

(100)密度：(110)密度：(111)密度＝1：1.414：2.308

测试表明，金刚石晶体的(111)晶面的硬度和耐磨性均为最高，从一个方面证明了面网密度分析的正确性。

3. 金刚石晶体的解理现象

解理现象是金刚石晶体的一个非常重要的特性。它是指晶体受到定向的机械力作用时，可以沿平行于某个平面平整地劈开的现象。金刚石晶体中碳原子在(111)面分布的情况如图 2-29 所示。图中面网与图面垂直(水平直线)，原子间的直线表示共价键的结合方向，可看到一宽一窄交替出现的面间距。由于(111)面网的宽面间距比(100)和(110)面网的面间距都大，并且其连接共价键数最少(只有一个)，所以在面间距大的(111)面网之间，只需击破一个共价键就可以使其劈开。实际中金刚石内部的解理劈开，在绝大多数情况下得到的是与(111)网面平行的很平的劈开面。

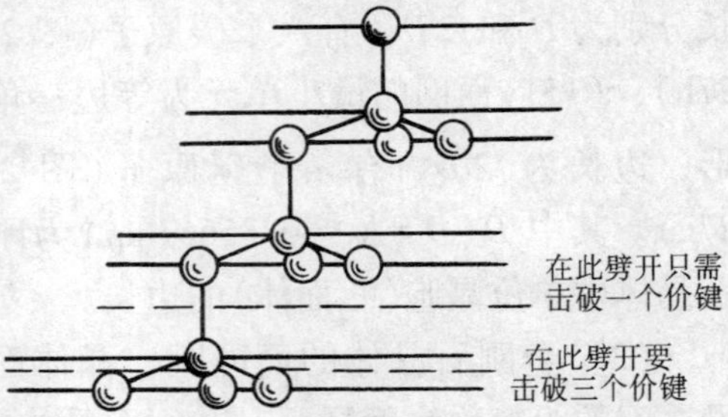

图 2-29　(111)面网的碳原子分布示意图和解理劈开面

三、金刚石晶体的性能

金刚石是已知材料中硬度最高的。优质天然单晶金刚石一般为规整的 8 面体或菱形 12 面体，少数为 6 面立方体或其他形状，浅色透明，无杂质，无缺陷。超精密切削刀具采用大颗粒(0.5~1.5 克拉)的一级单晶金刚石。

人造单晶金刚石的主要性能和天然金刚石相近，已有商品。但大颗粒人造单晶金刚石的制造要求很苛刻的条件(超高压、高温、高纯度材料等)，并且要求很长的晶体生长时间，因此制造技术复杂，价格昂贵。最新的研究方向是改进触媒使金刚石能在稍低的压力和温度下生长，以使制造简单，价格降低。人造单晶金刚石已用于制造超精密切削的刀具。

由于金刚石晶体各向异性，所以在不同方向其物理力学性能是有明显差别的。金刚石的物理力学性能如表 2-7 所示。

表 2-7　金刚石的物理力学性能

硬度 HV	6000~10000(随晶体方向和温度而有差别)
抗弯强度	210~490MPa
抗压强度	1500~2500MPa
弹性模量	$(9\sim10.5)\times10^{11}\,N/m^2$
导热系数	$(2\sim4)\times418.68W/(m\cdot K)$
比热容	$0.516J/(g\cdot ℃)$(常温)
开始氧化温度	900~1000K
开始石墨化温度	1800K(在惰性气体中)
和铝合金、黄铜间摩擦因数	0.06~0.13(在常温下，随晶体方向不同而有差别)

由表 2-7 可看出，金刚石具有很高的硬度、较高的导热系数、与有色金属间的摩擦因数低、开始氧化的温度较高，这些都有利于超精密加工的进行。而且单晶金刚石可以研磨达到极锋利的刃口（ρ 可以小到 0.05~0.01μm），没有其他任何材料可以磨到这样锋锐并且能长期切削而磨损很小。因此金刚石是理想的、不能代替的超精密切削的刀具材料。

四、金刚石晶体各晶面的刃磨方向

金刚石晶体的不同晶面具有不同的耐磨性，而且在同一晶面上的不同方向上，耐磨性也有着很大差别。金刚石的耐磨性通常用它的相对磨削率来表示，它是指单位载荷和单位线速度下的磨削体积。研磨（100）、（111）和（110）面时，研磨方向与磨削率的关系如图 2-30 所示。

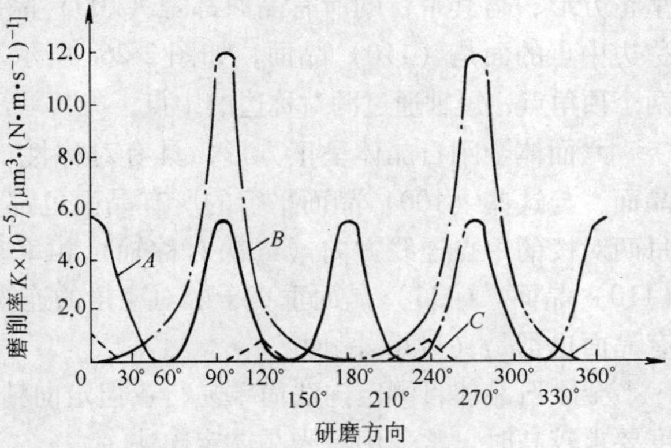

图 2-30　不同晶面研磨时研磨方向与磨削率关系

A—（100）晶面　B—（110）晶面　C—（111）晶面

由图可见，在高磨削率（曲线的极大值）方向上，（110）晶面的磨削率最高，即最容易磨；（100）晶面的磨削率次之，（111）晶面磨削率最低，最不容易磨。三个晶面磨削率之比为：

（100）磨削率：（111）磨削率：（110）磨削率=5.8：1：12.8

而三个晶面在低磨削率（曲线的极小值）方向上的磨削率都极低（几乎为零），研磨甚难。

在对金刚石进行研磨加工时，通常把高磨削率方向称为“好磨方向”，把低磨削率方向称为“难磨方向”。（100）、（111）和（110）晶面的好磨和难磨方向如图 2-31 所示。

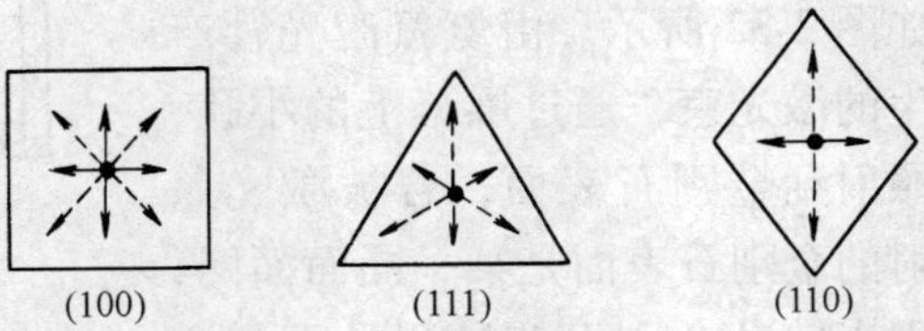

图 2-31　金刚石各晶面的好磨难磨方向

←——好磨方向　←┈┈难磨方向

第四节　金刚石晶体的定向

所谓金刚石晶体的定向，就是确定（100）、（110）和（111）晶面的位置。为了便于金刚石刀具的设计和制造，必须进行金刚石晶体的定向。金刚石晶体定向方法有：人工目测定向；X 射线晶体定向；激光晶体定向等。

一、金刚石晶体的人工目测定向

如前所述，优质的单晶金刚石原料具有规整的晶体，因此可以用目测定向方法确定它的各晶面，这是最方便最实用的晶体定向方法。

八面体是天然单晶金刚石的主要形状。规整的八面体金刚石的八个外表面均为等边三角形(如图 2-26 所示)，它的八个面和六个角都分别相同，即具有对称性。八面体的八个外表面都是（111）晶面，与其平行的所有晶面都是（111）晶面。通过四个对称顶角的面都是（100）晶面，如图 2-26a 所示。（100）晶面呈正方形，与其平行的所有晶面都是（100）晶面。通过两个对称顶角和两个对称边中点的面是（110）晶面，如图 2-26c 所示。（110）晶面呈菱形，长轴通过两个顶角点，短轴通过两对称边的中点，与其平行的所有晶面都是（110）晶面。

六面体金刚石晶体呈正方形，具有对称性。六面体的六个外表面是（100）晶面，与这些（100）晶面平行的所有晶面也都是（100）晶面。（110）晶面与每两对棱的中点连线方向（二次对称轴）相垂直，与其平行的所有晶面也都是（110）晶面。（111）晶面垂直于两对应角的连线（三次对称轴），与其平行的所有晶面也都是（111）晶面。

金刚石晶体目测定向法简单易行，但定向精度低，使用受到局限。当定向精度要求较高时，常采用激光晶体定向法。

二、金刚石晶体的激光定向

金刚石晶体的激光定向是利用金刚石在不同结晶方向上，因晶体结构不同，而对激光反射形成不同的衍射图像进行的。激光晶体定向的原理如图 2-32 所示。由氦氖激光管产生的激光束，通过屏幕上的小孔，照射到金刚石表面，若被激光照射的金刚石表面是某一晶面面网，则当转动金刚石使被测晶面与激光束相垂直时，激光被反射到屏幕上形成特征衍射光像，根据衍射光像的图形即可知道被激光照射的晶面为何种晶面。

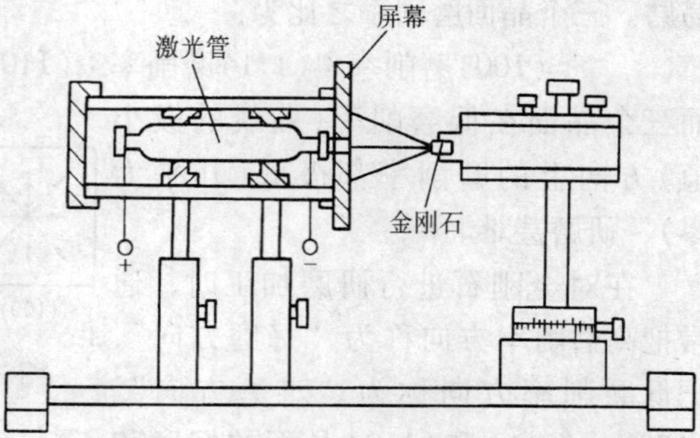

图 2-32　金刚石晶体的激光定向原理

激光反射形成的衍射图像，与金刚石表面的晶纹和微观凹坑具有对应关系。由于金刚石单晶各个晶面的结构不同，所以晶纹和微观凹坑的形状又取决于各晶面面网的结构，即金刚石晶体的各晶面有其固定的晶纹和微观凹坑形状，因此各晶面反射激光而形成的衍射光像形状也是固定的。

（100）晶面的激光衍射图像如图 2-33a 所示，图像呈四叶形，而在扫描电镜下观察到的(100)晶面的表面晶纹和微观凹坑呈正方形。激光衍射图像呈四叶形，反映了(100)晶面与晶体的4次对称轴相垂直的实质。衍射图像叶瓣所指方向是(100)晶面的好磨方向。

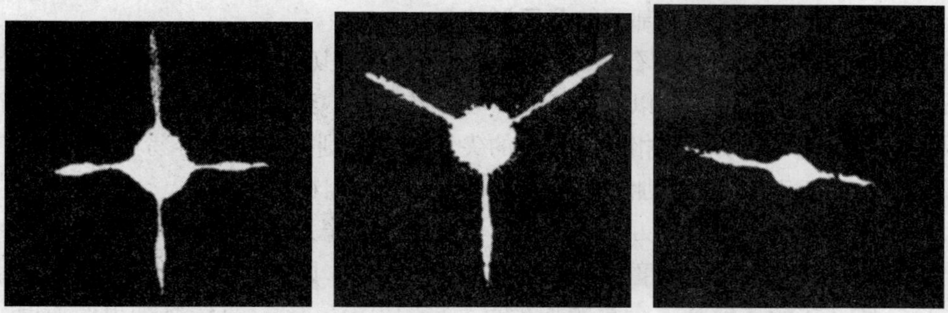

a) b) c)

图 2-33 晶面的激光衍射图像

(111)晶面的激光衍射图像如图2-33b所示，图像呈三叶形，而在扫描电镜下观察到的(111)晶面的表面晶纹和微观凹坑呈正三角形。激光衍射图像呈三叶形，反映了(111)晶面与晶体的3次对称轴相垂直的实质。(111)晶面的激光衍射光像的叶瓣所指方向，是该晶面的好磨方向。需要指出的是，(111)晶面的好磨方向只是叶瓣所指方向，而逆该方向(相差180°)则为难磨方向。

(110)晶面的激光衍射图像如图2-33c所示，图像呈二叶形，而在扫描电镜下观察到的(110)晶面的表面晶纹和微观凹坑呈狭缝形和长条形。激光衍射图像呈二叶形，反映了(110)晶面与晶体的2次对称轴相垂直的实质。(110)晶面的激光衍射光像的叶瓣所指方向是该晶面的好磨方向。

三、金刚石晶体的X射线定向

X射线晶体定向原理为，用一定波长的X光束穿透晶体时，晶体内原子的电子产生振动，振动电子将在各个方向发出散射光。该散射光在某些方向被反射增强，形成所谓衍射光束。而衍射光束能在荧光屏幕上被观察到，并能使照相底片感光。对于金刚石晶体来说，在满足反射的条件下，只有原子密集的晶面面网，如(100)、(111)、(110)晶面反射的X光才能形成可以观察到的衍射图像，利用这些衍射图像即可确定(100)、(111)和(110)晶面的位置。

用X射线进行金刚石晶体定向的实际步骤比较简单，但是X射线对人体有害。

第五节 金刚石刀具的结构

衡量金刚石刀具质量的标准，第一是能否加工出高质量的超光滑表面(R_a = 0.005~0.02μm)，第二是能否有较长的切削时间保持刀刃锋锐(一般要求切削长度数百千米)。为要满足上述要求，设计金刚石刀具时最主要问题有三个，即确定切削部分的几何形状、选择合适的晶面作为刀具的前后面、确定金刚石在刀具上的固定方法和刀具结构

一、金刚石刀具切削部分的几何形状

（1）刀头形式　金刚石刀具刀头一般采用在主切削刃和副切削刃之间加过渡刃——修光刃的形式，以对加工表面起修光作用，获得好的加工表面质量。若采用主切削刃与副切削刃相交为一点的尖锐刀尖，则刀尖不仅容易崩刃和磨损，而且还在加工表面上留下加工痕迹，从而增加表面粗糙度值。

修光刃有小圆弧修光刃、直线修光刃和圆弧修光刃之分。国内多采用直线修光刃，这种修光刃制造研磨简单，但要求对刀良好，即直线修光刃应严格和进给方向一致，才能得到令人满意的加工表面(R_a<0.02μm)。直线修光刃的长度一般取0.1~0.2mm。国外金刚石刀具多采用圆弧修光刃。国外标准的金刚石刀具，推荐的修光刃圆弧半径R=0.5~3mm。因为超精密切削时进给量甚小(一般f<0.02mm/r)，即使圆弧修光刃留下一定的残留面积，对表面粗糙度也没有太大影响。采用圆弧修光刃时，对刀容易，使用方便。但刀具制造研磨困难，所以价格也高。

金刚石刀具的主偏角一般为30°~90°，以45°主偏角应用最为广泛。

几种不同的刀头形式如图2-34所示，但一般不采用图2-34a所示的形式。

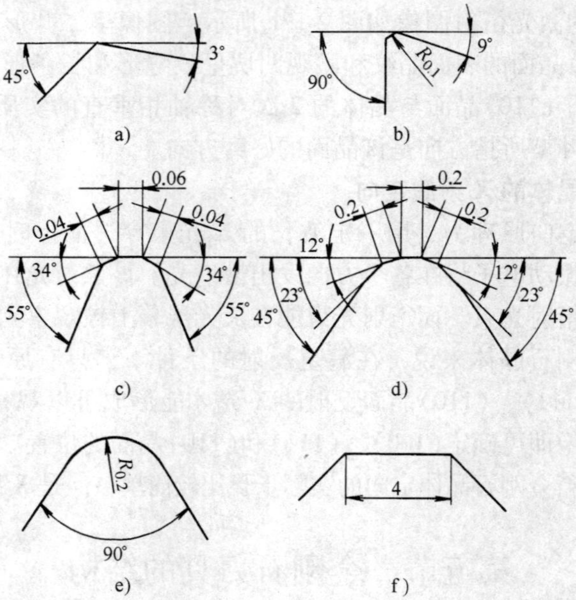

图2-34　金刚石刀具的刀头形式

（2）前角和后角　根据加工材料不同，金刚石刀具的前角可取0°~5°，后

角一般取 $\alpha_p=5°\sim6°$。因为金刚石为脆性材料，在保证获得较小的加工表面粗糙度前提下，为提高刀刃的强度，应采用较大的刀具楔角 β，所以宜取较小的刀具前角和后角。但增大金刚石刀具的后角 α_p，减少刀具后面和加工表面的摩擦，可减小表面粗糙度值，所以加工球面和非球曲面的圆弧修光刃刀具，常取 $\alpha_p=10°$。美国 EI Contour 精密刀具公司的标准金刚石车刀结构如图 2-35 所示。该车刀采用圆弧修光刃，修光刃圆弧半径 $R=0.5\sim1.5$mm。后角采用 $\alpha_p=10°$，刀具前角可根据加工材料由用户选定。

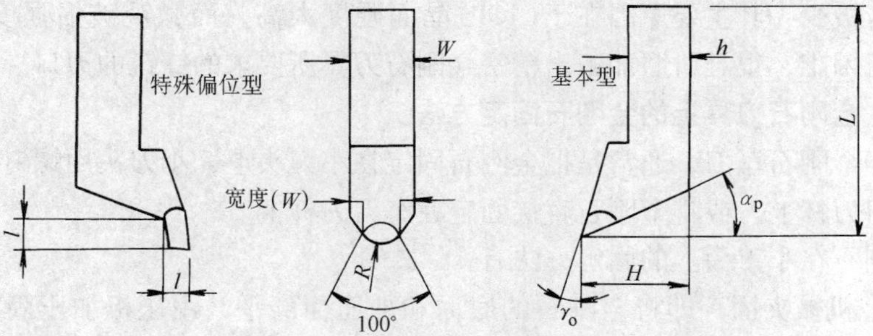

图 2-35　圆弧修光刃金刚石车刀

一种可用于车削铝合金、铜、黄铜的通用金刚石车刀结构如图 2-36 所示。该车刀主偏角为 45°，前角 $\gamma_p=0°$，后角 $\alpha_p=5°$，采用长度为 0.15mm 的直线修光刃。应用该车刀，可以稳定地加工出表面粗糙度 $R_a<0.02\sim0.005\mu m$ 的表面。

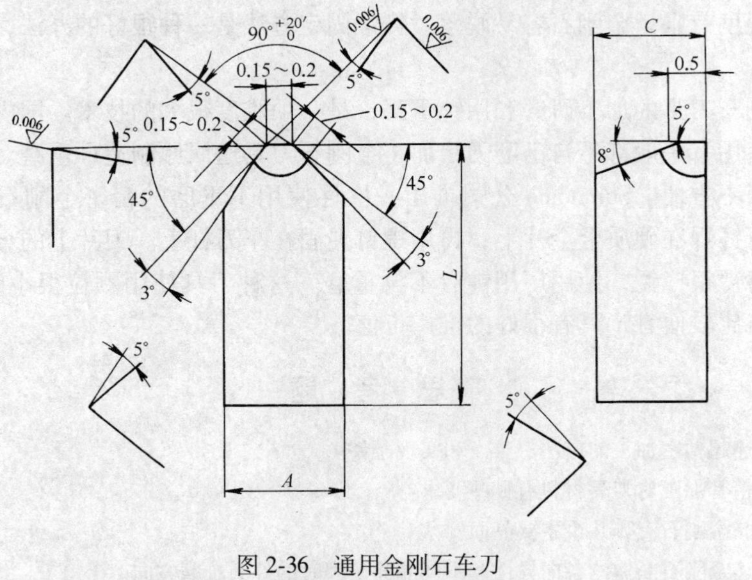

图 2-36　通用金刚石车刀

二、选择合适的晶面作为金刚石刀具前、后面

单晶金刚石晶体各方向性能(如硬度和耐磨性、微观强度和解理碎裂的概率、

研磨加工的难易程度等)相差极为悬殊。因此，前面和后面选择是金刚石刀具设计的一个重要问题。目前国内制造金刚石刀具，一般前面和后面都采用(110)晶面或者和(110)晶面相近的面(±3°~5°)。这主要是从金刚石的这两个晶面易于研磨加工角度考虑的，而未考虑对金刚石刀具的使用性能和刀具耐用度的影响。

目前关于国外的金刚石刀具前、后面的晶面选择资料很难找到，但从相关报道可以看出，有选用(100)晶面作为前面或后面的，也有选用(110)晶面作为前面或后面的。选用的理由说法不一，也不够详尽。但是选用(111)晶面作为前面或后面者极少，其主要原因在于(111)晶面硬度太高，而微观破损强度并不高，研磨加工困难，很难研磨加工出精密金刚石刀具所要求的锋锐的刃口。

三、金刚石刀具上的金刚石固定方法

对于金刚石车刀，通常是把金刚石固定在小刀头上，小刀头用螺钉或压板固定在车刀刀杆上。或将金刚石直接固定在车刀刀杆上。

金刚石在小刀头上的固定方法有：

(1) 机械夹固　即将金刚石的底面和加压面磨平，用压板加压固定在小刀头上。采用这种固定方式时，需要较大颗粒的金刚石。

(2) 用粉末冶金法固定　即将金刚石放在合金粉末中，经加压在真空中烧结，使金刚石固定在小刀头内。采用这种固定方法可使用较小颗粒的金刚石，较为经济，因此目前国际上多采用该方法。

(3) 使用粘结或钎焊固定　即使用无机粘结剂或其他粘结剂固定金刚石。但粘结强度有限，金刚石容易脱落。钎焊固定方法是一种很好的办法，但技术不易掌握。

金刚石刀具的加工研磨和用钝重磨，是一项难度很大的技术。国内外的金刚石刀具使用者一般都不自己磨刀，而将金刚石刀具送回原制造厂重磨。重磨收费很高且很不方便。Sumitomo 公司推出一次性使用不重磨的精密金刚石刀具，即将金刚石钎焊在硬质合金片上，再用螺钉夹固在车刀杆上。刀片上的金刚石由制造厂研磨得很锋锐，使用厂用钝后不再重磨。这种刀具使用颗粒很小的金刚石，因而价格比较便宜，具有很好的推广价值。

思考题

1. 简述超精密加工的方法、难点和实现条件。
2. 超精密加工对刀具材料有哪些要求？
3. 单晶金刚石有哪几个主要晶面？
4. 试述金刚石晶体的各向异性和不同晶面研磨时的好磨难磨方向。
5. 试述金刚石晶体的激光定向原理和方法。
6. 金刚石车刀的刀头形式有哪几种？各自有何特点？

7. 典型的超精密机床有哪些？
8. 精密主轴部件有哪几种形式？说明各自的优缺点。
9. 超精密机床有哪几种总体布局形式？各自有何特点？
10. 简述超精密机床导轨的结构形式，并说明各自的优缺点。
11. 简述摩擦驱动的工作原理。
12. 精密加工对微进给装置的性能有何要求？

第三章　精密与超精密磨料加工

金刚石刀具主要是对铝、铜及其合金等材料进行超精密车削，而对于黑色金属、硬脆材料的精密与超精密加工，则主要是应用精密和超精密磨料加工。所谓精密和超精密磨料加工，就是利用细粒度的磨粒和微粉对黑色金属、硬脆材料等进行加工，以得到高加工精度和低表面粗糙度值。

精密和超精密磨料加工可分为固结磨料和游离磨料两大类，如图 3-1 所示。

- 精密和超精密磨料加工
  - 固结磨料加工
    - 固结磨具
      - 精密砂轮磨削
      - 油石研磨
      - 精密珩磨
      - 精密超精加工
    - 涂覆磨具
      - 砂带磨削
      - 砂带研抛
  - 游离磨料加工
    - 精密研磨
    - 精密抛光

图 3-1　精密和超精密磨料加工方法分类

第一节　精 密 磨 削

精密磨削是指加工精度为 1~0.1μm、表面粗糙度为 R_a0.2~0.025μm 的磨削方法，一般用于机床主轴、轴承、液压滑阀、滚动导轨、量规等的精密加工。

一、精密磨削机理

精密磨削主要是靠砂轮的具有微刃性和等高性的磨粒实现的。精密磨削机理如下：

(1) 微刃的微切削作用　应用较小的修整导程(纵向进给量)和修整深度(横向进给量)对砂轮实施精细修整，从而得到如图 3-2 所示的微刃，其效果等效于

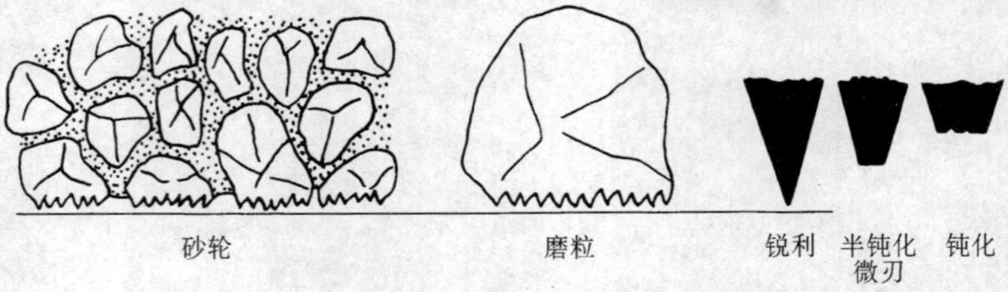

图 3-2　磨粒具有微刃性和等高性

砂轮磨粒的粒度变细。微刃的微切削作用形成了小表面粗糙度值的表面。

（2）微刃的等高切削作用　由于微刃是在砂轮精细修整的基础上形成的，因此分布在砂轮表层的同一深度上的微刃数量多、等高性好，从而使加工表面的残留高度极小。

（3）微刃的滑挤、摩擦、抛光作用　修整得到的砂轮微刃比较锐利。随着磨削时间的增加而逐渐钝化，但等高性逐渐得到改善，因而切削作用减弱，滑挤、摩擦、抛光作用加强。同时磨削区的高温使金属软化，钝化微刃的滑擦和挤压将工件表面凸峰辗平，降低了表面粗糙度值。

二、磨削用量

磨削用量如表 3-1 所示。

表 3-1　磨削用量

砂轮速度	工件速度	工件纵向进给量	工件横向进给量	进给次数	光　磨
15~30m/s	6~12m/min	0.06~0.5mm/r	0.6~2.5μm/单行程	2~3 次（单行程）	5~8 次（粗粒度砂轮 60# ~80#） 10~25 次（细粒度砂轮 240# ~W7）
速度过高，切削作用增强，摩擦抛光作用减弱，对表面粗糙度不利。用时，机床易产生振动，磨削热增加会烧伤加工表面，产生波纹、螺旋形等缺陷	工件速度较高，易产生振动，工件表面有波纹；较低，易产生烧伤和螺旋形等缺陷。砂轮速度与工件速度的比值取 120~150	工件纵向进给量过大，会使得表面粗糙度值增大，产生烧伤、螺旋形、多角形等缺陷	横向进给量不能超过微刃高度	磨削余量一般为 2~5μm	

三、精密磨削砂轮

影响砂轮性能的因素主要是砂轮的磨料、砂轮的粒度和砂轮的结合剂。有关砂轮组织的具体情况如表 3-2 所示。

表 3-2　超精密磨削的砂轮组织

<table>
<tr><th colspan="6">砂　轮</th><th rowspan="2">被加工材料</th></tr>
<tr><th>磨粒材料</th><th colspan="2">粒度号</th><th>结合剂</th><th>组织</th><th>硬度</th></tr>
<tr><td>白刚玉（WA）</td><td rowspan="3">粗
60# ~80#</td><td rowspan="3">细
240# ~W7</td><td rowspan="3">树脂（B）
陶瓷（V）
橡胶（R）</td><td rowspan="3">密
分布均匀
气孔率小</td><td rowspan="3">中软（K、L）
软（H、J）</td><td>淬火钢，15Cr、40Cr、9Mn2V，铸铁</td></tr>
<tr><td>铬刚玉（PA）
棕刚玉（A）</td><td>工具钢，38CrMoAl</td></tr>
<tr><td>绿碳化硅（GC）</td><td>有色金属</td></tr>
</table>

1. 砂轮磨料

精密磨削时所用砂轮的磨料以易于产生和保持微刃及其等高性为原则。如磨削钢件及铸铁件，以采用刚玉磨料为宜。因为刚玉磨料韧性较高，能保持微刃性和等高性。在刚玉类磨料中，以单晶刚玉最好，白刚玉、铬刚玉应用最普遍。而碳化硅磨料韧性差，颗粒呈针片状，修整时难以形成等高性好的微刃，磨削时，微刃易产生细微碎裂，不易保持微刃性和等高性，主要应用于有色金属加工。

2. 砂轮粒度

砂轮的粒度有粗粒度和细粒度之分。粗粒度砂轮经过精细修整形成微刃，以微切削作用为主；细粒度砂轮经过精细修整形成半钝态微刃，与工件表面的摩擦抛光作用比较显著，可得到质量更高的加工表面和砂轮耐用度。

3. 砂轮结合剂

砂轮结合剂有树脂类、金属类、陶瓷类等，以树脂类应用为广。对粗粒度砂轮，可用陶瓷结合剂。金属类、陶瓷类结合剂是目前超精密加工领域中研究的重要方面。

四、精密磨削中的砂轮修整

砂轮修整是影响精密磨削质量的关键因素之一。修整方法有单粒金刚石修整、金刚石粉末烧结型修整器修整和金刚石超声波修整等，如图 3-3 所示。金刚石修整时砂轮与修整器的相对位置如图 3-4 所示。金刚石修整器的位置与砂轮磨削时的工件位置相对应，修整器安装在低于砂轮中心 0.5~1.5mm 处，并向右上倾斜 10°~15°，以减小受力。金刚石超声波修整分为点接触法和面接触法。点接触法的修整器为尖顶，面接触法的修整器为平顶。在超声波作用下，金刚石的微小平面与磨粒接触，因接触应力小，磨粒不易产生裂纹，从而形成等高性很好的微刃。

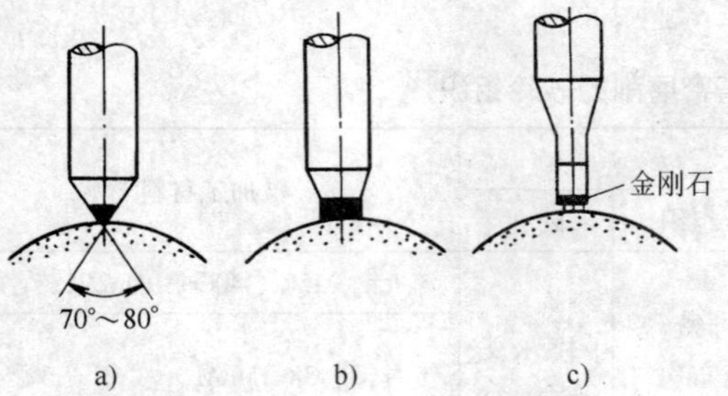

图 3-3　精密磨削时的砂轮修整

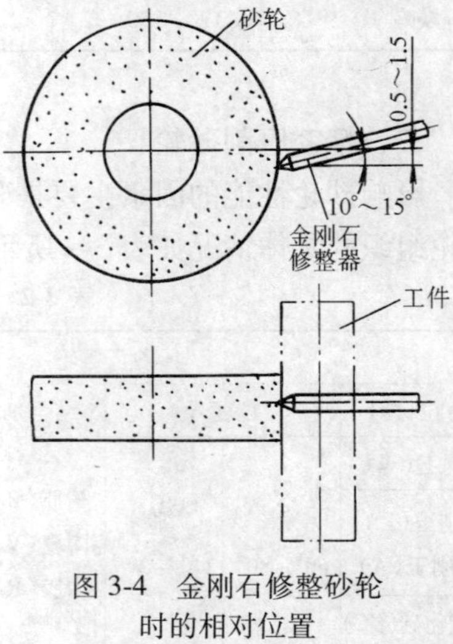

图 3-4　金刚石修整砂轮时的相对位置

砂轮的修整用量有修整导程、修整深度、修整次数和光修次数。修整导程一般为10~15mm/min；修整深度为2.5μm/单行程；修整导程(纵向进给)和修整深度越小，工件表面粗糙度值越低。但修整导程过小，容易烧伤工件，产生螺旋形等缺陷。修整深度一般为0.05mm即可恢复砂轮的切削性能。修整时一般分为初修与精修，精修一般为2~3次单行程。光修为无修整深度修整，一般为1次单行程，主要是为了去除砂轮表面个别突出微刃，使砂轮表面更加平整。

五、超精密磨削.

超精密磨削是一种亚微米级的加工方法，并正向纳米级发展。它是指加工精度达到或高于0.1μm、表面粗糙度低于R_a0.025μm的砂轮磨削方法，适宜于对钢、铁材料及陶瓷、玻璃等硬脆材料的加工。

通常所说的镜面磨削是属于精密磨削和超精密磨削范畴的加工。镜面磨削是指加工表面粗糙度达到R_a0.02~0.01μm、表面光泽如镜的磨削方法，其加工精度的含义并不明确，更强调表面粗糙度的要求。超精密磨削同样是一个系统工程，其加工精度受到许多因素的影响，如超精密磨削机理、被加工材料、砂轮及其修整、超精密磨床、工件的定位夹紧、检测及误差补偿、工作环境、操作水平等。各因素之间又相互关联。超精密磨削需要一个高稳定性的工艺系统，对力、热、振动、材料组织、工作环境的温度和净化等都有稳定性的要求，并有较强的抗击来自系统内外的各种干扰能力。

1. 超精密磨削机理

超精密磨削机理可以单颗粒的磨削加工过程予以说明。单颗粒磨削的切入模型如图3-5所示，设磨粒以切速v、切入角α切入平面状工件。理想磨削轨迹是从接触始点开始至接触终点结束。但由于磨削系统存在一定的弹性，实际磨削轨迹与理想磨削轨迹发生偏离。该模型说明：

1）磨粒可以看做一具有弹性支承的和大负前角切削刃的弹性体，弹性支承为结合剂，如图3-6所示。

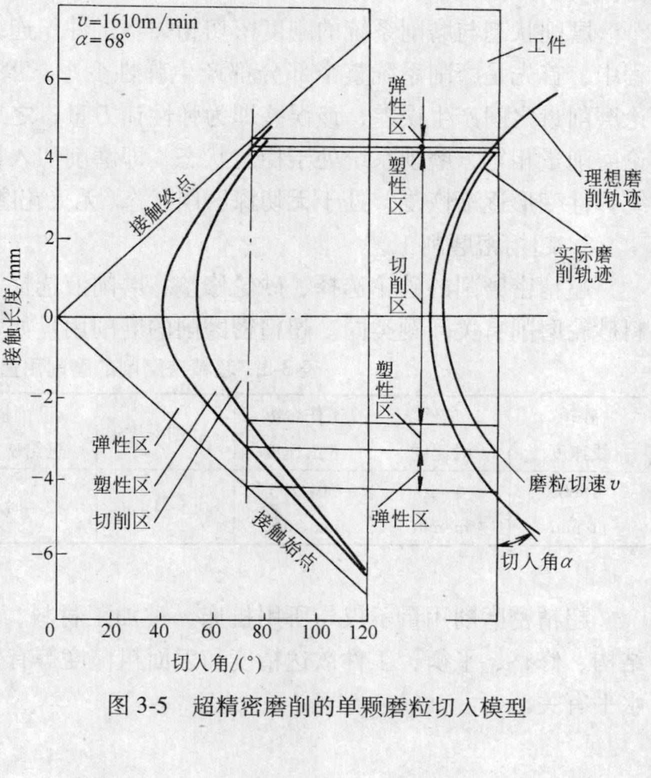

图3-5 超精密磨削的单颗磨粒切入模型

2）磨粒切削刃的切入深度由零开始逐渐增加，到达最大值后又逐渐减小，直至为零。平面磨削情况下切屑形状如图 3-7 所示。

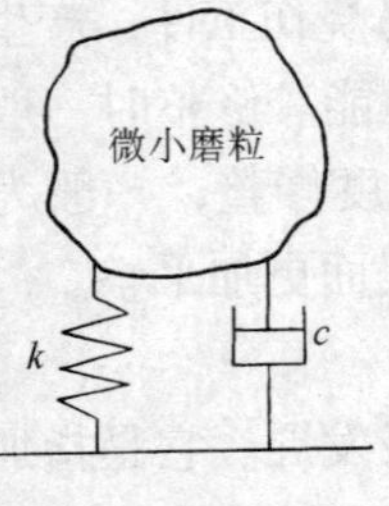

图 3-6　弹性支承磨粒模型

图中 k、c 分别表示弹簧刚度和阻尼系数

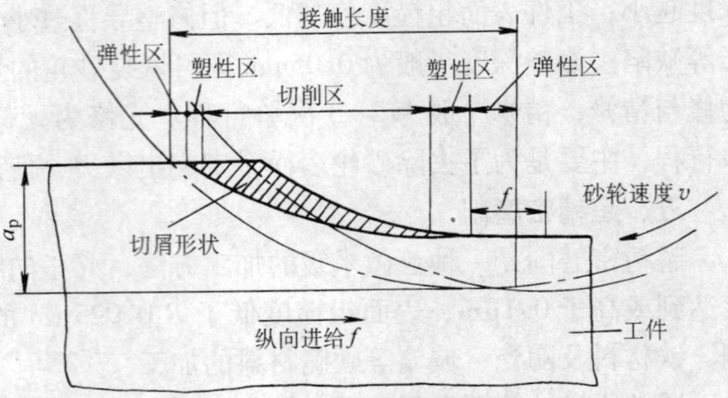

图 3-7　平面磨削时的切屑形状

3）整个磨粒与工件的接触过程依次为弹性区、塑性区、切削区、塑性区，最后为弹性区，与切屑形状的形成一致。

4）在超精密磨削中，微切削作用、塑性流动、弹性破坏作用和滑擦作用依切削条件的变化而顺序出现。当刀刃锋利，有一定磨削深度时，微切削作用较强；如果刀刃不够锋利，或磨削深度太浅，磨粒切削刃不能切入工件，则产生塑性流动、弹性破坏和滑擦。

磨削状态与磨削系统的刚度密切相关。工件作连续转动，砂轮作持续切入过程中，首先是磨削系统整个部分都产生弹性变形，磨削切入量（磨削深度）与理论磨削量之间产生误差，该误差即为弹性让刀量；之后磨削切入量逐渐变得与理论磨削量相等，磨削系统处于稳定状态，即磨削切入量到达给定值；最后磨削系统弹性变形逐渐恢复，处于无切深磨削状态（无火花磨削状态）。

2. 超精密磨削工艺

超精密磨削的砂轮选择、砂轮修整、磨削液选择等问题与精密磨削和超硬磨料砂轮磨削有关问题类同。超精密磨削的磨削用量如表 3-3 所示。

表 3-3　超精密磨削的磨削用量

砂轮线速度	工件线速度	工作台纵进给速度	磨削深度	磨削横进给次数	无火花磨削次数	磨削余量
1860 m/min	4~10 m/min	50~100 mm/min	0.5~1μm	2~4 次	3~5 次	2~5μm

超精密磨削用量不仅与所用机床，被加工材料，砂轮的磨粒和结合剂材料、结构、修整、平衡，工件欲达精度和表面粗糙度等有关，而且与操作工人的技术水平有关。

六、超硬磨料砂轮磨削

超硬磨料砂轮磨削主要是指用金刚石砂轮和立方氮化硼砂轮加工硬质合金、陶瓷、玻璃、半导体材料及石材等高硬度、高脆性材料。其突出特点为：①磨削能力强，耐磨性好，耐用度高，易于控制加工尺寸及实现加工自动化。②磨削力小，磨削温度低，加工表面质量好，无烧伤、裂纹和组织变化。金刚石砂轮磨削硬质合金时，其磨削力只有绿色碳化硅砂轮的1/4~1/5。③磨削效率高。在加工硬质合金及非金属硬脆材料时，金刚石砂轮的金属切除率优于立方氮化硼砂轮；但在加工耐热钢、钛合金、模具钢等时，立方氮化硼砂轮远高于金刚石砂轮。④加工成本低。金刚石砂轮和立方氮化硼砂轮比较昂贵，但由于其寿命长，加工效率高，所以综合成本低。

1. 超硬磨料砂轮磨削工艺

（1）磨削用量　磨削用量如表3-4所示。

表3-4　磨削用量

砂轮速度	磨削深度	工件速度	纵向进给速度
12~30m/s	0.002~0.02mm	10~20m/min	0.45~1.5m/min
由磨削方式、砂轮结合剂和冷却情况确定。立方氮化硼砂轮45~60m/s	由磨削方式、砂轮结合剂和冷却情况确定。立方氮化硼砂轮可稍大	过高会使砂轮磨损增加，出现振动和噪声	与普通砂轮磨削相近

（2）磨削液　磨削液对超硬磨料砂轮的寿命和磨削表面加工质量影响很大，如树脂结合剂超硬磨料砂轮湿磨可比干磨提高砂轮寿命40%左右，因此一般多采用湿磨。由于超硬磨料砂轮组织紧密、气孔少、磨削过程中易被堵塞，故要求磨削液有良好的润滑性、冷却性、清洗性和渗透性。

金刚石砂轮磨削时常用以轻质矿物油为主体的油性液和水溶性液（乳化液、无机盐水溶液）为磨削液，视具体情况而定。树脂结合剂砂轮不宜使用苏打水。立方氮化硼砂轮磨削时一般采用油性液为磨削液，而不用水溶性液，因为在高温条件下立方氮化硼磨粒和水会发生水解作用，加剧砂轮磨损。

2. 超硬磨料砂轮修整

修整是整形和修锐的总称。整形是使砂轮具有一定精度要求的几何形状；修锐是去除磨粒间的结合剂，使磨粒突出结合剂一定高度（一般是磨粒尺寸的1/3左右），形成良好的切削刃和足够的容屑空间。普通砂轮的整形和修锐一般是合二为一进行的，而超硬磨料砂轮的整形和修锐则是分为前后两步进行。这是因为整形与修锐的目的和要求不同所致，即整形是为了获得理想的砂轮几何形状，修锐是为了提高磨削性能。

修整是超硬磨料砂轮在应用过程中的一个重要的技术难题，修整质量对被加工工件的质量、生产率和生产成本有着决定性的影响。

超硬磨料砂轮修整的方法很多，可归纳为以下几类：①车削法；②磨削法；③滚压挤轧法；④喷射法；⑤电加工法；⑥超声波振动修整法。其中电加工法中的电解在线修锐(ELID)方法，是目前研究的热点和重点。

第二节　精密研磨与抛光

一、研磨加工机理

精密研磨属于游离磨粒切削加工，是在刚性研具(如铸铁、锡、铝等软金属或硬木、塑料等)上注入磨料，在一定压力下，通过研具与工件的相对运动，借助磨粒的微切削作用，除去微量的工件材料，以达到高级几何精度和优良表面粗糙度的加工方法。

1. 硬脆材料的研磨

硬脆材料研磨的加工模型如图 3-8 所示。磨粒作用在有凹凸和裂纹等处的表面上，随着研磨加工的进行，一部分磨粒在研磨压力的作用下压入研磨盘中，用露出的尖端刻划工件表面进行微切削加工；另一部分磨粒则在工件与研磨盘之间发生滚动，产生滚轧效果，使工件表面产生微裂纹，裂纹扩展后使工件表面产生脆性崩碎形成切屑。研磨磨粒为 1μm 的氧化铝和碳化硅等。

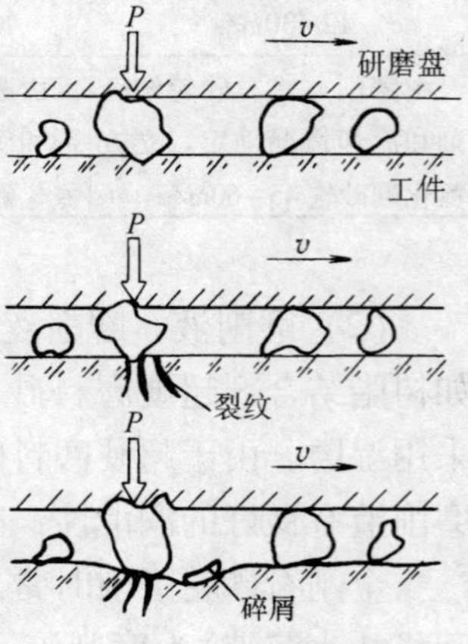

图 3-8　研磨加工模型

硬脆材料研磨时切屑生成和表面形成的基本过程为：在对磨粒加压时，拉伸应力最大部位产生呈圆锥状和八字状等形状的微裂纹；当压力解除时，最初产生的裂纹中的残余应变复原，结果新产生的拉伸应力大的部分将破裂而成碎片，即形成磨屑。这一过程的形成原因在于硬脆材料的抗拉强度比抗压强度小。

2. 金属材料的研磨

金属材料的研磨在加工机理上和脆性材料的研磨有很大区别。研磨时，磨粒的研磨作用相当于普通切削和磨削的切削深度极小时的状态，没有裂纹的产生。但是，由于磨粒处于游离状态，所以难以形成连续的切削。通过转动和加压，磨粒与工件间仅是断续的研磨动作，从而形成磨屑。

二、抛光加工机理

抛光是指用低速旋转的软质弹性或粘弹性材料(塑料、沥青、石蜡、锡等)抛光盘，或高速旋转的低弹性材料(棉布、毛毡、人造革等)抛光盘，加抛光剂，具有一定研磨性质地获得光滑表面的加工方法。抛光一般不能提高工件形状精度和尺寸精度。抛光使用的磨粒是1μm以下的微细磨粒。

抛光加工模型如图3-9所示。微小的磨粒被抛光器弹性地夹持研磨工件，因而磨粒对工件的作用力很小，即使抛光脆性材料也不会发生裂纹。

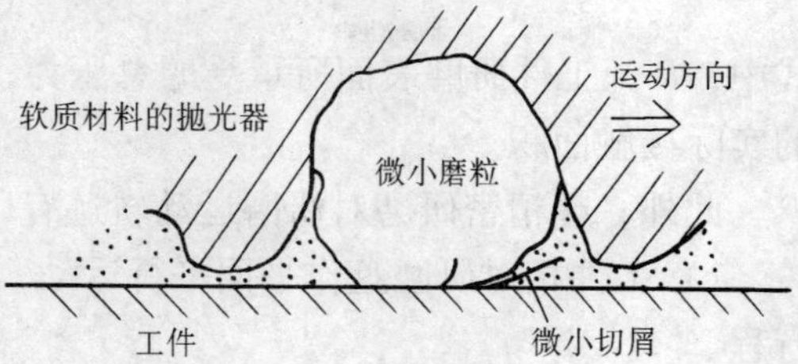

图3-9 抛光加工模型

抛光加工以磨粒的微小塑性切削生成切屑为主体，磨粒和抛光器与工件的流动摩擦使工件表面的凹凸变平，同时加工液对工件有化学性溶析作用，而工件和磨粒之间受局部高温高压作用有直接的化学反应，有助于抛光的进行。

不同的工件、磨粒、抛光器和加工液组合，抛光效果也不相同的。例如，以化学活性溶液为加工液的机械—化学抛光，是提高加工质量的一种有效的抛光方法。

三、精密研磨、抛光的主要工艺因素

精密研磨抛光的主要工艺因素如表3-5所示。

表3-5 精密研磨抛光的主要工艺因素

项目		内容
研磨法	加工方式	单面研磨、双面研磨
	加工运动	旋转、往复摆动
	驱动方式	手动、机械驱动、强制驱动、从动
研具	材料	硬质、软质(弹性、粘弹性)
	形状	平面、球面、非球面、圆柱面
	表面状态	有槽、有孔、无槽
磨粒	种类	金属氧化物、金属碳化物、氮化物、硼化物
	材质、形状	硬度、韧性、形状
	粒径	几十微米至几十纳米
加工液	水质	酸性~碱性、界面活性剂
	油质	界面活性剂
加工参数	研磨速度	(1~100)m/min
	研磨压力	0.01~30N/cm^2
	研磨时间	~10h
环境	温度	室温变化±0.1℃
	尘埃	利用洁净室、净化工作台

在一定的范围内，增加研磨压力可以提高研磨效率。但是，当压力达到一定值时，研磨效率提高并不明显。这是因为随着磨粒破碎及研磨接触面积增加，实

际接触点的接触压力并不成正比增加。研磨压力可按下式粗略计算

$$P_0=\frac{P}{NA}$$

式中，P 为工件研磨表面所承受的总压力；N 为被研磨工件总数；A 为每个工件的实际接触面积。

此外，超精密研磨对研磨运动轨迹有以下基本要求：

1）工件相对研磨盘作平面平行运动，使工件上各点具有相同或相近的研磨行程。

2）工件上任一点不出现运动轨迹的周期性重复。

3）避免曲率过大的运动转角，保证研磨运动平稳。

4）保证工件走遍整个研磨盘表面，以使研磨盘磨损均匀，进而保证工件表面的平面度。

5）及时变换工件的运动方向，以减小表面粗糙度值并保证表面均匀一致。

总之，超精密研磨对研磨运动轨迹的基本要求是保证工件加工表面和研具表面上各点均有相同或相近的被切削条件和切削条件。超精密研磨常用的运动轨迹有次摆线、外摆线和内摆线轨迹等。

四、研磨盘与抛光盘

1. 研磨盘

研磨盘是涂敷或嵌入磨料的载体，以发挥磨粒切削作用，同时又是研磨表面的成形工具。研磨过程中研磨盘与工件是相互修整的，研磨盘本身的几何精度按一定程度“复制”到工件上，因此对研磨盘加工面的几何精度要求很高。

研磨盘材料硬度要低于工件材料硬度，且组织均匀致密、无杂质、无异物、无裂纹和无缺陷，并有一定的磨料嵌入性和浸含性。常用的研磨盘材料有铸铁、黄铜、玻璃等。

研磨盘的结构要合理，即具有良好的刚性、精度保持性、耐磨性、排屑性和散热性。为了获得良好的研磨表面，常在研磨盘面上开槽。槽的形状有放射状、网格状、同心圆状和螺旋状等。槽的形状、宽度、深度和间距等要根据工件材料质量、形状及研磨面的加工精度而选择。在研具表面开槽的目的为：

1）在槽内存储多余的磨粒，以防止磨料堆积而损伤工件表面。

2）加工过程中作为向工件供给磨粒的通道。

3）作为及时排屑的通道，以防止研磨表面被划伤。

固着磨料研磨盘是一种适用于陶瓷、硅片、水晶等脆性材料精密研磨的研具，具有表面精度保持性好、研磨效率高的优点。它是将金刚石或立方氮化硼磨料与铸铁粉末混合后，烧结成小薄块，或用电铸法将磨粒固着在金属薄片上，再用环氧树脂将这些小薄块粘贴在研磨盘而制成的。

2. 抛光盘

抛光盘平面精度及其精度保持性是实现高精度平面抛光的关键。因此，抛光小面积的高精度平面工件时要使用弹性变形小，并始终能保持平面度的抛光盘。较为理想的是采用特种玻璃或者在平面金属盘上涂一层弹性材料或软金属材料作为抛光盘。

为获得无损伤的平滑表面，当工件材料较软时(如加工光学玻璃)，可使用半软质抛光盘(如锡盘、铅盘)和软质抛光盘(如沥青盘、石蜡盘)。使用软质抛光盘的优点是抛光表面加工变质层和表面粗糙度值都很小；缺点是不易保持平面度，因而影响工件的平面度。

五、研磨剂与抛光剂

磨料按硬度可分为硬磨料和软磨料两类。对于研磨用磨粒有以下基本要求：①磨粒形状、尺寸均匀一致；②磨粒能适当地破碎，以使切削刃锋利；③磨粒熔点高于工件熔点；④磨粒在研磨液中容易分散。对于抛光粉用磨粒，除上述要求外，还要考虑与工件材料作用的化学活性。

研磨抛光加工液主要作用是冷却、润滑、均布研磨盘表面磨粒及排屑。对研磨抛光液有以下要求：①有效地散热，以防止研磨盘和工件热变形；②粘性低，以保证磨料的流动性；③不污染工件；④物理、化学性能稳定，不分解变质；⑤能较好地分散磨粒。

玻璃、水晶、半导体等硬脆材料一般用纯水来配制研磨液。添加剂在研磨抛光过程中能起防止磨料沉淀和凝聚以及对工件的化学作用，以提高研磨效率和质量。

六、非接触抛光

非接触抛光是一种研磨抛光新技术，是指在抛光中工件与抛光盘互不接触，依靠抛光剂冲击工件表面，以获得加工表面完美结晶性和精确形状的抛光方法，其去除量仅为几个到几十个原子级。非接触抛光主要用于功能晶体材料抛光(注重结晶完整性和物理性能)，和光学零件的抛光(注重表面粗糙度及形状精度)。

1. 弹性发射加工

弹性发射加工(EEM,Elastic Emission Machining)是非接触抛光技术的理论基础。所谓弹性发射加工，是指加工时研具与工件互不接触，通过微粒子冲击工件表面，对物质的原子结合产生弹性破坏，以原子级的加工单位去除工件材料，从而获得无损伤的加工表面。

弹性发射加工原理是利用水流加速微细磨粒，以尽可能小的入射角(近似水平)冲击工件表面，在接触点处产生瞬时高温高压而发生固相反应，造成工件表层原子晶格的空位及工件原子和磨粒原子互相扩散，形成与工件表层其他原子结合力较弱的杂质点缺陷，当这些缺陷再次受到磨粒撞击时，杂质点原子与相邻的几个原子被一并移去，同时工件表层凸出的原子也因受到很大的剪切力作用而被切除。

弹性发射加工方法如图 3-10 所示。加工头为一聚氨脂球，在微粒子悬浮液中，加工球头在回转中向工件表面接近，使悬浮液中的微粒子在工件表面的微小面积（ϕ1～2mm）内产生作用（进行加工）。

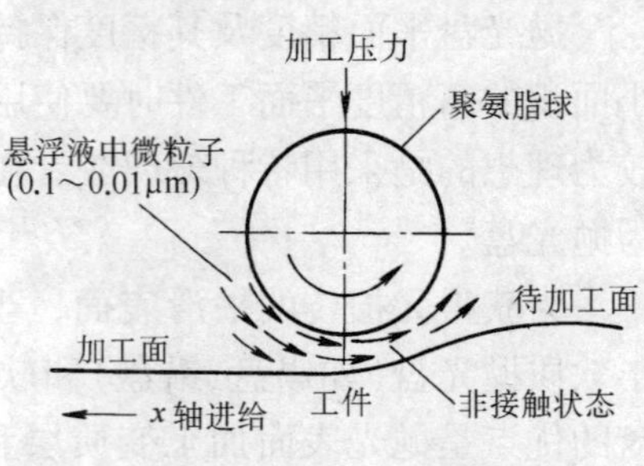

图 3-10　EEM 加工的磨粒运动

对加工头和工作台实施数控，可实现曲面加工。EEM 的数控加工装置如图 3-11 所示。该装置为一个三坐标数控系统，聚氨酯球装在数控主轴上，由变速电动机驱动其旋转，载荷为 2N。由于加工头的旋转，微粒悬浮液流体抬起球体，形成一定的浮起间隙液膜。该流体运动系统属满足粘性流体运动方程式的二维流动，可由弹性流体润滑理论来计算流体膜厚。当球径为 ϕ28mm、单位长度压力为 3N/mm、线速度为 3m/s 时，最小膜厚为 0. 7μm。因通过间隙的流量是一定的，故单位时间作用的磨粒数也是一定的。加工硅片表面时，用含直径为 0. 1μm 的 ZrO_2 微粉的流体以 100m/s 的速度和与水平面成 20°的入射角，向工件表面发射，可以获得加工精度为±0. 1μm、表面粗糙度为 R_a0. 5nm 以下的加工表面。EEM 加工时工件表层无塑性变形，不产生晶格转位等缺陷，对加工功能晶体材料极为有效。

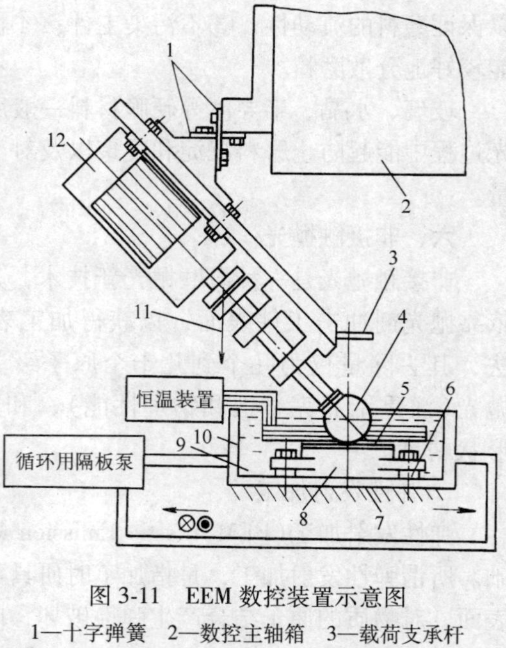

图 3-11　EEM 数控装置示意图

1—十字弹簧　2—数控主轴箱　3—载荷支承杆　4—聚氨酯球　5—工件　6—橡胶垫　7—数控工作台　8—工作台　9—悬浮液　10—容器　11—重心　12—无级变速电动机

2. 浮动抛光

浮动抛光（Float Polishing）是一种平面度极高的非接触超精密抛光方法。浮动抛光装置如图 3-12 所示。高回转精度的抛光机采用高平面度平面并带有同心圆或螺旋沟槽的锡抛光盘，抛光液覆盖在整个抛光盘表面上，抛光盘及工件高速回转时，在二者之间的抛光液呈动压流体状态，并形成一层液膜，从而使工件在浮起状态下进行抛光。超精密抛光盘的制作是实现浮动抛光加工的关键。

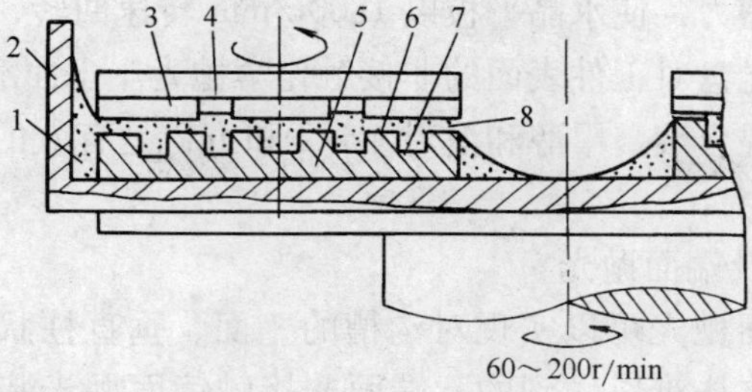

图 3-12　浮动抛光装置示意图

1—抛光液　2—抛光液槽　3—工件　4—工件夹具　5—抛光盘

6—金刚石刀具的切削面　7—沟槽　8—液膜

3. 动压浮离抛光

动压浮离抛光(Hydrodynamic-type Polishing)是另一种非接触抛光。平面非接触抛光装置如图 3-13 所示。工作原理是：当沿圆周方向制有若干个倾斜平面的圆盘在液体中转动时，通过液体楔产生液体动压(动压推力轴承工作原理)，使保持环中的工件浮离圆盘表面，由浮动间隙中的粉末颗粒对工件进行抛光。加工过程中无摩擦热和工具磨损，标准平面不会变化，因此，可重复获得精密的工件表面。该方法主要用于半导体基片和各种功能陶瓷材料及光学玻璃平晶的抛光，可同时进行多片加工。用这种方法加工 3″直径硅片可获得 0.3μm 的平面度和 R_a1nm 的表面粗糙度。

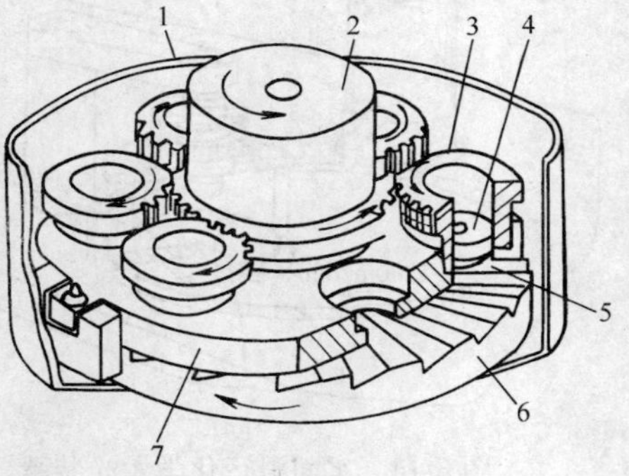

图 3-13　动压浮力抛光

1—抛光液容器　2—驱动齿轮　3—保持环

4—工件夹具　5—工件　6—抛光盘

7—载环盘

4. 非接触化学抛光

普通的盘式化学抛光方法，是通过向抛光盘面供给化学抛光液，使其与被加工面作相对滑动，用抛光盘面来去除被加工件面上产生的化学反应生成物。这种以化学腐蚀作用为主，机械作用为辅的加工，又称为化学机械抛光。水面滑行抛光(Hydroplan Polishing)是一种工件与抛光盘互不接触，不使用磨料的新型化学抛光方法。它借助于流体压力使工件基片从抛光盘面上浮起，利用具有腐蚀作用的液体作加工液完成抛光。水面滑行抛光法是为抛光 GaAs 和 InP 等化合物半导体基片而开发的，抛光装置如图 3-14 所示。将被加工的半导体基片吸附在作为工件夹具的直径为 100mm 的水晶光学平板的底面。水晶平板的边缘呈锥状，并通过带轮与抛光装置相连。基片高度可利用调节螺母进行调节(调节范围在 125μm 以内)。将腐蚀液注到抛光盘中心附近，当抛光盘以 1200r/min 的转速回转时，通过液体摩擦力，使水晶平板以 1800r/min 转速回转，同时动压力使水晶平板上浮，完成抛光盘对工件表面的非接触化学抛光。水面滑行抛光的加工液为甲醇、甘醇和溴的混合液。甲醇和溴对 GaAs 和 InP 是有效的腐蚀液，甘醇具有调整液体粘度的作用。

5. 切断、开槽及端面抛光

采用非接触端面抛光可以实现对沟槽的壁面、垂直柱状轴断面进行镜面加工，这是传统抛光方法难以做到的。端面非接触镜面抛光装置示意图如图 3-15 所示。工具与工件互不接触，高速旋转的工具驱动微粒冲击工件形成沟槽或切断，然后再用同一种工具，对同一位置进行数次抛光，即可实现断面的镜面抛光。其加工表面粗糙度低于 R_a3nm，而且没有热氧的层叠缺陷。该方法可用于直径为 0.1mm 左右的光导纤维线路零件的端面镜面抛光以及精密元件的切断。

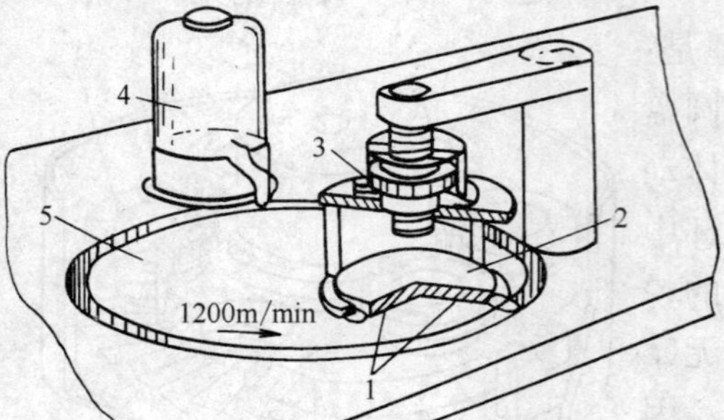

图 3-14　水面滑行化学抛光装置

1—GaAs 工件　2—水晶平板　3—调节螺母　4—腐蚀液　5—抛光盘

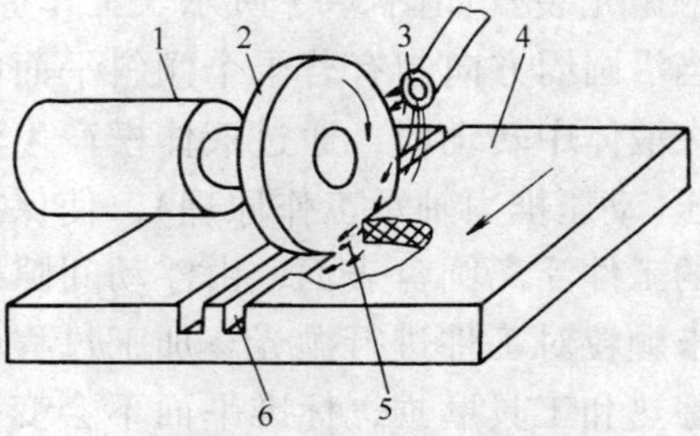

图 3-15　沟槽侧面的非接触抛光

1—空气主轴　2—工具　3—工作液　4—工件　5—微粒子　6—抛光出的镜面

思　考　题

1. 精密和超精密磨料加工分为哪两大类？各有何特点？
2. 试述精密磨削机理。
3. 分析超硬磨料砂轮修正方法的机理和特点。
4. 超硬磨料砂轮磨削有哪些特点？
5. 试述超精密磨削的磨削机理。
6. 试述精密研磨与抛光的机理。
7. 影响精密研磨抛光的主要工艺因素有哪些？
8. 试述各种非接触抛光的加工原理。

第四章　电火花加工

第一节　电火花加工的机理、特点及分类

一、电火花加工的机理

电火花加工(Electrical Discharge Machining 简称 EDM)是基于正负电极间脉冲放电时的电腐蚀现象对材料进行加工的，又称为放电加工、电蚀加工、电脉冲加工等，是一种利用电、热能量进行加工的方法，是在 20 世纪 40 年代开始研究和逐步应用到生产中的。

早在 19 世纪初，人们就发现，插头或电器开关触点在闭合或断开时，会出现明亮的蓝白色的火花，因而烧损接触部位。人们在研究如何延长电器触头使用寿命过程中，认识了产生电腐蚀的原因，掌握了电腐蚀的规律。前苏联的学者拉扎连柯夫妇在研究电腐蚀现象的基础上，首次将电腐蚀原理运用到了生产制造领域。电器触点电腐蚀后的形貌是随机的，没有确定的尺寸和公差。要使电腐蚀原理用于尺寸加工，必须解决如下几个问题：

1）电极之间始终保持确定的距离(通常为数微米至数百微米)。因为，电火花的产生是由于电极间的介质被击穿。在电压、介质状态等条件不变的情况下，击穿直接决定于极间距离，只有极间距离稳定，才能获得连续稳定的放电。

2）放电点的局部区域达到足够高的电流密度(一般为 $10^5 \sim 10^6 A/cm^2$)，以确保被加工材料能在局部熔化、气化，否则只能加热被加工材料。

3）必须是脉冲性的放电(脉宽 0.1~1000μs,脉间不小于 10μs)，以确保放电所产生的热量来不及传导扩散到被加工材料的其他部分而集中在局部，使局部的材料产生熔化、气化而被蚀除。否则，放电脉宽太大，超过 1000μs，则放电产生的热量会向材料内部产生球形扩散，产生大范围的熔化、气化。这种情况，只能进行切割和焊接，无法进行精密尺寸加工。如果脉间过小，介质在击穿电离状态来不及回复介电性能，后续脉冲就会产生稳定电弧，烧伤电极，无法正常加工。

4）及时排除电极间的电蚀产物，以确保电极间介电性能的稳定。否则，电蚀产物将充塞在电极间形成短路，无法正常加工。

解决上述问题的办法是：使用脉冲电源和放电间隙自动进给控制系统，在具有一定绝缘强度和一定粘度的电介质中进行放电加工。

图 4-1 所示为电火花加工原理示意图。正极性接法是将工件接阳极，工具接阴极；负极性接法是将工件接阴极，工具接阳极。工件电极和工具电极均浸泡在工作介质当中，工具电极在自动进给调节装置的驱动下，与工件电极间保持一定的放电间隙。电极的表面(微观)是凹凸不平的，当脉冲电压加到两极上时，某一相对间隙最小处或绝缘强度最低处的工作液将最先被电离为负电子和正离子而被击穿，形成放电通道，电流随即剧增，在该局部产生火花放电，瞬时高温使工件和工具表面都蚀除掉一小部分金属。单个脉冲经过上述过程，完成了一次脉冲放电，而在工件表面留下一个带有凸边的小凹坑，如图 4-2 所示。这样以很高频率连续不断地重复放电，工具电极不断地向工件进给，就将工具的形状复制在工件上，加工出所需要的零件。

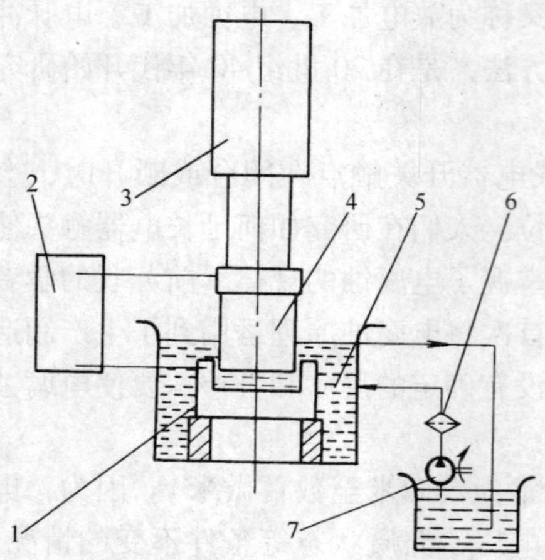

图 4-1　电火花加工原理示意图

1—工件　2—脉冲电源

3—自动进给调节装置　4—工具

5—工作液　6—过滤器　7—工作液泵

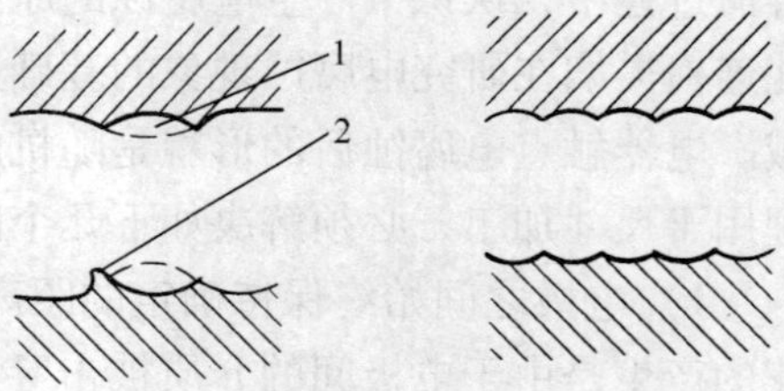

图 4-2　电火花加工表面示意图

1—凹坑　2—凸边

每次电火花腐蚀的微观过程是电力、热力、磁力、流体动力等综合作用的过程。大致可分为四个阶段：极间介质的击穿形成放电通道；介质热分解、电极材料熔化、气化热膨胀；蚀除产物的抛出；间隙介质消电离。

1. 极间介质的击穿和放电通道的形成

电火花加工的基本原理决定了工作介质的击穿状态将直接影响电火花加工的规律性。必须掌握其击穿的规律和特征，尤其是击穿通道特性参数(如通道截面尺寸、能量密度等)随击穿状态参数(如电参数、介质特性、电极特性及极间距离等参数)而变化的规律性。

电火花加工通常是在液体介质中进行的，属液体介质电击穿的应用范围。液体介质的电击穿是十分复杂的现象，影响因素很多，必须在特定的条件下总结特定的击穿机理。

电火花加工的工艺特性决定极间介质必定存在各种各样的杂质，如气泡、蚀除颗粒等，且污染程度是随机的，很难实现对击穿机理的定量研究。X 光影相技术的发展和应用，使该研究进入了半定量化阶段。就电火花加工这一特定条件，通常所用的工作介质是煤油、水、皂化油水溶液及多种介质合成的专用工作液。用分光光度计观察电火花加工过程中放电现象，显示放电时产生氢气，氢气泡的电离膨胀导致了间隙介质的击穿。

气泡击穿理论表明，当液体介质中由于某种原因出现气泡(低密度区)时，液体的击穿过程首先在气泡中发生，气体电离产生的电子在强电场的作用下高速向阳极运动，在气液界面与液体分子碰撞，进一步导致液体分子的气化电离。另一方面，电子在气相中的运动还会造成分子、离子的激发。这些处于受激状态的离子，在回复常态的过程中，要释放出光子，在液相中产生光致电离使液体气化。气泡不断在两极间加长，当气相连通两极时，气体电离程度猛增，雪崩电离形成等离子通道，液体介质完全击穿。

气相与液相共存，气相首先电离击穿的原因有两个。一是气体的介电常数小，因此气泡中的电场强度比液体中的高；二是气体的击穿电场强度比液体低得多。

介质中气泡产生的原因：工艺过程导致外界空气混入电介液，吸附于电极表面；电极表面微观不平度的尖峰(尖峰半径小于 10μm)处电场集中，产生局部放电，即电晕放电，引起该处液体气化；导电杂质颗粒在电场力的作用下，被拉入放电间隙，搭桥连通两极，由于焦耳热而熔化气化。

雪崩电离开始，到建立放电通道的过程非常迅速，一般为 0.1~0.01μs，间隙电阻从绝缘状况迅速降低到几分之一欧姆，间隙电流迅速上升到最大值(几安到几百安)。间隙电压由击穿电压迅速下降到火花维持电压(一般约为 20~25V)。图 4-3 所示为矩形波脉冲放电时的电压和电流波形。

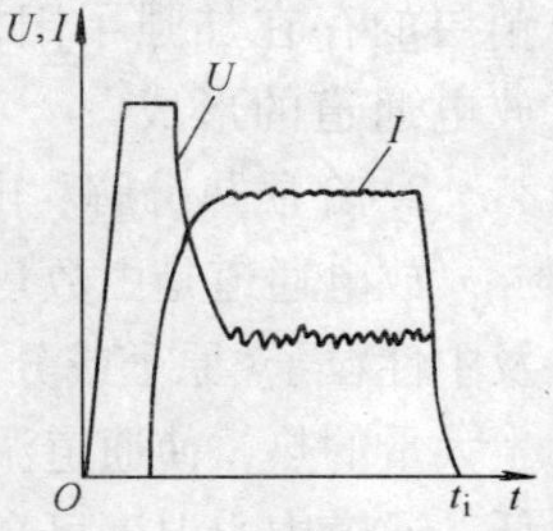

图 4-3　矩形波脉冲时极间电压和电流波形

球形气泡和贯通两极的柱形气泡雪崩电离形成的等离子通道具有不同的物理特征。贯通两极的柱形气泡形成的放电通道是圆柱形，通道的初始尺寸等于柱形气泡直径。若柱形气泡直径过小(小于 8μm)，形成的放电通道不稳定，产生摇摆和扩径。电极表面的球形气泡形成的通道呈树状结构，杆部的直径近似为尖峰半径，杆部的长度大约为 40μm。极间距离小于 40μm，通道的初始尺寸约等于杆部的直径 10μm；极间距离大于 40μm，通道的初始尺寸决定于树状通道的头部尺寸 40~50μm。树状结构头部的发展是个不稳定的过程，枝的方向随机不定，不能形成方向、尺寸稳定的通道。这两种方式形成的初始放电通道物理特征都不受电参数的影响，且当液体介质的粘度小于 $10^{-5}m^2/s$ 时也不受介质参数的影响。

初始电子（气泡初始电离产生）的存在和足够高的电场强度，是在液体介质中形成放电通道的必要条件。极间电压和极间距离直接影响极间电场强度，电压升高，击穿所需时间减少，通道电流密度的上升率增大，进而能量密度的上升率增大（注：随着电火花加工技术的发展和应用范围的扩大，电流脉冲的前沿和后沿变化率已成为重要的工艺参数）。极间距离既影响极间电场强度，又影响电子碰撞电离的效果。间距大，电子在极间运动的时间长，碰撞次数多，逐级电离效果增强，使击穿所需电场强度降低。但间距的增大却减小了极间外加电场强度。综合作用的结果，对击穿通道的形成和电流波形没有明显的影响。极性对击穿所需时间有明显的影响，雪崩电离过程是由电子的运动决定的。因为正离子的质量接近于分子的质量，在电场的作用下以一定速度飞向阴极的正离子与分子碰撞，几乎将全部能量传给分子。由于平均自由程的限制，离子难以达到较高的速度，两次碰撞间正离子所积累的能量不足以激发分子电离，只使分子处于受激状态，恢复常态时以光子的形式释放能量。正离子与负离子碰撞，可能发生电荷转移变成中性分子，这个过程要以光子的形式释放电离能。正离子的运动只是向阴极聚拢，形成所谓的正离子鞘层，使阴极产生场致发射。与阴极的光致发射、热致发射的电子效应叠加使阴极不断发出电子，产生和维持等离子通道。若初始电离产生于阴极，正离子在周围的存在加强了阴极该处的电场，不利于液体电离化气的继续进行。若初始电离产生于阳极，正离子鞘层的存在加强了阳极该处的电场，促进液体电离化气的继续进行，有利于放电通道的形成。

2. 介质热分解、电极材料熔化、气化热膨胀

放电通道是由数量大体相等的带正电粒子（正离子）和带负电粒子（电子）以及中性粒子（原子或分子）组成的等离子体。带电粒子高速运动时相互碰撞，产生大量的热，使通道温度相当高，但分布是不均匀的，从通道中心向边缘逐渐降低，通道中心温度可高达10000℃以上。由于受到放电时电流产生磁场，磁场又反过来对电子流产生向心的磁压缩效应和周围介质惯性动力压缩效应的作用，通道瞬间扩展受到很大阻力，故放电开始阶段通道截面很小，而通道内由高温热膨胀形成的初始压力可达数十甚至上百个兆帕。高压高温的放电通道以及随后瞬时气化形成的气体（以后发展成气泡）急速扩展，并产生一个强烈的冲击波向四周传播。在放电过程中，同时还伴随有热效应、电磁效应、光效应、声效应及频率范围很宽的电磁波辐射和爆炸冲击波等现象。

通道高温首先把工作液介质汽化，进而热裂分解气化（如煤油等碳氢化合物工作液，则高温后裂解为 H_2、CH_2、C_2H_2、C_2H_4 和游离碳等；如水基工作液，则热分

解为 H_2、O_2 的分子甚至原子等)。煤油等碳氢化合物的电离化气过程可大致表示如下:

$$C_nH_{2n+2} \rightarrow C_nH_{2n+1} + H^0$$

$$C_mH_{2m+2} \rightarrow C_mH_{2m+1} + H^0$$

$$2H^0 \rightarrow H_2 \uparrow$$

式中 H^0——氢的游离基。

电源向放电通道释放的能量分配在阳极、阴极和放电通道上,能量分配系数的大小主要决定于被加工材料的特性。通过前面分析可知,电极主要通过高速运动粒子(带电离子或中性分子)的轰击、光辐射、热辐射三种形式得到能量。最新研究表明,在一定的条件下,光辐射与热辐射起决定性的作用。电极表面局部得到高能,就发生了熔化、气化的相变过程,电极表面出现了微观相变区。

3. 蚀除产物的抛出

高速 X 光影像分析表明,间隙击穿形成的放电通道一直持续到脉冲结束,外加脉冲消失后大约 20ns,通道才崩溃,紧跟着观察到了阳极射流,光谱分析表明是阳极材料的射流(工具阴极为纯铜)。表明电火花加工过程中电极材料的抛出是在脉冲持续时间结束后的爆炸抛出,而不是在脉冲持续时间内连续抛出。等离子通道光谱分析也表明通道中不存在电极材料,而是氢气。因通道中的高温高压使电极表面的相变区也处于高温高压状态,通道崩溃后,相变区外部的高温高压消失,相变区内部的高温高压能量就要爆炸性释放,将相变区的材料喷爆抛入介质中。

由于表面张力和内聚力的作用,使抛出的材料具有最小的表面积,冷凝时凝聚成细小的圆球颗粒(直径约 0.1~500μm,随脉冲能量而异,多数 3~5μm)。图 4-4 所示为放电过程中放电间隙状态的示意图。

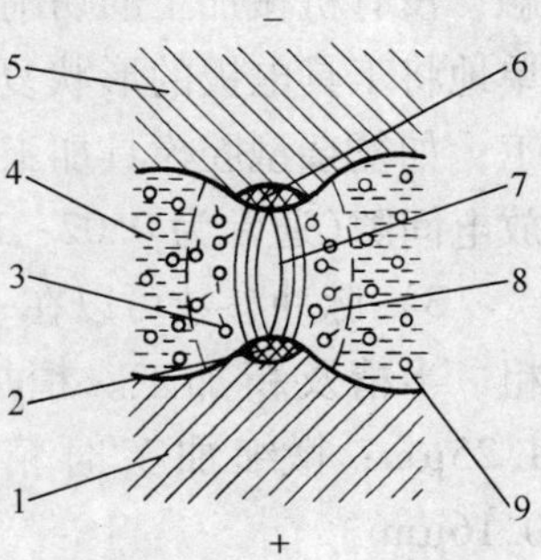

图 4-4 放电过程中放电间隙状态的示意图

1—工件电极 2—工件电极上的相变区 3—气泡中的微粒 4—工作液 5—工具电极 6—工具电极上的相变区 7—放电通道 8—介质气化区 9—液介中的微粒

实际上,金属材料的蚀除、抛出过程远比上述的要复杂。熔融材料抛出后,在电极表面形成放电痕,熔化区未被抛出的材料冷凝后残留在电极表面,形成熔化层,在四周形成稍凸起的翻边。熔化层下面是热影响层,再往下才是无变化的材料基体。

总之,材料的抛出是热爆炸力、电动力、流体动力等综合作用的结果,对这一复杂的抛出机理的认识还在不断深化中。正极、负极的能量、热量不同,不同电极材料的熔点、气化点不同，脉冲宽度、脉冲电流大小不同，正、负电极上被抛出材料的数量也不会相同，目前还无法定量计算。

4. 极间介质的消电离

两次脉冲放电之间，必须有一定间隔时间，使间隙介质消电离。即放电通道中的带电粒子复合为中性粒子，间隙中电蚀产物排除，介质温度降低，恢复本次放电通道处间隙介质的绝缘强度。否则，将总是重复在同一处发生放电而导致电弧放电，不能保证每次放电总是发生在两极相对最近处。

脉冲间隔时间的选择，不仅要考虑介质本身消电离所需的时间(与脉冲能量有关)，还要考虑电蚀产物扩散、排出放电区域的难易程度(与脉冲爆炸力大小、放电间隙大小、抬刀及加工面积有关)以及放电通道中的热量传散。

二、电火花加工的特点及分类

1. 电火花加工的特点

1）适用的材料范围广。可以加工任何硬、软、韧、脆、高熔点的材料。由于电火花加工是靠脉冲放电的热能去除材料，材料的可加工性主要取决于材料的热学特性，如熔点、沸点、比热容、导热系数等，而几乎与其力学性能(硬度、强度等)无关，这样就能以柔克刚，可以实现用软的工具加工硬韧的工件。

2）适于加工特殊及复杂形状的零件。由于加工中工具电极和工件不直接接触，没有机械加工的切削力，因此适宜加工低刚度工件及微细加工。由于可以简单地将工具电极的形状复制到工件上，因此特别适用于复杂几何形状工件的加工，如复杂型腔模具加工等。最小内凹圆角半径可达到电火花加工能得到的最小放电间隙(通常为0.02~0.3mm)。

3）脉冲参数可以在一个较大的范围内调节，可以在同一台机床上连续进行粗、半精及精加工。精加工时精度一般为0.01mm，表面粗糙度为R_a0.63~1.25μm；微细加工时精度可达0.002~0.004mm，表面粗糙度为R_a0.04~0.16μm。

4）直接利用电能进行加工，便于实现自动化。

2. 电火花加工工艺方法分类

按工具电极的形状、工具电极和工件相对运动的方式和用途的不同，大致可分为电火花穿孔成形加工、电火花线切割加工、电火花磨削和镗磨、电火花展成加工(同步共轭回转加工)、电火花表面强化与刻字。前四类属电火花成形、尺寸加工，是用于改变零件形状或尺寸的加工方法；最后一类则属表面加工方法，用于改善或改变零件表面性质。以上以电火花穿孔成形加工和电火花线切割应用最为广泛。表4-1所示为总的分类情况及各类加工方法的主要特点和用途。

表 4-1　各种电火花加工方法

<table>
<tr><th colspan="3">加工方法</th><th>运动分析</th><th>特点及应用</th><th>典型机床</th></tr>
<tr><td rowspan="4">成形穿孔加工</td><td rowspan="2">成形加工</td><td>型腔型面加工</td><td rowspan="3">工具和工件之间只要有一个相对的伺服进给运动
工具为成形电极，与被加工表面有相同的截面或形状
利用数控系统，可用简单工具电极通过 3~4 个坐标进给运动完成成形加工</td><td>型腔型面加工：加工各种型腔模及各种带型面、型腔零件</td><td>D7125、D7140 等电火花成形机床</td></tr>
<tr><td>雕刻打印加工</td><td>电火花刻字、雕刻图案、打印记</td><td></td></tr>
<tr><td rowspan="2">穿孔加工</td><td>型孔加工</td><td>型孔加工:加工各种冲模、挤压模、粉末冶金模，各种异形孔、微孔等
片电极切割
侧面成形加工
反拷贝加工</td><td>D7125、D7140 等电火花成形机床</td></tr>
<tr><td>高速小孔加工</td><td>用直径 0.3~3mm 的细管电极加工时电极回转，管中通高压工作液</td><td>加工线切割预穿丝孔
加工深径比大的小孔
穿孔效率高，可达 60mm/min</td><td>D7003A 电火花高速小孔加工机床</td></tr>
<tr><td colspan="3">线切割加工</td><td>工具电极为丝状，快速走丝时，丝状电极作高速往复运动；慢速走丝时，丝状电极作单方向慢速移动
工件装于工作台，工作台在两个水平方向作进给运动
多坐标切割时，丝架可绕两个水平轴作摆动</td><td>切割各种冲模
切割具有直纹面的零件，包括两端面为不同大小或形状的直纹面零件</td><td>DK7725、DK7732 数控电火花切割机床</td></tr>
<tr><td rowspan="2">磨削加工</td><td colspan="2">工具电极磨削、铣削、镗削</td><td>工具和工件间有相对回转运动
工具和工件间有径向和轴向进给运动
类似磨、铣、镗等加工运动</td><td>加工高精度小表面粗糙度值的小孔，如拉丝模、挤压模、微型轴承内环、钻套上的孔等
加工外圆、小模数滚刀等加工平面</td><td>D6310 电火花小孔内圆磨床</td></tr>
<tr><td colspan="2">线电极磨削</td><td>采用线状电极，工件回转，并作两个方向的进给运动</td><td>加工高精度小表面粗糙度值的针状零件、小直径的轴类零件</td><td></td></tr>
<tr><td colspan="3">展成加工</td><td>成形工具电极与工件均作旋转运动，以同步回转、倍角速回转、展成回转加工
工具对工件作径向和轴向进给运动</td><td>加工各种复杂型面零件,如齿轮、螺纹、异形齿轮、螺纹环规、蜗轮蜗杆等
加工高精度、小表面粗糙度值的外回转体表面</td><td>JN-2、JN-8 内外螺纹电火花加工机床</td></tr>
<tr><td colspan="3">表面处理</td><td>工具在工件表面上振动
工具相对工件移动</td><td>运动导轨、刀具、量具和模具刃口表面强化和镀覆</td><td>D9105 电火花强化机</td></tr>
</table>

第二节　电火花加工中的基本工艺规律

一、影响放电蚀除量的主要因素

1. 极性效应

在电火花加工过程中，无论是正极还是负极，都会受到不同程度的电蚀。即使是两极材料相同，例如钢加工钢，正、负电极的电蚀量也是不同的。这种单纯由于正、负极性不同而彼此电蚀量不一样的现象叫做极性效应。

产生极性效应的原因很复杂，对这一现象的传统解释是：在火花放电过程中，正、负电极表面分别受到负电子和正离子的轰击和瞬时热源的作用，在两极表面所分配到的能量不一样，因而熔化、气化抛出的电蚀量也不一样。而实际上，两极能量分配系数的大小与负电子和正离子的轰击没有决定性的关系。到目前为止，研究结果表明，电火花加工过程中，正离子对负极直接碰撞传递给负极的能量很小且与脉宽无显著的关系。正离子的动能转化成光能以光子的形式向外释放，此释放的能量也分成三部分：负极、正极和通道。就正、负极来讲，由于正离子向负极迁移的结果，使负极接受的此部分光能大于正极。脉宽越大，正、负极接受的此部分光能差越显著。

近年来的生产实践和研究结果表明，电极表面的吸附、覆盖和镀覆作用也是产生极性效应的原因。例如，纯铜电极加工钢工件，粗加工纯铜工具电极接正极时，纯铜表面明显地存在着吸附的碳黑膜，保护了正极，使负极蚀除速度大于正极。保护膜的形成要满足一定条件：合适的电极表面温度；足够多的形成保护膜的热解产物；足够长的成膜时间。

极性效应是一个较为复杂的问题。除了脉宽、脉间的影响外，还有脉冲峰值电流、放电电压、工作液以及电极对的材料等都会影响到极性效应，

从提高加工生产率和减少工具电极损耗的角度来看，极性效应愈显著愈好，故在电火花加工过程中必须充分利用。当用交变的脉冲电流加工时，单个脉冲的极效应便相互抵消，增加了工具的损耗。因此，电火花加工一般都采用单向脉冲电源。

为了充分地利用极性效应，最大限度地降低工具电极的损耗，应合理选用工具电极的材料，根据电极对材料的物理性能、加工要求选用最佳的电参数，正确地选用极性，使工件的蚀除速度最高，工具损耗尽可能小。

2. 电参数

电火花加工脉冲电源的可控参数有：脉宽、脉间、峰值电流、开路电压、脉冲的前沿上升率和后沿下降率。对蚀除量影响的综合作用规律可以用脉冲能量的大小和变化率来描述。

无论正极或负极，都存在单个脉冲的蚀除量 q' 与单个脉冲能量 W_M 在一定范围内成正比的关系。某一段时间内的总蚀除量 q 约等于这段时间内各单个有效脉冲蚀除量的总和。可用公式表示为

$$\left.\begin{aligned} q_a &= K_a W_M f\varphi t \\ q_c &= K_c W_M f\varphi t \end{aligned}\right\} \tag{4-1}$$

$$\left.\begin{aligned} v_a &= \frac{q_a}{t} = K_a W_M f\varphi \\ v_c &= \frac{q_c}{t} = K_c W_M f\varphi \end{aligned}\right\} \tag{4-2}$$

式中　q_a、q_c——正极、负极的总蚀除量；

v_a、v_c——正极、负极的蚀除速度，亦即工件生产率或工具损耗速度；

W_M——单个脉冲能量；

f——脉冲频率；

t——加工时间；

K_a、K_c——阳极、阴极的极间能量分配系数，主要与电极对的材料有关；

φ——有效脉冲利用率。

(以上符号中,角标 a 表示阳极,c 表示阴极)。

脉冲前后沿变化率相对于脉冲宽度较小时，影响蚀除量的单个脉冲能量即为单脉冲放电能量，可表示为

$$W_M = \int_0^{t_e} u(t)i(t)\,dt \tag{4-3}$$

式中　t_e——单个脉冲实际放电时间(s)；

$u(t)$——放电间隙中随时间而变化的电压(V)；

$i(t)$——放电间隙中随时间而变化的电流(A)；

W_M——单个脉冲放电能量(J)。

电火花放电间隙的电阻是非线性的，击穿后间隙上的火花维持电压是一个与电极对材料及工作液种类有关的数值(如在煤油中用纯铜加工钢时约为 25V,用石墨加工钢时为 30~35V;而在乳化液中用钼丝加工钢时则为 16~18V)。火花维持电压与脉冲电压幅值、极间距离以及放电电流大小等的关系不大，因而可以说，正、负极的电蚀量正比于平均放电电流的大小和电流脉宽；对于矩形波脉冲电流，实际上正比于放电电流的幅值。当纯铜电极加工钢时的单个脉冲能量为

$$W_M = (20\sim25)\hat{i}_e t_e \tag{4-4}$$

式中　$\hat{i}_e$——脉冲电流幅值(A)。

由此可见，提高电蚀量和生产率的途径在于：提高脉冲频率 f，增加单个脉冲能量 W_M，或者说增加平均放电电流 i_e(对矩形脉冲即为峰值电流 $\hat{i}_e$)和脉冲宽

度 t_i，减小脉间 t_0，设法提高系数 K_a、K_c。当然，实际生产时要考虑到这些因素之间的相互制约关系和对其他工艺指标的影响。例如脉冲间隔时间过短，将产生电弧放电；随着单个脉冲能量的增加，加工表面粗糙度值也随之增大等等。

高能窄脉宽电源是新材料电火花加工、高效、高精度电火花加工的产物，此时，脉冲前后沿的变化率对蚀除量的影响不可忽视。在此情况下，上升率对气相和液相蚀除比例的影响可以忽略，要有足够高的前沿上升率，确保达到所需的高峰值能量。后沿变化率对气相和液相蚀除比例的影响较大，对于升华材料的蚀除量没有明显的影响，应尽可能增大后沿变化率，便于提高脉冲频率，对熔化、气化材料要有适当的后沿宽度，以获得最大的熔坑体积。研究表明，由于放电回路具有电感，降低后沿宽度是较难解决的问题，通常大于 8μs，超过最优后沿宽度。

3. 金属材料热学常数

热学常数是指熔点、沸点(气化点)、热导率(导热系数)、比热容、熔化潜热、气化潜热等。几种常用材料的热学常数如表 4-2 所示。

表 4-2 常用材料的热学常数

热学物理常数	材料				
	铜	石墨	钢	钨	铝
熔点 T_r/℃	1083	3727	1535	3410	657
比热容 c/J·(kg·K)$^{-1}$	393.56	1674.7	695.0	4.91	1004.8
熔化潜热 q_r/J·kg^{-1}	179258.4		209340	159098.4	385185.6
沸点 T_f/℃	2595	4830	3000	5930	2450
气化潜热 q_f/J·kg^{-1}	5304256.9	46054800	6290667		10894053.6
导热系数 λ/J·(m·s·k)$^{-1}$	399.8	80.0	81.6	170.0	237.8
热扩散率 a/cm^2·s^{-1}	1.179	0.217	0.150	0.568	0.920
密度 ρ/g·cm^{-3}	8.9	2.2	7.9	19.3	2.54

当脉冲放电能量相同时，金属的熔点、沸点、比热容、熔化潜热、气化潜热愈高，电蚀量将愈少，愈难加工；导热系数愈大的金属，由于较多地把瞬时产生的热量传导散失到其他部位，降低了本身的蚀除量。所以，对于像金属一类材料，在电火花加工过程中，当单个脉冲能量一定时，脉冲电流幅值 $\hat{i}_e$ 愈小，即脉冲宽度 t_i 愈长，散失的热量也愈多，从而影响电蚀量的减少；相反，若脉冲宽度 t_i 愈短，脉冲电流幅值 $\hat{i}_e$ 愈大，由于热量过于集中而来不及传导扩散，虽使散失的热量减少，但抛出的金属中气化部分比例增大，多耗用不少气化热，电蚀量也会降低。对于像氮化硅、碳化硅等一类分解升华的工程材料，则有其特有

的规律，可参看有关章节或资料。总之，电极的蚀除量与电极材料的导热系数以及其他热学常数、单个脉冲能量、脉冲能量变化率有密切关系。

当脉冲能量一定时，有一个使工件电蚀量最大的最佳脉宽。由于各种材料的热学特性和热学常数不同，故获得最大电蚀量的最佳脉宽和最佳后沿变化率也是不同的。

通过对放电过程进行模型化分析，结合实验研究，得到放电痕熔化体积可用下式求出

$$V=\frac{Q}{c\rho(T_r-T_0)+\rho q_r} \tag{4-5}$$

式中 V——电极上脉冲放电痕熔化体积(cm^3)；

Q——电极上脉冲放电区域集聚的热量(J)；

c——比热容(J/kg·K)；

ρ——密度(g/cm^3)；

T_r——熔点(℃)；

T_0——原始温度(℃)；

q_r——熔化潜热(J/kg)。

图 4-5 示意地描绘了在相同放电电流情况下，不同电极材料的电蚀量与脉宽的关系。从图中可以看出，当采用不同的工具、工件材料时，选择脉冲宽度在 t_i 附近时，再加以正确选择极性，就既可以获得较高的生产率，又可以获得较低的工具损耗，有利于实现“高效低损耗”加工。

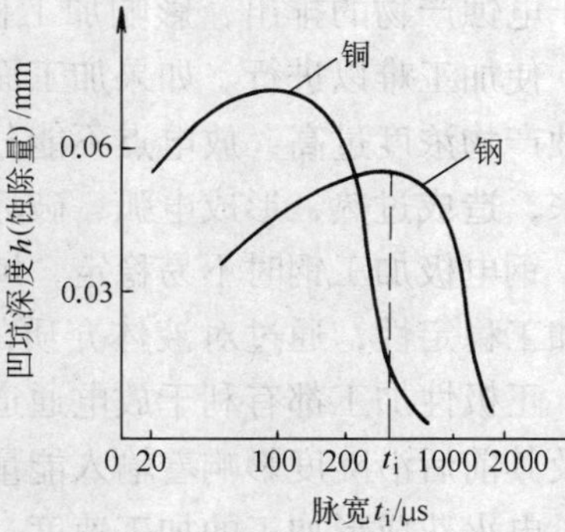

图 4-5 铜和钢两种材料的脉宽与蚀除量的关系

二、电火花加工的加工速度和工具的损耗速度

电火花加工时，工具和工件同时遭到不同程度的电蚀。单位时间内工件的蚀除量称之为加工速度，亦即生产率；单位时间内工具的蚀除量称之为损耗速度。

1. 加工速度

一般采用体积加工速度 v_W(mm^3/min)来表示，即被加工掉的体积 V 除以加工时间 t

$$v_W=V/t \tag{4-6}$$

有时为了测量方便，也采用重量加工速度 v_G 来表示，单位为 g/min。或直线加工速度 v_L，单位为 mm/min。

前述的电蚀量分析是基于材料的相变过程，没有涉及材料的转移过程。热加工工艺过程就是材料的相变和转移过程。提高单脉冲放电的相变量并及时将相变材料转移离开电极表面和加工区，就是提高加工速度。

要增加电蚀量，必须增加单脉冲能量、提高脉冲频率、提高极间能量分配系数 K_a 或 K_c，合理选用电极材料、电参数和工作液，改善工作液的循环过滤方式等。在具体条件下，极间能量分配系数 K_a 或 K_c 特定数值的确定还有待于深入研究。

工作液和稳定性是影响材料转移的主要因素。

工作液帮助电蚀产物的抛出和排除，对电蚀量有较大的影响。介电性能好、密度大的工作液有利于压缩放电通道，提高放电的能量密度，强化电蚀产物的抛出效应。工作液的强迫循环和工具电极定时抬刀是及时转移电蚀产物的有效途径。

加工过程的稳定性影响电蚀总量和转移量的平衡性，进一步影响稳定性。恶性循环影响加工速度。加工过程不稳定，将干扰以致破坏正常的火花放电，使有效脉冲利用率降低。加工深度、加工面积增加，或加工型面复杂程度增加，都不利于电蚀产物的排出，影响加工稳定性，降低加工速度，严重时将造成结碳拉弧，使加工难以进行。如果加工面积较小，而采用的加工电流较大，也会使局部电蚀产物浓度过高，放电点不能分散转移，放电后的余热来不及传播扩散而积累起来，造成过热，形成电弧，破坏加工的稳定性。电极材料对加工稳定性也有影响，钢电极加工钢时不易稳定，纯铜、黄铜加工钢时则比较稳定。加工极性也影响加工稳定性，通过对液体介质的击穿机理模型化分析研究知，无论脉宽的大小，正极性加工都有利于放电通道的形成，从而提高加工稳定性。脉冲电源的波形及其前后沿陡度影响着输入能量的集中或分散程度，对电蚀量也有很大影响。

电火花成形加工的加工速度，粗加工(加工表面粗糙度 R_a10～20μm)时可达 200～1000mm³/min，半精加工(R_a2.5～10μm)时降低到 20～100mm³/min，精加工(R_a0.32～2.5μm)时一般都在 10mm³/min 以下。随着表面粗糙度的改善，加工速度明显下降。

2. 工具电极损耗速度

在生产实际中，衡量工具电极是否耐损耗，不只是看工具损耗速度 v_E，还要看同时能达到的加工速度 v_W，因此，采用相对损耗或称损耗比 θ 作为衡量工具电极耐损耗的指标。即

$$\theta=(v_E/v_W)\times 100\% \tag{4-7}$$

上式中的加工速度和损耗速度均以 mm³/min 为单位计算，则 θ 为体积相对损耗。如以 g/min 为单位计算，则 θ 为重量相对损耗；如以 mm/min 为单位计算，则 θ 为直线相对损耗。

要降低工具电极的相对损耗，首先要根据电极对的材料特性确定最佳脉宽，再次有效利用电火花加工过程中的各种效应，如极性效应、吸附效应、传热效应等。

模型化分析表明，放电通道在电极表面产生的熔坑体积，随峰值电流的持续时间(峰值电流宽度)的变化而变化。每种电极材料都有一最佳峰值电流宽度与熔坑的最大体积对应。合理选择工具电极的材料，以确保工具电极的最佳峰值电流宽度偏离工件电极的最佳峰值电流宽度，以工件电极的最佳峰值电流宽度作为依据选择加工脉冲的参数，可以保证电极的低损耗。

钨、钼的熔点和沸点较高，损耗小，但其机械加工性能不好，价格又贵，所以除线切割外很少采用。铜的熔点虽较低，但其导热性好，因此损耗也较少，又能制成各种精密、复杂电极，常用作中、小型腔加工用的工具电极。石墨电极不仅热学性能好，而且在长脉冲粗加工时能吸附游离的碳来补偿电极的损耗，所以相对损耗很低，目前已广泛用作型腔加工的电极。铜碳、铜钨、银钨合金等复合材料，不仅导热性好，而且熔点高，因而电极损耗小。但由于其价格较贵，制造成形比较困难，因而一般只在精密电火花加工时采用。

最佳峰值电流宽度随脉冲能量的增加而增大。在煤油中采用负极性加工时，脉冲电流幅值与放电脉冲宽度的比值($\hat{i}_e/t_e$)满足如下条件时，可以获得低损耗加工：

石墨加工钢　　$\hat{i}_e/t_e \leqslant 0.1 \sim 0.2\text{A}/\mu\text{s}$

铜加工钢　　$\hat{i}_e/t_e \leqslant 0.06 \sim 0.12\text{A}/\mu\text{s}$

钢加工钢　　$\hat{i}_e/t_e \leqslant 0.04 \sim 0.08\text{A}/\mu\text{s}$

式中以电压脉宽 t_i 代替 t_e，以便于参数的设定。

极性效应对工具电极损耗的影响如图 4-6 所示。

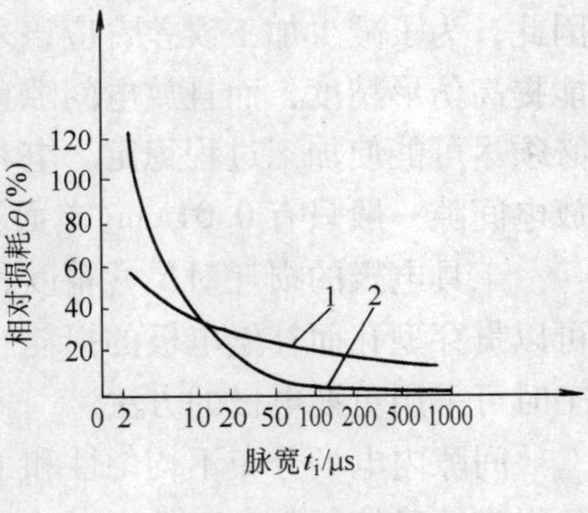

图 4-6　电极相对损耗与极性、脉宽的关系

1—正极性加工　2—负极性加工

试验用的工具电极为 Φ6mm 的纯铜，加工工件为钢，工作液为煤油，矩形波脉冲电源，加工电流峰值为 10A。由图可见，负极性加工时，纯铜电极的相对损耗随脉冲宽度的增加而减少。当脉冲宽度大于 120μs 后，电极相对损耗将小于 1%，可以实现低损耗加工(相对损耗小于 1%的加工)。如果采用正极性加工，不论采用哪一档脉冲宽度，电极的相对损耗都很难低于 10%。然而在脉宽小于 15μs 的窄脉宽范围内，正极性加工的工具电极相对损耗比负极性加工小。

三、影响加工精度的主要因素

影响加工精度的因素很多，机床本身的各种误差，以及工件和工具电极的定位、安装误差都会影响到加工精度。这里主要讨论与电火花加工工艺有关的因素。

主要影响因素有放电间隙的大小及其一致性、工具电极的损耗及其稳定性和“二次放电”。

电火花加工放电间隙对加工精度的影响表现在放电间隙的不稳定性和间隙内电场分布不均匀性，如果加工过程中放电间隙能保持不变，则可以通过修正工具电极的尺寸，对放电间隙进行补偿，能够获得较高的加工精度。放电间隙可用下列经验公式来表示

$$S=K_u\hat{u}_i+K_R W_M^{0.4}+S_m \tag{4-8}$$

式中 S——放电间隙（指单面放电间隙，μm）；

$\hat{u}_i$——开路电压（V）；

K_u——与工作液介电强度有关的常数，纯煤油时为 5×10^{-2}，含有电蚀产物后 K_u 增大；

K_R——常数，与加工材料有关，一般易熔金属的值较大，对铁，$K_R=2.5\times10^2$，对硬质合金，$K_R=1.4\times10^2$，对铜，$K_R=2.3\times10^2$；

W_M——单个脉冲能量（J）；

S_m——考虑热膨胀、收缩、振动等影响的机械间隙，约为 3μm。

由于间隙内电场分布不均匀性，致使间隙大小对加工精度也有影响，尤其是对复杂形状的加工表面，棱角部位电场强度分布不均，间隙越大，影响越严重。因此，为了减少加工误差，应该采用较弱的加工规准，缩小放电间隙，这样不但能提高仿形精度，而且放电间隙愈小，可能产生的间隙变化量也愈小；另外，还必须尽可能使加工过程稳定。电参数对放电间隙的影响是非常显著的，精加工的放电间隙一般只有 0.01mm（单面），而在粗加工时则可达 0.5mm 以上。

工具电极的损耗对尺寸精度和形状精度都有影响。电火花穿孔加工时，电极可以贯穿型孔而补偿电极的损耗。型腔加工时则无法采用这一方法。精密型腔加工时可采用更换电极的方法。

间隙内电场分布不均匀性和工具电极的损耗使电火花加工时工具的尖角或凹角很难精确地复制在工件上。这是因为当工具为凹角时，工件上对应的尖角处放电蚀除的机率大，容易遭受腐蚀而成为圆角，如图 4-7a 所示。当工具为尖角时，一则由于放电间隙的等距性，工件上只能加工出以尖角顶点为圆心、放电间隙 S 为半径的圆弧，二则工具上的尖角本身因尖端放电蚀除的几率大而损耗成圆角，如图 4-7b 所示。采用高频窄脉宽精加工，放电间隙小，圆角半径可以明显减小，因而提高了仿形精度，可以获得圆角半径小于 0.01mm 的尖棱，这对于加工精密小模数齿轮等冲模是很

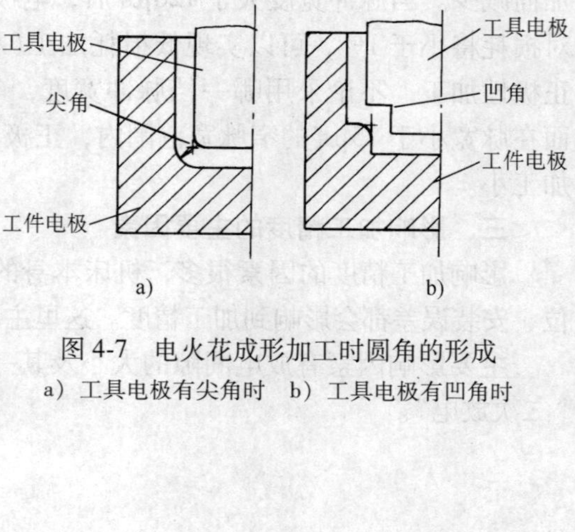

图 4-7 电火花成形加工时圆角的形成

a）工具电极有尖角时 b）工具电极有凹角时

重要的。

目前，电火花加工的精度可达0.01~0.05mm左右。

“二次放电”是指已加工表面上由于电蚀产物等的介入而再次进行的非正常放电，集中反映在加工深度方向产生斜度和加工棱角棱边变钝方面。

产生加工斜度的情况如图4-8所示。由于工具电极下端部加工时间长，绝对损耗大，而电极入口处的放电间隙则由于电蚀产物的存在，“二次放电”的机率大而扩大，因而产生了加工斜度。

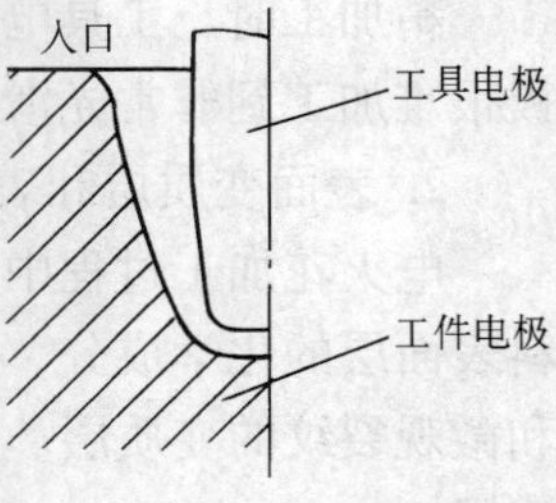

图4-8　电火花加工产生斜度的示意图

四、电火花加工表面完整性

评定电火花加工表面完整性的主要参数是：表面粗糙度、表面变质层和表面力学性能。

1. 表面粗糙度

电火花加工表面是由无方向性的无数小坑和硬凸边所组成，特别有利于保存润滑油，表面的润滑性能和耐磨损性能均比机械加工表面好。

表面粗糙度评定指标常用微观不平度的平均算术偏差 R_a 和不平度的最大高度值 R_{max}，在数值大小上，R_{max} 约是(4~5)R_a。对表面粗糙度影响最大的是单个脉冲能量。因为脉冲能量大，每次脉冲放电的蚀除量也大，放电凹坑既大又深，从而使表面粗糙度变差。表面粗糙度和脉冲能量之间的关系，可用如下实验公式来表示

$$R_{max}=K_R t_e^{0.3}\hat{i}_e^{0.4} \tag{4-9}$$

式中　R_{max}——实测的表面粗糙度(μm)；

K_R——常数，铜加工钢时常取2.3；

t_e——脉冲放电时间(μs)；

$\hat{i}_e$——峰值电流(A)。

表面粗糙度和加工速度是一对矛盾统一体。例如从 R_a2.5μm 提高到 R_a1.25μm，加工速度要下降很多，仅为原有加工速度的1/5。电火花成形加工要达到优于 R_a0.32μm 是比较困难的。通过采用平动或摇动加工及混粉加工等工艺，可以大为改善。目前，电火花穿孔加工侧面的最佳表面粗糙度为 R_a1.25~0.32μm，电火花成形加工加平动或摇动后最佳表面粗糙度为 R_a0.63~0.04μm，而类似电火花磨削的加工方法，其表面粗糙度可优于 R_a0.04~0.02μm，这时加工速度很低。因此，一般电火花加工到 R_a2.5~0.63μm 之后采用其他研磨方法改善其表面粗糙度比较经济。

工件材料对加工表面粗糙度也有影响。熔点高的材料(如硬质合金)，在相同能量下加工的表面粗糙度要比熔点低的材料(如钢)好。当然，加工速度会相

应下降。

精加工时，工具电极的表面粗糙度也将影响到加工表面粗糙度。由于石墨电极很难加工到非常光滑的表面，因此用石墨电极的加工表面粗糙度较差。

2. 表面变质层和表面力学性能

电火花加工过程中，在火花放电的瞬时高温和工作液的快速冷却作用下，材料表面层的化学成分、微观结构发生了很大的变化，形成一层通常存在残余应力和微观裂纹的变质层。对于熔化、气化材料，可将变质层分为熔化凝固层和热影响层。

熔化凝固层位于工件表面最上层，它被放电时瞬时高温熔化而又滞留下来，受工作液快速冷却而凝固。对于碳钢来说，熔化层在金相照片上呈现白色，故又称之为白层，它与基体金属完全不同，是一种树枝状的淬火铸造组织，与内层的结合也不甚牢固。它由马氏体、晶粒极细的残余奥氏体和某些碳化物组成。

熔化凝固层的厚度随脉冲能量的增大而变厚，大约为 1~2 倍的 R_{max}，但一般不超过 0. 1mm。

热影响层介于熔化凝固层和基体之间。热影响层的金属材料并没有熔化，只是受到高温的影响，使材料的金相组织发生了变化，它和基体材料之间并没有明显的界限。由于温度场分布和冷却速度的不同，对淬火钢，热影响层包括再淬火区、高温回火区和低温回火区；对未淬火钢，热影响层主要为淬火区。因此，淬火钢的热影响层厚度比未淬火钢大。

热影响层中靠近熔化凝固层部分，由于受到高温作用并迅速冷却，形成淬火区，其厚度与具体条件有关，一般为 2~3 倍的最大微观不平度值。对淬火钢，与淬火层相邻的部分受接近相变温度的影响和较缓慢的冷却而形成高温、低温回火区，回火区的厚度约为最大微观不平度的 3~4 倍。

不同金属材料的热影响层金相组织结构是不同的，耐热合金的热影响层与基体差异不大。

显微裂纹一般仅在熔化层内出现，只有在脉冲能量很大情况下（粗加工时）才有可能扩展到热影响层。脉冲能量对显微裂纹的影响是非常明显的，能量愈大，显微裂纹愈宽愈深。脉冲能量很小时（例如加工表面粗糙度优于 R_a1. 25μm 时），一般不出现微裂纹。不同工件材料对裂纹的敏感性也不同，硬脆材料容易产生裂纹。工件预先的热处理状态对裂纹产生的影响也很明显。加工淬火材料要比加工淬火后回火或退火的材料容易产生裂纹，因为淬火材料脆硬，原始内应力也较大。

表面变质层的形成导致电火花加工表面力学性能的改变，通常硬度和耐磨性能提高，而抗疲劳性能下降。

要提高表面完整性，必须设法减小表面变质层的厚度。试验表明，当表面粗

糙度在 R_a0. 32~0. 08μm 范围内时，表面变质层的厚度在 3~5μm，电火花加工表面的耐疲劳性能将与精密机械加工表面相近。高能窄脉宽电火花加工工艺是解决表面完整性和提高加工效率的有效方法。

第三节 电火花加工设备和工作液

一、电火花加工机床

电火花加工工艺及机床设备的类型较多，按工艺过程中工具与工件相对运动的特点和用途不同可分为六大类，如表 4-1 所示。其中应用最广、数量较多的是电火花线切割机床和电火花成形加工机床。本章介绍电火花成形加工机床，电火花线切割机床将在第五章介绍。

电火花穿孔成形加工机床主要由主机（包括自动调节系统的执行机构）、脉冲电源，自动进给调节系统、工作液净化及循环系统几部分组成。

主机主要包括：主轴头、床身、立柱、工作台及工作液槽几部分。机床的整体布局，按机床型号的大小，可分为油箱与电源箱放入机床内部成为整体的整体式；否则，则为分离式。一般以分离式的较多，方便各部件的安装、检查和维修。

床身和立柱是机床的主要结构件，要有足够的刚度。床身工作台面与立柱导轨面间应有一定的垂直度要求，还应有较好的精度保持性，这就要求导轨具有良好的耐磨性和充分消除材料内应力等。

作纵横向移动的工作台一般都带有坐标装置。常用的是靠刻度手轮来调整位置。随着加工精度要求的提高，多采用光学坐标读数装置、磁尺数显等装置。

近年来，由于工艺水平的提高及微机、数控技术的发展，已有三坐标伺服控制的以及主轴和工作台回转运动并加三向伺服控制的五坐标数控电火花机床。有的机床还带有工具电极库，可以自动更换工具电极，机床的坐标位移精度为1μm。

主轴头是电火花成形机床中最关键的部件，是自动调节系统中的执行机构，对加工工艺指标的影响极大。对主轴头的要求是：结构简单、传动链短、传动间隙小、热变形小、具有足够的精度和刚度，以适应自动调节系统的惯性小、灵敏度好、能承受一定负载的要求。主轴头主要由进给系统、导向防扭机构、电极装夹及其调节环节组成。常用的有电—液压式主轴头和电—机械式主轴头。

电—液压式主轴头结构有两种：一种是液压缸固定、活塞连同主轴上下移动；另一种是活塞固定、液压缸体连同主轴上下移动。前者结构简单，但刚性差，主轴导向部分为滑动摩擦，灵敏度差。活塞固定式结构复杂些，但刚性好，导向部分可制成静压导轨或滚动导轨，灵敏度高些。

电—机械式主轴头应用越来越广泛。这种主轴头采用步进电动机、力矩电动机和数控直流、交流伺服电动机或直线电动机做驱动部件，它们的传动链短，可由电动机直接带动进给丝杠或不需传动部件直接驱动主轴，主轴头的导轨可采用矩形滚柱或滚针导轨，刚性好、摩擦力小、灵敏度高。

工具电极的装夹及其调节装置的形式很多，其作用是调节工具电极和工作台的垂直度以及调节工具电极在水平面内微量的扭转角。常用的有十字铰链式和球面铰链式。

二、脉冲电源

脉冲电源又称脉冲发生器，其作用是把220V或380V的50Hz工频交流电转换成一定形式的单向脉冲电流，供给电极放电间隙产生火花所需要的能量来蚀除金属。脉冲电源对电火花加工的生产率、表面完整性、加工精度和工具电极损耗等技术经济指标有很大的影响。

1. 对脉冲电源的要求及其分类

对脉冲电源的要求是：

1）影响工艺指标的主要参数可调，如脉宽、脉间(或宽间比)、峰值电流、开路电压等。

2）通用电源的主要参数的调节范围广，以适应粗、中、精加工的要求，而且适应不同工件材料和不同工具电极材料进行加工的要求。

3）专用脉冲电源主要参数的调节灵活方便，如高能小脉宽脉冲电源其波形及波形的前后沿变化率要具有灵活方便的可调性。

4）性能稳定可靠，模块化结构，以便于检测和维修。

5）无污染、低成本、低能耗、长寿命。

电火花加工用脉冲电源按其作用原理和所用的主要元件、脉冲波形等可分为表4-3所示的几种类型。

表4-3 电火花加工用脉冲电源分类

按主回路中主要元件种类	弛张式，电子管式，闸流管式，脉冲发电机式，晶闸管式，晶体管式，MOS管式，集成元件
按输出脉冲波形	矩形波，梳状波分组脉冲，三角形波，阶梯波，正弦波，高低压复合脉冲
按间隙状态对脉冲参数的影响	非独立式，独立式，可控(半独立)式
按工作回路数目	单回路，多回路

2. *RC*、*RLC* 线路脉冲电源

这类脉冲电源有各种不同的线路结构，但共同的工作原理都是利用电容器充电储存电能，而后瞬时释放，形成火花放电来蚀除金属。因为电容器时而充电，

时而放电，一弛一张，故又称“弛张式”脉冲电源。

图 4-9 是 *RC* 线路弛张式脉冲电源的工作原理图。当直流电源接通后，电源经限流电阻 R 向电容 C 充电。电容 C 两端的电压按指数曲线逐步上升，因为电容两端的电压就是工具电极和工件间隙两端的电压，因此当电容 C 两端的电压上升到等于工具电极和工件间隙的击穿电压 U_d 时，间隙就被击穿，电阻变得很小，电容器上储存的能量瞬时放出，形成较大的脉冲电流 i_e，如图 4-10 所示。

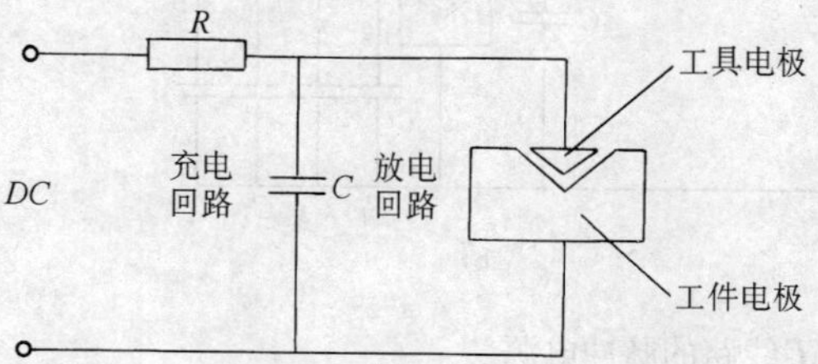

图 4-9　*RC* 线路脉冲电源

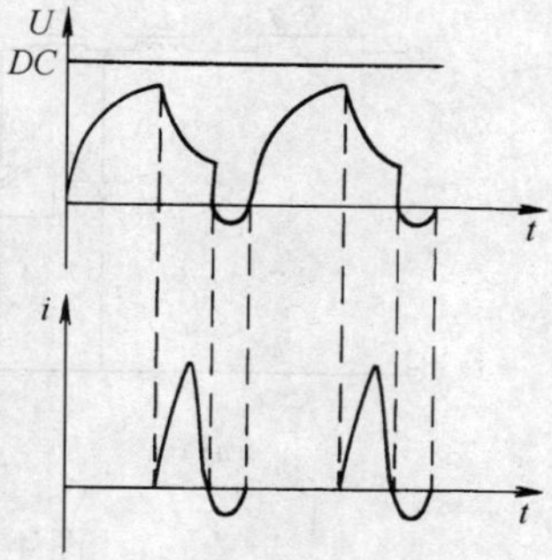

图 4-10　*RC* 线路的脉冲电源电压、电流波形

能量释放后，电压下降到接近于零，间隙中的工作液又迅速恢复绝缘状态。此后电容器再次充电，又重复前述过程。如果工具电极和工件电极间的间隙过大，则电容器上的电压 u_c 按指数曲线上升到直流电源电压 U。

RC 线路脉冲电源结构简单，工作可靠，成本低，在小功率时可以获得很窄的脉宽(小于 0.1μs)和很小的单个脉冲能量，主要用于作光整加工和精微加工。

但是，其电能利用效率很低，最大不超过 36%；生产效率低，因为电容器的充电时间 t_c 比放电时间 t_e 长很多(见图 4-10)，脉冲间歇系数太大；工具电极损耗大，因为放电回路存在寄生电感的影响，有反向脉冲。

图 4-11 所示为 *RLC* 线路脉冲电源的工作原理图。为了改进 *RC* 线路脉冲电源的电能利用效率低和脉冲间歇系数大等缺点，可把充电电阻一分为二，其中一部分电阻用以限制短路电流，另一部分电阻用电感 L 代替。

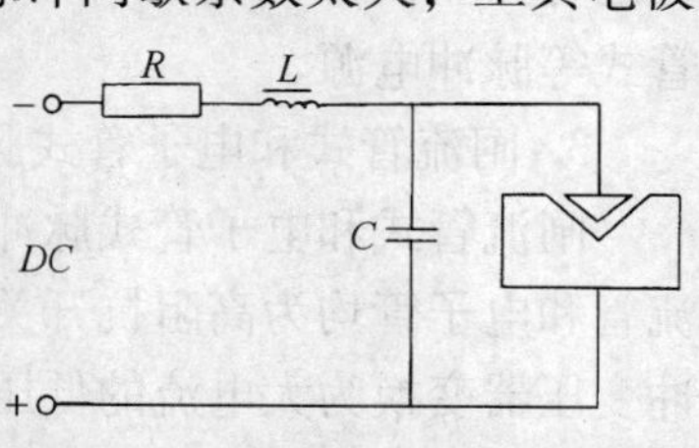

图 4-11　*RLC* 线路的脉冲电源

因为单纯的电感虽然对直流电的阻力很小，但对交流或脉冲电流却具有感抗阻力，起限流作用，可是它并不会引起发热而消耗电能，所以 *RLC* 线路脉冲电源的电能利用效率要比 *RC* 线路的高，可达 60%～80%。用电感 L 代替部分电阻 R 的好处不光是减少无用的发热损耗，更重要的是大大缩短了电容器 C 的充电时间，即缩短了脉冲间歇时间，从而提高了脉冲频率 f；同时，电容器 C 上的电压

可充至高于直流电源电压 U，因此提高了单个脉冲能量。

图 4-12 所示为 *RLCL* 线路脉冲电源的工作原理图。为了适当增加电流脉冲宽度，即把电容器放电过程拉长，在放电回路中常串入一个 $L_1=5\mu H$ 左右的空心电感 L 成为 *RLCL* 线路脉冲电源，如图 4-12a 所示。它比 *RLC* 线路又可以提高 10%左右的生产率。图 4-12b 所示为在放电电路中并联数个 *CL* 回路，以进一步增大脉宽。

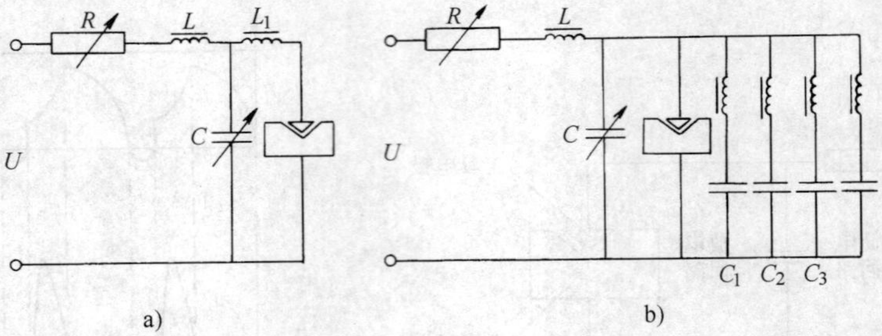

图 4-12　*RLCL* 线路的脉冲电源

上述各类弛张式脉冲电源的共同优点是线路简单可靠，成本低廉。但它们的共同缺点是稳定性差。因为这类电源本身并不“独立”形成和发生脉冲，而是靠电极间隙中工作液的击穿和消电离使脉冲电流导通和切断，所以间隙大小、间隙中电蚀产物的污染程度及排出情况等，都影响脉冲参数，因此脉冲频率、宽度、能量都不稳定。而且放电间隙经过限流电阻始终和直流电源直接联通，没有开关元件使之隔离开来，所以随时都有放电的可能，并容易转为电弧放电。针对这些缺点，研制出了放电间隙和直流电源各自独立、互相隔离、能独立形成和发生脉冲的电源。它们可以大大减少电极间隙物理状态参数变化的影响。这类电源称之为独立式脉冲电源，如闸流管式、电子管式、晶闸管式、晶体管式、MOS 管式等脉冲电源。

3. 闸流管式和电子管式脉冲电源

闸流管式和电子管式脉冲电源是以闸流管和电子管为末级功率开关器件。闸流管和电子管均为高阻抗开关元件。因此主回路中常为高压小电流，必须采用脉冲变压器变换为大电流的低压脉冲，才能用于电火花加工。由于受到末级功率管以及脉冲变压器性能的限制，脉冲宽度比较窄，脉冲电流也不可能太大，且耗能大，故主要用于冲模类穿孔加工等精加工场合，不适于型腔加工。

4. 晶闸管式、晶体管式、MOS 管式脉冲电源

晶闸管式脉冲电源是利用晶闸管作为开关元件而获得单向脉冲的。由于晶闸管的功率较大，脉冲电源所采用的功率管数目可大大减少，因此，200A 以上的大功率粗加工脉冲电源，一般采用晶闸管。但其粗、中加工和精加工难以采用一套线路实现。晶体管式脉冲电源的输出功率及其最高生产率不易做到晶闸管式脉

冲电源那样大，但它具有脉冲频率高、脉冲参数容易调节、脉冲波形较好、易于实现多回路加工和自适应控制等自动化要求的优点，所以应用非常广泛，特别在中、小型脉冲电源中，多采用晶体管式电源。

晶体管式脉冲电源是利用功率晶体管作为开关元件而获得单向脉冲的。目前晶体管的功率都还较小（和晶闸管相比），高频开关的效率较低（和 MOS 管相比），因此在脉冲电源中逐渐为 MOS 管所取代。VDMOS 技术的发展，使高频大功率开关技术日趋成熟。为提高大功率 MOS 管、功率晶体管脉冲电源的抗开关冲击性能，采用多管分组并联输出的方法来提高输出功率。

图 4-13 所示为自振式 MOSFET 脉冲电源框图，主振级 Z 发出一定脉冲宽度和停歇时间的矩形脉冲信号，以后经放大级 F 放大，最后推动末级功率 MOSFET 管导通或截止。末级 MOSFET 管起着“开、关”的作用。它导通时，直流电源电压 U 即加在电极间隙上，击穿工作液进行火花放电。当 MOSFET 管截止时，脉冲即行结束，工作液恢复绝缘，准备下一脉冲的到来。为了加大功率及可调节粗、中、精加工规准，整个功率级由几十只大功率高频 MOSFET 管分为若干路并联，精加工只用其中一或二路。为了在放电间隙短路时不致损坏 MOSFET 管，每只 MOSFET 管均串联有限流电阻 R，并可以在各管之间起均流作用。

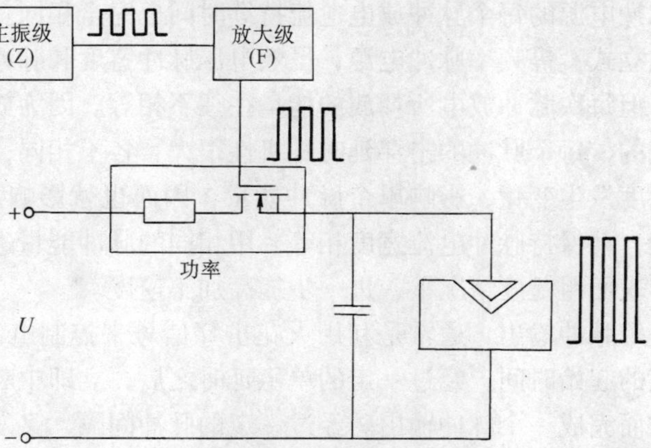

图 4-13　自振式 MOSFET 脉冲电源框图

近年来随着电火花加工技术的发展，为进一步提高有效脉冲利用率，达到高速、低耗、稳定加工以及一些特殊需要，在晶闸管式或 MOSFET 脉冲电源的基础上，派生出不少新型电源和线路，如高低压复合脉冲电源，多回路脉冲电源以及多功能电源等。

5. 各种派生脉冲电源

（1）高低压复合脉冲电源　高低压复合脉冲电源是指在放电间隙并联两个供电回路，一个为高压脉冲回路，其脉冲电压较高（300V 左右），平均电流很小，主要起击穿间隙的作用，也就是控制低压脉冲的放电击穿点，保证前沿击穿，因而也称之为高压引燃回路。另一个为低压脉冲回路，其脉冲电压比较低(60~80V)，电流比较大，起着蚀除金属的作用，所以称之为加工回路。低压回路中串接二极管，用以阻止高压脉冲进入低压回路。所谓高低压复合脉冲，就是在每个工作脉冲电压(60~80V)波形上再叠加一个小能量的高压脉冲(300V左右)，使电极间隙先击穿引燃而后再放电加工，大大提高了脉冲的击穿率和利用率，并使放电间隙变大，排屑良好，加工稳定，在“钢打钢”时显出很大的优越性。

近年来在生产实践中，在复合脉冲的形式方面，除了高压脉冲和低压脉冲同时触发加到放电间隙去之外，还出现了两种低压脉冲比高压脉冲滞后一短时间Δt触发的形式。因为高压方波加到电极间隙上去之后，往往也需有一小段延时才能击穿，在高压击穿之前低压脉冲不起作用。而在精加工窄脉冲时，高压脉冲不提前，低压脉冲往往来不及起作用而成为空载脉冲。为此，应使高压脉冲提前触发，与低压同时结束。

(2) 等脉冲电源　等脉冲电源是指每个脉冲在介质击穿后所释放的单个脉冲能量相等。对于矩形波脉冲电流来说，由于每次放电过程的电流幅值基本相同，因而等脉冲电源的每个脉冲放电电流持续时间也完全相同。

前述的独立式、等频率脉冲电源，虽然电压脉冲宽度和脉冲间隔在加工过程中保持不变，但每次脉冲放电所释放的能量往往不相等。因为放电间隙物理状态总是不断变化的，每个脉冲的击穿延时随机性很大，各不相同，结果使实际放电的脉冲电流宽度发生变化，影响单个脉冲能量，因而也就影响加工表面粗糙度。等脉冲电源能自动保持脉冲电流宽度相等，用相同的脉冲能量进行加工，从而可以在保证一定表面粗糙度情况下，进一步提高加工速度。

为了获得等脉冲输出，通常是利用火花击穿信号来控制电源的脉冲发生器，作为脉冲电流的起始时间，经过一定的单稳延时之后，立即中断脉冲输出，切断火花通道，从而完成一个脉冲输出。经过一定的脉冲间隔，又发出下一个脉冲电压，开始第二个脉冲输出过程。

(3) 自适应控制脉冲电源　自适应控制脉冲电源有一个较完善的控制系统，能不同程度地代替人工监控功能，即能根据某一给定目标(保证一定表面粗糙度下提高生产率)来连续不断地检测放电加工状态，并与最佳模型(数学模型或经验模型)进行比较运算，然后用其计算结果控制有关参数，以获得最佳加工效果。这类脉冲电源实际上已是一个自适应控制系统，它的参数是随加工条件和极间状态而变化的。当工件和工具材料，粗、中、精不同的加工规准，工作液的污染程度与排屑条件，加工深度及加工面积等条件变化时，自适应控制系统都能自动地、连续不断地调节有关脉冲参数，如脉间和进给、抬刀参数，以达到生产率最高的最佳稳定放电状态。

由此可知，自适应控制电源已超出了一般脉冲电源的研究范围，实际上它已属于自动控制系统的研究范围。要实现脉冲电源的自适应控制，首要问题是极间放电状态的识别与检测；其次是建立电火花加工过程的预报模型，找出被控量与控制信号之间的关系，即建立所谓的“评价函数”；然后根据系统的评价函数设计出控制环节。

随着技术的发展，模糊数学和混沌理论在电火花加工中的应用日见成熟，智能电源也逐步进入工业化生产的应用阶段。智能电源是在完善而丰富的电火花加工工艺数据库基础上，应用基于模糊数学和混沌理论测控系统，实现智能性的电火花加工。

三、自动进给调节系统

1. 自动进给调节系统的作用和分类

电火花加工时，放电间隙很小(0.01~0.5mm)，电蚀量、放电间隙在瞬时都不是常值而在一定范围内随机变化，人工进给或恒速的“机动”进给很难满足要求，必须采用自动进给和调节装置。

自动进给调节系统的作用是维持某一稳定的放电间隙 S，保证电火花加工正常而稳定地进行，获得较好的加工效果。可以用间隙蚀除特性曲线和进给调节特性曲线来说明。如图 4-14 所示，图中曲线Ⅰ为间隙蚀除特性曲线，曲线Ⅱ为自动进给调节系统的进给调节特性曲线。图中横坐标为放电间隙 S 或间隙平均电压 u_e，(因 u_e与 S 成对应关系)，纵坐标为加工速度 v_w或电极进给、回退速度。

放电间隙 S 值与蚀除速度 v_w有密切的关系。当间隙太大时，极间介质不易击穿，使有效脉冲利用率降低，因而使蚀除速度降低。当间隙太小时，又会因电蚀产物难于及时排除，产生二次放电，短路率增加，蚀除速度也将明显下降，甚至还会引起短路和烧伤，使加工难以进行。因此，必有一最佳放电间隙 S_B对应于最大蚀除速度(曲线Ⅰ上的 B 点)。如果粗、精加工采用的规准不同，S 和 v_w的对应值也不同，但趋势是大体相同的。

由图 4-14 可知，当间隙过大，例如大于等于 60μm，为 A 点的开路电压时，电极工具将以较大的空载速度 v_{dA} 向工件进给。随着放电间隙减小和火花率的提高，向下进给速度也逐渐减小，直至为零。当间隙短路时，工具将反向以 v_{d0} 高速回退。实际电火花加工时，整个系统将力图自动趋向处于两条曲线的交点，因为只有在此交点上，进给速度等于蚀除速度，才是稳定的工作点和稳定的放电间隙(交点之右，进给速度大于蚀除速度，放电间隙将逐渐变小；反之，交点之左，间隙将逐渐变大)。在设计自动进给调节系统时，应根据这两特性曲线来使其工作点交在最佳放电间隙 S_B附近，以获得最高加工速度。此外，空载时(间隙在 A 点或更右)，应以较快速度 v_{dA} 接近最高加工速度区(B 点附近)，一般 v_{dA} =(5~15)

v_{dB}；间隙短路时也应以较快速度 v_{d0} 回退。一般认为，v_{d0} 为 200～300mm/min 时，即可快速有效地消除短路。

对自动进给调节系统的基本要求是：

1）有较广的速度调节跟踪范围。在电火花加工过程中，加工规准、加工面积等条件的变化，都会影响其进给速度，调节系统应有较宽的调节范围，以适应加工的需要。

2）有足够的灵敏度和快速性。放电加工的频率很高，放电间隙的状态瞬息万变，要求进给调节系统根据间隙状态的微弱信号能相应地快速调节。为此，整个系统的不灵敏区、时间常数、可动部分的质量等惯性要求要小，放大倍数应足够，过渡过程应短。

3）有必要的稳定性。电蚀速度一般不高，加工进给量也不必过大，所以应有很好的低速性能，均匀、稳定地进给，避免低速爬行，超调量要小，传动刚度应高，传动链中不得有明显间隙，抗干扰能力要强。

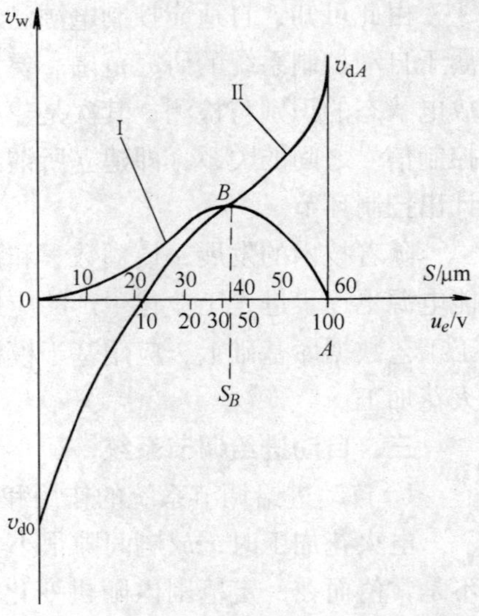

图 4-14　间隙蚀除特性与调节特性

Ⅰ—蚀除特性曲线　Ⅱ—调节特性曲线

4）有足够大的空载进给速度和短路回退速度。

自动进给调节系统按执行元件可分为电液压式、步进电动机、宽调速力矩电动机、直流伺服电动机、交流伺服电动机、直线电动机等几种形式。

2. 自动进给调节系统的基本组成部分

电火花加工进给调节装置就是一个完善的自动进给调节装置，由测量环节、放大环节、执行环节等几个主要环节组成。图 4-15 所示为其基本组成部分的框图。

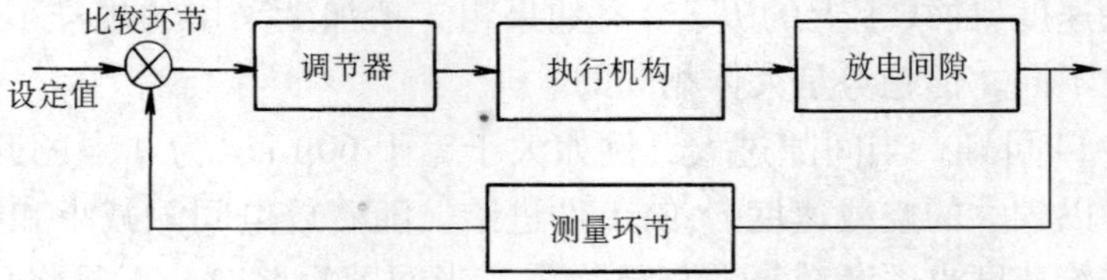

图 4-15　自动进给调节系统的基本组成

（1）测量环节　测量环节的作用是得到放电间隙大小及变化的信号。常用的信号检测方式有两种：一种是平均值测量法(见图 4-16)，图 4-16b 是带整流桥的检测电路，其输入端可不考虑间隙的极性；另一种是取脉冲电压的峰值信号(即峰值检测法)，包括图 4-17a 击穿电压检测法、图 4-17b 击穿延时检测法，以及放电波形检测法(即同时检测击穿电压和击穿延时两个信号)。

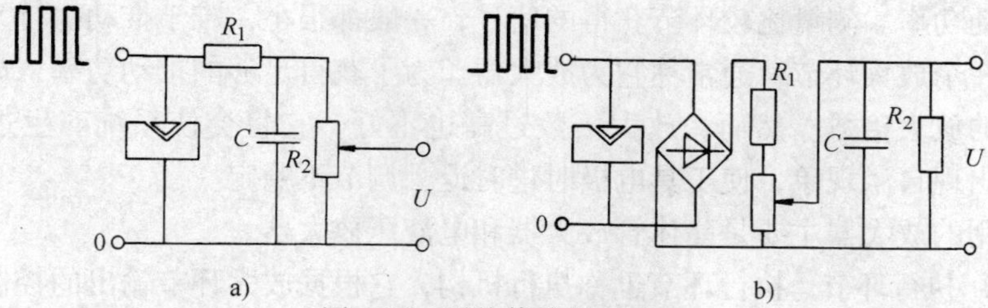

图 4-16　平均值检测电路

a）平均值检测　b）带整流桥的检测

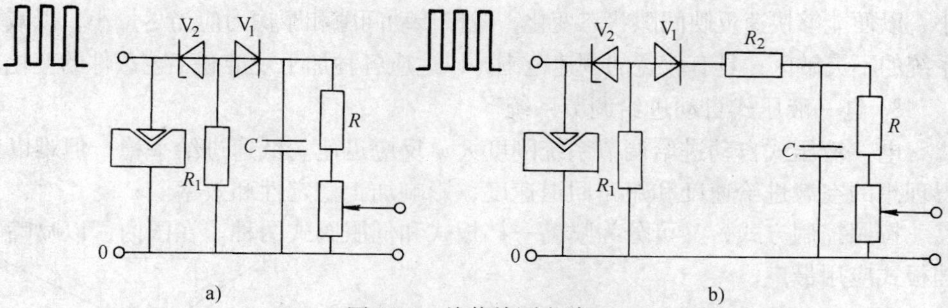

图 4-17　峰值检测电路

a）击穿电压检测　b）击穿延时检测

检测电路中的电容 C 为信号储存电容，它充电快，放电慢，记录峰值的大小，二极管 V_1 的作用是阻止负半波以及防止电容 C 所记录的电压信号再向输入端倒流放掉；稳压管 V_2 能阻止和滤除比其稳压值低的火花维持电压，从而突出空载峰值电压的控制作用，亦即只有出现多次空载波时才能输出进给信号。图 4-17a 击穿电压检测电路和图 4-17b 击穿延时检测电路的差别，是电容 C 的充电时间常数不同。图 4-17a 击穿电压检测电路中电容 C 的充电时间常数远小于图 4-17b 击穿延时检测电路中电容 C 的充电时间常数。因而，图 4-17a 电容 C 上的电压，可以快速达到间隙上的峰值电压；图 4-17b 电容 C 上的电压，随峰值电压的作用时间而变化，即可以反映击穿延时。

对于弛张式脉冲电源，一般可采用平均值检测法。独立式脉冲电源则采用峰值检测法。因为在脉冲间歇期间，两极间电压总是为零，故平均电压很低，对极间距离变化的反映不及峰值电压灵敏。

更合理的应是检测间隙间的放电状态。通常放电状态有空载、火花、短路三种，更完善一些还应能检测、区分电弧和不稳定电弧（电弧前兆）等。

（2）比较环节　比较环节的作用是根据“给定值”来调节进给速度。把从测量环节得来的信号和“给定值”的信号进行比较，再按此差值来控制加工过程。大多数比较环节包含或合并在测量环节之中。

（3）放大环节　放大环节的作用是把测量比较输出的信号放大使之具有足

够的驱动功率。测量比较环节获得的信号，一般都很小，难于推动执行元件，必须要有一个放大环节，通常称它为放大器。为了获得足够的推动功率，放大器要有一定的放大倍数。然而，放大倍数过高也不好，它将会使系统产生过大的超调，即出现自激现象，使工具电极时进时退，调节不稳定。

常用的放大器主要是晶体管放大器和电液压放大器。

（4）执行环节　执行环节也称执行机构，它根据放大环节输出的控制信号的大小及时地调整工具电极的进给，以保持合适的放电间隙，从而保证电火花加工正常进行。由于它对自动调节系统有很大影响，通常要求它的机电时间常数尽可能小，以便能够快速反映间隙状态变化，机械传动间隙和摩擦力应当尽量小，以减少系统的不灵敏区；具有较宽的调速范围，以适应各种加工规准和工艺条件的变化。

3. 电—液压式自动进给调节系统

电—液压式自动进给调节系统刚度大、反应迅速、低速进给平稳。但难以获得理想的空载进给速度和短路回退速度，影响加工稳定性和效率。

按照控制方式，又可分为喷嘴—挡板式和伺服阀式两种。在国内，以喷嘴—挡板式应用最广。

喷嘴—挡板式电液自动进给系统的工作原理是：测量环节从放电间隙检测出电压信号，与给定值进行比较后输出一个控制信号，再经放大，传输给电—机械转换器，它使液压放大器中的喷嘴挡板有一个成比例的位移，因而改变喷嘴的出油量，造成液压缸上下油腔压力差变化，从而使主轴相应运动，调节放电间隙大小。

图 4-18 所示为 DYT—2 型液压主轴头的喷嘴—挡板式调节系统的工作原理图。液压泵电动机 4 驱动叶片液压泵 3 从油箱中压出压力油，由溢流阀 2 保持恒定压力 p_0，经过过滤器 6 分两路，一路进入下油腔，另一路经节流孔 7 进入上油腔。上油腔油液可从喷嘴 8 与挡板 12 的间隙中流回油箱，使上油腔的压力 p_1 随此间隙的大小而变化。

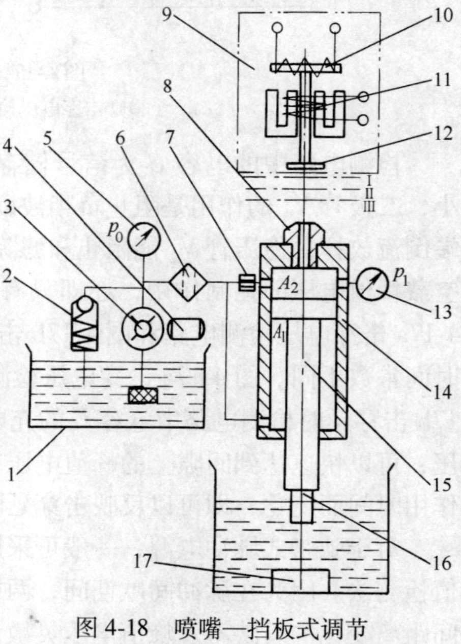

图 4-18　喷嘴—挡板式调节系统的工作原理图

1—油箱　2—溢流阀　3—液压泵　4—电动机　5、13—压力表　6—过滤器　7—节流孔　8—喷嘴　9—电—机械转换器　10—动圈　11—静圈　12—挡板　14—液压缸　15—活塞　16—工具电极　17—工件电极

电—机械转换器 9 主要由动圈（控制线圈）10 与静圈（励磁线圈）11 等组成。动圈处在励磁线圈的磁路中，与挡板 12 连

成一体。改变输入动圈的电流，可使挡板随着而移动，从而改变挡板与喷嘴间的间隙。当动圈两端电压为零，此时动圈不受电磁力的作用，挡板处于最高位置Ⅰ，喷嘴与挡板间开口为最大，使油液流经喷嘴的流量为最大，上油腔的压力降亦为最大，压力 p_1 下降到最小值。设 A_2、A_1 分别为上、下油腔的工作面积，G 为活塞等执行机构移动部分的重量，这时 $p_0A_1>G+p_1A_2$，活塞杆带动工具上升。当动圈电压为最大时，挡板下移处于最低位置Ⅲ，喷嘴的出油口全部关闭，上、下油腔压强相等，使 $p_0A_1<G+p_1A_2$，活塞上的向下作用力大于向上作用力，活塞杆下降。当挡板处于平衡位置Ⅱ时，$p_0A_1=G+p_1A_2$，活塞处于静止状态。由此可见，主轴的移动是由电—机械转换器中控制线圈电流的大小来实现的。控制线圈电流的大小则由加工间隙的电压或电流信号来控制，从而实现了进给的自动调节。

4. 电—机械式自动进给调节系统

电—机械式自动调节系统主要是采用步进电动机和力矩电动机的自动调节系统。步进电动机和力矩电动机的低速性能好，可直接带动丝杠进退，因而传动链短、灵敏度高、体积小、结构简单，而且惯性小，有利于实现加工过程的自动控制和数字程序控制。目前，采用直线电动机的电—机械式自动调节系统得到推广应用。高响应速度的直线伺服系统省去滚珠丝杠传动，无振动，无噪声，可以实现 0.1μm 的控制当量和 36m/min 超高速回退，从而保证了加工的高效率、高精度及设备的高精度保持性。

图 4-19 所示为步进电动机自动调节系统的原理框图。检测环节对放电间隙进行检测后，输出一个反映间隙状态的电压信号。变频电路则将该信号加以放大，并转换成不同频率的脉冲，为环形分配器提供进给触发脉冲。同时，多谐振荡器发出恒频率的回退触发脉冲。根据放电间隙的物理状态，两种触发脉冲由判别电路选其一种送至环形分配器，决定进给或是回退。当极间放电状态正常时，判别电路通过单稳电路打开进给与门 1，当极间放电状态异常（短路或形成有害的电弧）时，则判别电路通过单稳电路打开回退与门 2，分别驱动相对应的环形分配器的相序，使步进电动机正向或反向转动，使主轴进给或退回。

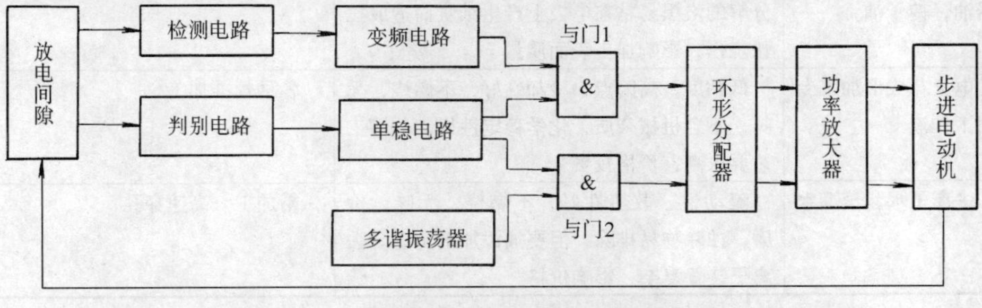

图 4-19　步进电动机自动调节系统的原理框图

对步进电动机自动调节系统，控制当量是重要的设计参数。控制当量是输入一个脉冲信号时，步进电动机驱动主轴移动的位移量。它的大小与电火花加工工艺密切有关。控制当量太大，会经常发生短路，使加工稳定性和加工速度明显降低；控制当量太小，又会影响主轴的进给和回退速度，特别是在放电间隙发生短路或有害电弧时，使电极来不及快速回退而导致电极与工件的烧伤(直线伺服电动机无此缺陷)。可变控制当量的步进电动机自动调节系统克服了上述缺陷。

四、工作液及其循环过滤系统

1. 工作液的作用

电火花加工中，工作液的作用如下：

1）压缩放电通道，提高放电的能量密度，提高蚀除效果。

2）加速极间介质的冷却和消电离过程，防止电弧放电。

3）加剧放电时的流体动力过程，以利于蚀除金属的抛出。

4）通过工作液的流动，加速了蚀除金属的排出，以保持放电工作稳定。

5）改变工件表面层的理化性质。

6）减少工具电极损耗，加强电极覆盖效应。

2. 常用工作液

常用的工作液分油性和水溶性两大类，其中油性工作液主要有煤油、L—AN油、变压器油、锭子油等；水溶性工作液主要有去离子水、蒸馏水等。通常，应用最多的是煤油和去离子水。除通用的工作液外，不少单位还研制了专用工作液，性能上各有特色。

表4-4列出了常用电火花加工工作液，表4-5列出了电火花成形加工专用工作液的性能规格。

表4-4　常用电火花加工工作液

种　类	特　点	适用场合
普通煤油	粘度低，排屑条件好，可利用极性效应减少和补偿工具电极损耗，闪点较低，油气挥发大	广泛使用，更适于半精和精加工
L—AN油，变压器油，锭子油	闪点较高，粘度较大，排屑困难，工作中分解的炭黑易粘在电极上产生结炭而造成拉弧烧伤，影响加工表面质量	大能量粗加工
电火花成形加工专用工作液	低粘度，高闪点，冷却性好，不燃烧，无味，不含机械杂质，化学稳定性好，分馏工艺要求高，价格较贵	各种规准加工
去离子水，蒸馏水	流动性、散热性好，不燃烧，无味，价廉，蚀除物易排除，但要加添加剂防锈。去离子装置复杂，影响价格	精加工、高速穿孔

表 4-5　电火花成型加工专用工作液的性能规格

项　目	1号	2号	特1号
外观	清亮透明	清亮透明	无色透明
运动粘度(40℃)/$mm^2 \cdot s^{-1}$	1.5~2.2	1.8~2.4	2.0~3.0
最低闪点(闭口)/℃	80	100	80
最大馏程：干点/℃	250	260	250
最大酸值/KOH $mol \cdot kg^{-1}$	0.178	0.178	0.178
最大硫含量(质量分数)(%)	0.05	0.05	0.05
水溶性酸、碱	无	无	无
机械杂质	无	无	无
水份	无	无	无

目前，混粉工作液的推广应用日趋广泛。从电火花加工机理可知，要降低加工表面粗糙度值，就要减小单脉冲放电能量，对小面积电火花加工而言，是非常有效的。但对大面积电火花加工，由于极间电容相应变大，对放电能量的储能作用加强，当极间电压达到击穿值进行脉冲放电时，放电能量已远大于单个脉冲能量。因此，单纯依靠减小单脉冲放电能量效果有限。20世纪80年代末，日本学者研究出在工作液中添加一定数量的硅、铝、镍等微粉，能有效降低电火花加工后的表面粗糙度值，达到类似镜面的效果，并已逐步用于生产。混粉工作液的作用机理可分析如下：

1）加工中放电间隙明显增大，使放电对工件表面的冲击力减小，从而使放电凹坑中蚀除抛出量减少，形成较浅的放电凹坑。

2）金属及半导体微粉与被加工表面之间将产生微放电，形成分散式放电状况，有效地防止放电凹坑的多次重叠，使凹坑较浅。

3）分散极间电容，使极间电容减小，从而有效地减小了放电脉冲能量。

4）混粉工作液中的微粉对工件表面有抛光、磨料喷射加工等作用。

在油性和水溶性工作液中加一些添加剂以改善工作液的性能和效果是行之有效的，如电极低损耗添加剂、提高加工速度添加剂、降低表面粗糙度值添加剂等，是值得研究开发的重要方向。

3. 工作液循环过滤系统

工作液循环过滤系统包括工作液(煤油)箱、电动机、泵、过滤装置、工作液槽、油杯、管道、阀门、引射器以及测量仪表等。放电间隙中的电蚀产物除了靠自然扩散、定期抬刀以及使工具电极附加振动等排除外，常采用强迫循环的办法加以排除，以免间隙中电蚀产物过多，引起已加工过的侧表面间“二次放电”，影响加工精度。此外也可带走一部分热量。图 4-20 所示为工作液强迫循环的两种方式。图 4-20a、b 所示为冲油式，较易实现，排屑冲刷能力强，一般常采用。但电蚀产物仍通过已加工区，稍影响加工精度。图 4-20c、d 所示为抽油式，在加工过程中，分解出来的气体（H_2、C_2H_2 等）易积聚在抽油回路的死角处，遇电火花引燃会爆炸“放炮”，因此一般用得较少。但在要求小间隙、精加工时也有使用的。

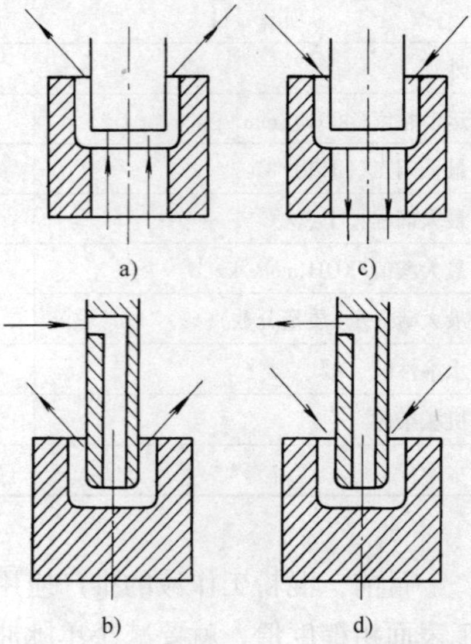

图 4-20　工作液循环方式

a)、b) 冲油式　c)、d) 抽油式

为了不使工作液越用越脏，影响加工性能，必须加以净化、过滤。其具体方法有：

（1）自然沉淀法　这种方法速度太慢，周期太长，只用于单件小用量或精微加工，否则，需要很大体积的工作液槽。

（2）介质过滤法　此法常用黄砂，木屑、棉纱头、过滤纸、硅藻土，活性炭等为过滤介质。这些介质各有优缺点。但对中小型工件，加工用量不大时，一般都能满足过滤要求，可就地取材，因地制宜。其中以过滤纸效率较高，性能较好，已有专用纸过滤装置生产。

（3）高压静电过滤、离心过滤法等　这些方法在技术上比较复杂，采用较少。

目前生产上应用的循环系统形式很多。常用的工作液循环过滤系统应可以冲油，也可以抽油。目前国内已有多家专业工厂生产工作液过滤循环装置。

第四节　电火花穿孔成形加工

电火花穿孔成形加工是利用火花放电腐蚀金属的原理，用工具电极对工件进行复制加工的工艺方法，其应用范围可归纳为：

- 电火花穿孔成形加工
  - 穿孔加工
    - 冲模（包括凸凹模及卸料板、固定板）
    - 粉末冶金模
    - 挤压模（型孔）
    - 型孔零件
    - 小孔（ϕ0.01 ~ ϕ3mm 小圆孔和异形孔）
  - 型腔加工
    - 型腔模（锻模、压铸模、塑料模、胶木模）
    - 型腔零件

一、冲模的电火花加工工艺

冲头和凹模的加工是冲模制造的关键，特别是凹模，应用一般的机械加工是困难的，在某些情况下甚至不可能，加工劳动量大，质量不易保证，还常因淬火变形而报废。采用电火花加工或线切割加工能较好地解决这些问题。

对凹模来说，主要质量指标是尺寸精度，冲头与凹模的配合间隙 δ_p，刃口高度 h，刃口斜度 β 和落料角 α(图 4-21)。β 角一般为 $5'\sim10'$。凹模的材料一般为 T10A、T8A、Cr12、GCr15 等，其中 Cr12 采用较多。

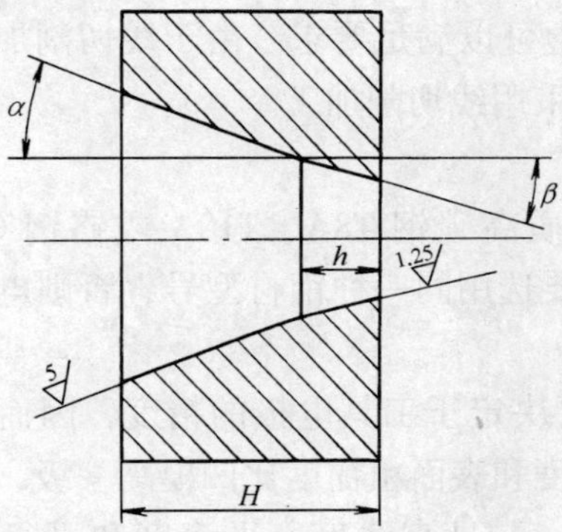

图 4-21　凹模基本参数

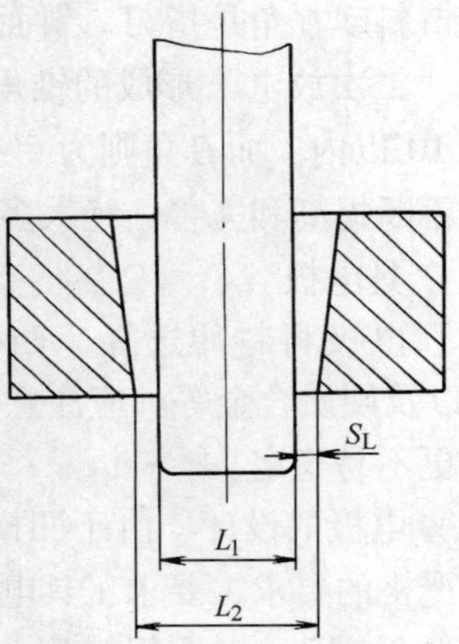

图 4-22　凹模电火花加工

1. 冲模的电火花加工工艺方法

凹模的尺寸精度主要靠工具电极来保证，因此，对工具电极的精度和表面粗糙度都应有一定的要求。如凹模的尺寸为 L_2，工具电极相应的尺寸为 L_1(图 4-22)，单面火花间隙值为 S_L，则

$$L_2=L_1+2S_L \tag{4-10}$$

其中火花间隙值 S_L 主要决定于脉冲参数与机床的精度，只要加工规准选择恰当，保证加工的稳定性，火花间隙值 S_L 的误差是很小的。因此，只要工具电极的尺寸精确，用它加工出的凹模也是比较精确的。

保证达到配合间隙的方法有很多种，如直接配合法、修配冲头法、修配电极法等。常用直接配合法。

直接配合法是直接用加长的钢凸模作为电极加工凹模，加工时将凹模刃口端朝下形成向上的“喇叭口”，加工后将工件翻过来使“喇叭口”向下作为凹模，电极也倒过来把损耗部分切除或用低熔点合金浇固作为凸摸。配合间隙靠调节脉冲参数、控制火花放电间隙来保证。这样，电火花加工后的凹模就可以不经任何修正而直接与凸模配合。这种方法可以获得均匀的配合间隙，具有模具质量高、电极制造方便以及钳工工作量少的优点。

但这种“钢打钢”时工具电极和工件都是磁性材料，在直流分量的作用下易产生磁性，电蚀下来的金属屑被吸附在电极放电间隙的磁场中而形成不稳定的二次放电，使加工过程很不稳定。近年来由于采用了具有附加 300V 高压击穿(高低压复合回路)的脉冲电源，情况有了很大改善。目前，电火花加工冲模时的单边间隙可小达 0.02mm，甚至达到 0.01mm。所以，对一般的冲模加工，采用控制电极尺寸和火花间隙的方法可以保证冲模配合间隙的要求，故直接配合法在生产中已得到广泛的应用。

刃口斜度β角是指刃口斜面与轴线的夹角，在电火花加工中主要是靠精规准加工时“二次放电”形成的锥角来保证的，目前已可控制到2′~4′的锥角，一般可达到10′以内，而β角则为5′~10′，基本上可以满足要求。由于线切割加工机床性能不断提高和完善，绝大多数冲模都已采用线切割加工。

2. 工具电极

（1）电极材料的选择　凸模一般选优质高碳钢 T8A、T10A 或铬钢 Cr12、GCr15 以及硬质合金等。应注意凸、凹模不要选用同一种钢材型号，否则电火花加工时更不易稳定。

（2）电极的设计　由于凹模的精度主要决定于工具电极的精度，因而对它有较为严格的要求，要求工具电极的尺寸精度和表面粗糙度比凹模高一级，一般精度不低于 IT7，表面粗糙度小于 $R_a 1.25\mu m$，且直线度、平面度和平行度在 100mm 长度上不大于 0.01mm。

电极结构有整体式、镶拼式和组合式三种类型。整体式是最常用的。镶拼式结构用于机械加工困难时，电极采用分块加工再镶拼成整体。组合电极是将多个电极组合在一起，用于一次加工多孔落料模、级进模等。

工具电极应有足够的长度，计算公式可参考有关资料。

若加工硬质合金时，由于电极损耗较大，电极还应适当加长。

工具电极的截面轮廓尺寸要比预定加工的型孔尺寸均匀地缩小一个加工间隙。

设计电极时，还应考虑到工具电极与主轴连接后，其重心应位于主轴中心线上，这对于较重的电极尤为重要，否则附加的偏心矩易使电极轴线偏斜，影响模具的精度。应尽可能减轻电极重量，以利于提高加工过程的稳定性。一般是采用开减轻孔的方法来减轻电极的重量。减轻孔不能开通孔，通孔会影响工作液的强迫循环。

（3）电极的制造　冲模电极的制造，一般先经普通机械加工，然后成形磨削。一些不易磨削加工的材料，可在机械加工后，由钳工精修。目前，直接用电火花线切割加工电极获得广泛应用。

采用钢凸模淬火后直接作为电极加工钢凹模时，可用线切割或成形磨削磨出。如果凸凹模配合间隙不在电火花加工间隙范围内，则作为电极的部分必须在此基础上增大或缩小。常用的如化学浸蚀的办法作出一段台阶，均匀减小到尺寸要求。或采用镀铜、镀锌的办法扩大到要求的尺寸。为了提高凹模加工的生产率，常把钢凸模电极的下端浸蚀小成为阶梯形，用它先粗加工，然后再用未浸蚀部分作精加工。

化学浸蚀的方法也称酸洗法，是采用含酸水溶液浸蚀电极，去除一层金属。这种方法在冲模电极制造中应用较广泛。浸蚀用酸的水溶液配方种类很多。表4-6所示为浸蚀钢电极的几种酸洗配方，供参考。每分钟的浸蚀速度约为0.005~0.01mm，应预试验一下。

表 4-6　浸蚀钢电极的几种酸洗配方

	1	2	3	4
酸的水溶液配方（酸洗时液温为60~80℃）	硫酸 54mL 硝酸 30mL 盐酸 30mL 磷酸 15mL 氢氟酸 6mL 水 165mL	硝酸 14% 氢氟酸 6% 水 80% （按体积比）	硝酸 25% 水 75% （按体积比）	盐酸 40mL 双氧水 50mL 水 100mL
备　注	对 Cr12 钢最佳			对 T10A 钢最佳

3. 工件的准备

电火花加工前，工件（凹模）型孔部分要加工预孔，并留适当的电火花加工余量。余量的大小应能补偿电火花加工的定位、找正误差及机械加工误差。一般情况下，单边余量为0.3~1.5mm为宜，并力求均匀。对形状复杂的型孔，余量要适当加大。

4. 电规准的选择及转换

电规准是指电火花加工过程中一组电参数，如电压、电流、脉宽、脉间等。电规准选择正确与否，将直接影响着模具加工工艺指标。应根据工件的要求、电极和工件的材料、加工工艺指标（主要是加工速度、表面粗糙度、电极损耗比）和经济效果等因素来确定电规准，并在加工过程中及时地转换。

常选择粗、中、精三种规准，来解决质量和生产率之间的矛盾。每一种又可分几档。对粗规准的要求是：生产率高（不低于 $50mm^3/min$）；工具电极的损耗小。转换中规准之前的表面粗糙度应小于 $R_a10\mu m$，否则将增加中精加工的加工余量与加工时间；加工过程要稳定。所以，粗规准主要采用较大的电流，较长的脉冲宽度（$t_i=20\sim200\mu s$），采用铜电极时电极相对损耗应低于1%。

中规准用于过渡性加工，以减少精加工时的加工余量，提高加工速度。中规准采用的脉冲宽度一般为6~20μs。

精规准用来最终保证模具所要求的配合间隙、表面粗糙度、刃口斜度等质量指标，并在此前提下尽可能地提高其生产率，故应采用小的电流、高的频率、短的脉冲宽度（一般为 2~6μs）。

二、型腔模的电火花加工工艺

1. 型腔模电火花加工的工艺方法

型腔模包括锻模、压铸模、胶木模、塑料模、挤压模等，它们都属盲孔加工，工作液循环和电蚀产物排除条件差，工具电极损耗后无法靠进给补偿精度，金属蚀除量大。其次是加工面积变化大，加工过程中电规准的调节范围也较大，并由于型腔复杂，电极损耗不均匀，对加工精度影响很大。因此，对型腔模的电火花加工，既要求蚀除量大，加工速度高，又要求电极损耗低，并保证所要求的精度和表面粗糙度。

型腔模电火花加工主要有单电极平动法、多电极更换法、分解电极加工法和指状电极的扫描加工四种方法。

（1）单电极平动法　采用一个电极完成型腔的粗、中、精加工。首先采用低损耗（$\theta<1\%$）、高生产率的粗规准进行加工，然后利用平动头作平面小圆运动（图 4-23），按照粗、中、精的顺序逐级改变电规准。与此同时，依次加大电极的平动量，以补偿前后两个加工规准之间型腔侧面放电间隙差和表面微观不平度差，实现型腔侧面仿型修光，完成整个型腔模的加工。

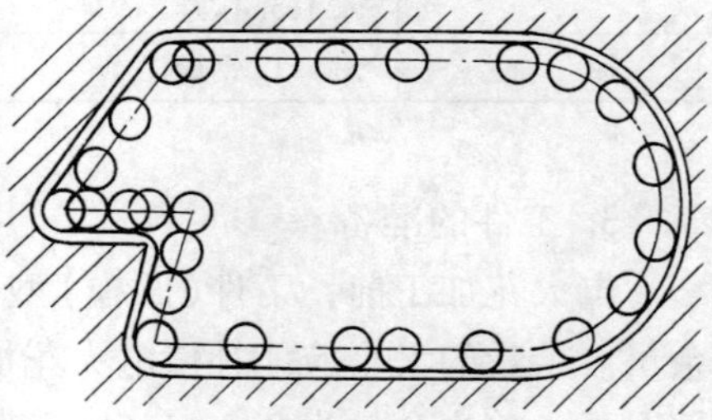
图 4-23　平动头加工示意图

单电极平动法的优点是只需一个电极、一次装夹定位，便可达到±0.05mm 的加工精度，并方便地排除电蚀产物。它的缺点是难以获得高精度的型腔模，特别是难以加工出清棱、清角的型腔。因为尖角电极损耗大，且平动时电极上的每一个点都按平动头的偏心半径作圆周运动。

对 3 轴以上的数控电火花加工机床，平动又称为摇动。这种机床没有独立的平动机构，是利用工作台按一定轨迹作微量移动来修光侧面的。由于摇动轨迹是靠数控控制器产生的，所以具有更灵活多样的模式，除了小圆轨迹运动外，还有方形、十字形运动，因此更能适应复杂形状的侧面修光的需要，尤其可以做到尖角处的“清根”，这是平动头所无法做到的。图 4-24a 所示为基本摇动模式，图 4-24b 所示为工作台变半径圆形摇动，主轴上下数控联动，可以修光或加工出锥面、球面。由此可见，3 轴以上的数控电火花加工机床更适合于单电极法加工。

另外，利用 3 轴以上的数控电火花加工机床可以加工出单轴数控机床难以或不能实现的零件。如利用简单电极配合侧向（x、y 向）、转动、分度等多轴控制，可加工复杂曲面、螺旋面、坐标孔、槽等，如图 4-24c 所示。

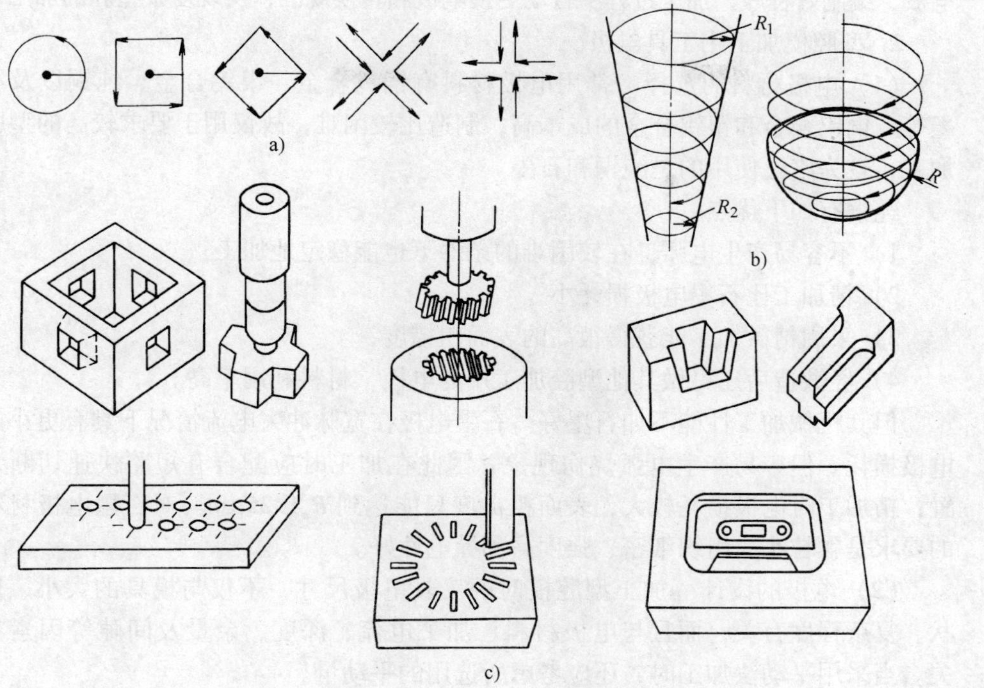

图 4-24　几种典型的摇动模式和加工实例

a）基本摇动模式　b）锥度摇动模式　c）数控联动加工实例

R_1—起始半径　R_2—终了半径　R—球面半径

（2）多电极更换法　多电极更换法是采用多个电极依次更换加工同一个型腔。所需电极的数量由型腔的精度要求决定，一般用两个电极进行粗、精加工就可满足要求。当型腔模的精度和表面质量要求很高时，才采用三个或更多个电极进行加工。

多电极加工能够达到较高的仿形精度，尤其适用于尖角、窄缝多的型腔模加工。但要求多个电极形状和尺寸的一致性好，并且更换电极时，重复定位精度高，从而提高了工具电极及其装夹机构的制造要求，因此一般用于精密型腔的加工，例如盒式磁带、收录机、电视机等机壳的模具，都是用多个电极加工的。

（3）分解电极法　分解电极法是单电极平动加工法和多电极更换加工法的综合应用。根据型腔的几何形状，把电极分解成主型腔和副型腔电极分别制造。先加工出主型腔，后用副型腔电极加工尖角、窄缝等部位的副型腔。此方法的优点是可以根据主、副型腔不同的加工条件，选择不同的加工规准，有利于提高加工速度和改善加工表面质量；同时还可以简化电极制造，便于修整电极。缺点是更换电极时主型腔和副型腔电极之间要求有精确的定位。这一方法的应用促进了具有电极库的 3~5 轴数控电火花机床应用，事先把复杂型腔分解为简单表面和相应的简单电极，编制好程序，加工过程中自动更换电极和转换规准，实现复杂型腔的加工。

2. 型腔模加工用工具电极

(1) 电极材料的选择　常用电极材料有铜钨合金、银钨合金、纯铜以及石墨等。铜钨合金和银钨合金的成本高，制造比较困难，故仅用于要求较高的型腔加工，较为广泛使用的是纯铜和石墨。

纯铜有如下优点：

1) 不容易产生电弧，在较困难的条件下也能稳定地加工；

2) 精加工比石墨电极损耗小；

3) 采用精微加工能获得很高的表面粗糙度；

4) 经锻造后还可做其他型腔加工用的电极，材料利用率高。

但其机械加工性能不如石墨好。石墨电极在宽脉冲大电流情况下具有更小的电极损耗。但容易产生电弧烧伤现象，因此在加工时应配合有短路快速切断装置；精加工时电极损耗较大，表面粗糙度只能达到 $R_a1.25\mu m$。对石墨电极材料的要求是颗粒小、组织细密、强度高和导电性好。

(2) 电极的设计　加工型腔模时的工具电极尺寸，不仅与模具的大小、形状、复杂程度有关，而且与电极材料、加工电流、深度、余量及间隙等因素有关。当采用平动法加工时，还应考虑所选用的平动量。

与主轴头进给方向垂直的电极尺寸称为水平尺寸(图 4-25)，可用下式确定

$$a = A \pm Kb \tag{4-11}$$

式中　a——电极水平方向尺寸；

A——型腔图样上的名义尺寸；

K——与型腔尺寸注法有关的系数；

[直径方向(双边) $K=2$，半径方向(单边) $K=1$]；

b——电极单边缩放量(或平动头偏心量，一般取 0.7~0.9mm)。

$$b = S_L + H_{max} + h_{max}$$

式中　S_L——电火花加工时单面加工间隙；

H_{max}——前一规准加工时表面微观不平度最大值；

h_{max}——本规准加工时表面微观不平度最大值。

式(2-11)中的“±”号按缩、放原则确定，如图 4-25 中计算 a_1 时用“-”号，计算 a_2 时用“+”号。

(3) 排气孔和冲油孔设计　型腔加工一般均为盲孔加工，排气、排屑状况将直接影响加工速度、稳定性和表面质量。一般情况下，在不易排屑的拐角、窄缝处应开有冲油孔，而在蚀除面积较大以及电极端部有凹入的部位开排气孔。冲油孔和排气孔的直径一般为 $\phi1 \sim \phi2$mm。若孔过大，则加工后残留的凸起太大，不易清除。孔的数目应以不产生蚀除物堆积为宜。孔距在 20~40mm 左右，孔要

适当错开。

3. 工作液强迫循环的应用

型腔加工往往需要采用强迫冲油。冲油压力一般为20kPa左右，可随深度的增加而有所增加。冲油对电极损耗有影响。随着冲油压力的增加，电极损耗也增加了。这是因为冲油压力增加后，对电极表面的冲刷力也增加，因而使电蚀产物不易反粘到电极表面以补偿其损耗。同时由于游离碳浓度随冲油而降低，因而影响了黑膜的生成，且流场不均，电极局部冲刷和反粘及黑膜厚度不同，严重影响加工精度。电极的损耗又将影响到型腔模的加工精度，故对要求很高的锻模（如精锻齿轮的锻模）往往不采用冲油而采用定时抬刀的方法来排除电蚀产物，以保证加工精度。但生产率有所降低。

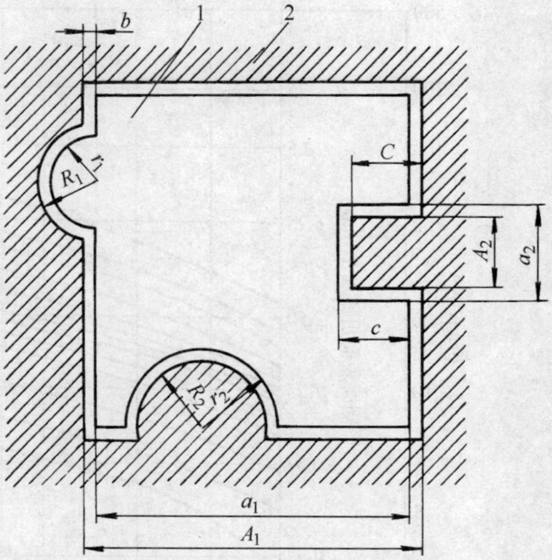

图4-25　电极水平尺寸计算图
1—工具电极　2—工件电极的型腔

4. 电规准的选择、转换

粗加工要求高生产率和低电极损耗，这时应优先考虑采用较宽的脉冲宽度（例如在400μs以上），然后选择合适的脉冲峰值电流，并应注意加工面积和加工电流之间的配合关系。通常，石墨电极加工钢时，平均电流密度为3~5A/cm^2，纯铜电极加工钢时，平均电流密度可大些（大约10A/cm^2）。中规准与粗规准之间并没有明显的界限，应按具体加工对象划分。一般选用脉冲宽度t_i为20~400μs、电流峰值$\hat{i}_e$为10~25A进行中加工。精加工时，电极损耗率较大，一般为10%~20%，单边加工余量不超过0.1~0.2mm，表面粗糙度应优于R_a1.6μm，一般都选用窄脉宽（t_i=2~20μs）、小峰值电流（$\hat{i}_e$<10A）进行加工。

加工规准转换的档数，应根据所加工型腔的精度、形状复杂程度和尺寸大小等具体条件确定。当加工表面刚好达到本档规准对应的表面粗糙度时，就应及时转换规准，这样既达到修光的目的，又可使各档的金属蚀除量最少，得到尽可能高的加工速度和低电极损耗（参见日本沙迪克公司电火花加工机床使用手册）。

5. 电火花加工工艺参数曲线图表

将生产、科研实践中积累的工艺数据整理成图、表，以指导正确选择电火花加工规准，是低成本推广电火花制造工艺技术的有效方法。根据工具电极和工件电极材料、加工极性、脉宽、峰值电流等主要参数对电极损耗率、表面粗糙度、蚀除速度和放电间隙等的影响，做成如图4-26、图4-27、图4-28、图4-29所示的工艺曲线图，可按此图来选择电火花穿孔和型腔的加工规准。

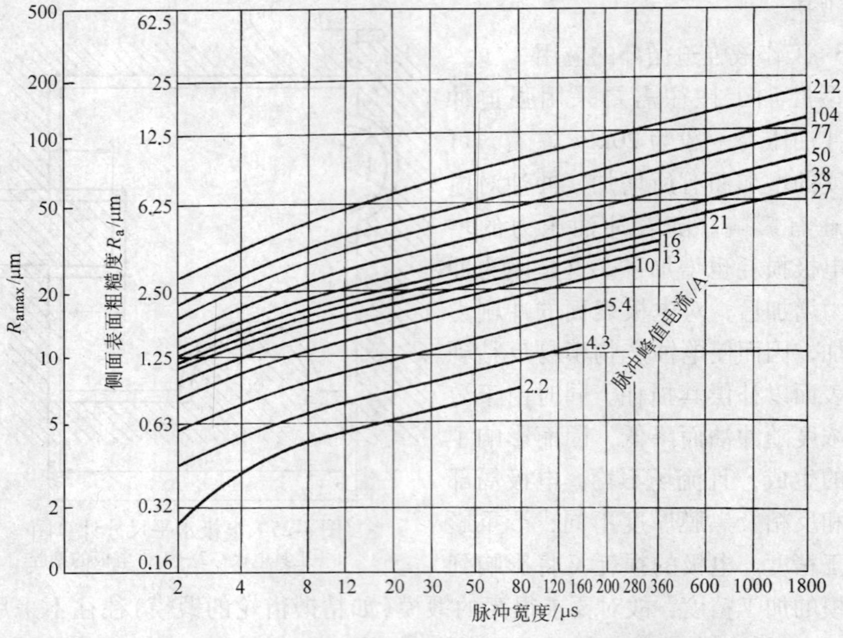

图 4-26 铜“+”、钢“-”时表面粗糙度与脉宽和峰值电流的关系曲线

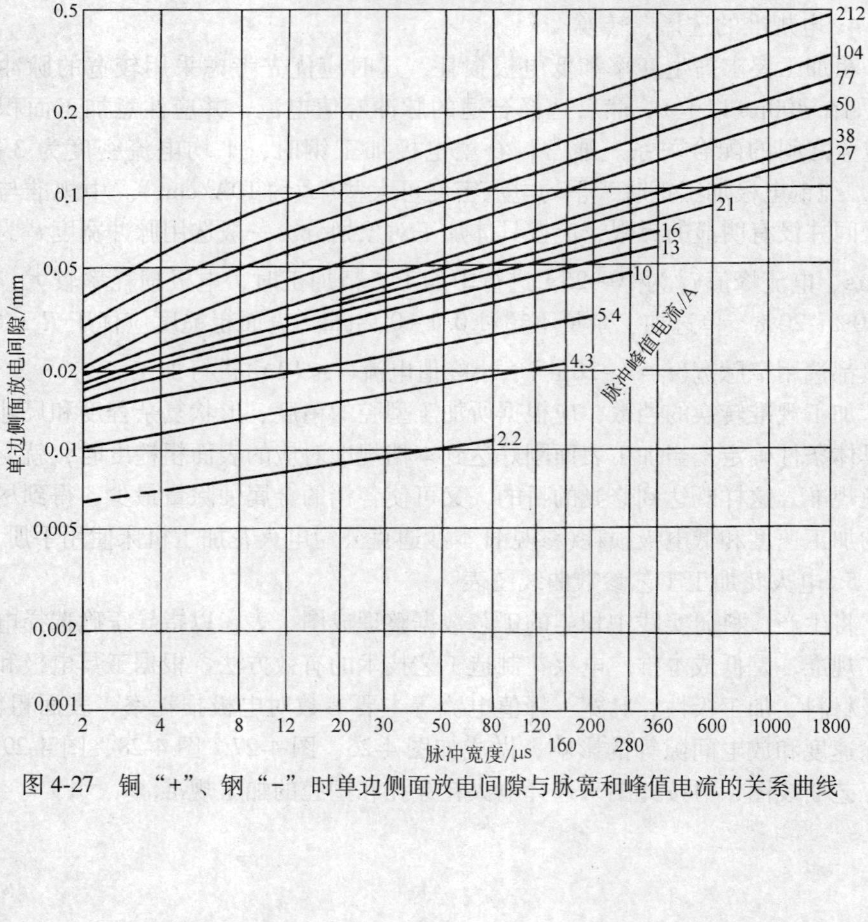

图 4-27 铜“+”、钢“-”时单边侧面放电间隙与脉宽和峰值电流的关系曲线

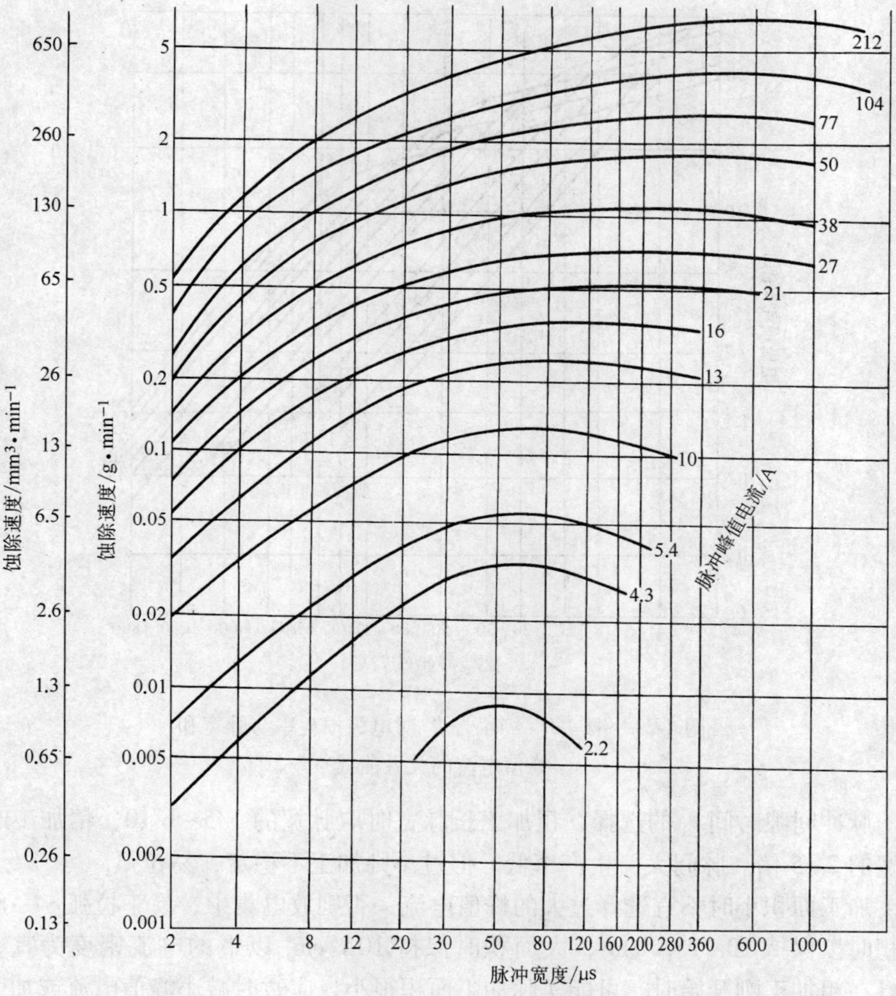

图 4-28　铜“+”、钢“−”时工件蚀除速度与脉宽和峰值电流的关系曲线

选择电规准的顺序应根据主要矛盾来决定。例如加工型腔模具，电极损耗比必须要低于 1%，则应按图 4-29 根据要求的电极损耗比来选择粗加工时的脉宽 t_i 和峰值电流 $\hat{i}_e$，这时把生产率、表面粗糙度等放在次要地位来考虑。型腔精加工时，则又需按表面粗糙度(图 4-27 的曲线)来选择 t_i 及 $\hat{i}_e$。

又如加工精密小模数齿轮冲模，除了侧面表面粗糙度外，主要还应考虑选择合适的放电间隙，以保证所规定的冲模配合间隙，这样就需根据图 4-26 来选择 t_i 及 $\hat{i}_e$。

如果是加工预孔或去除断丝锥等精度要求不高的加工，则可按图 4-28 选取最高生产率的脉冲参数 t_i 及 $\hat{i}_e$。

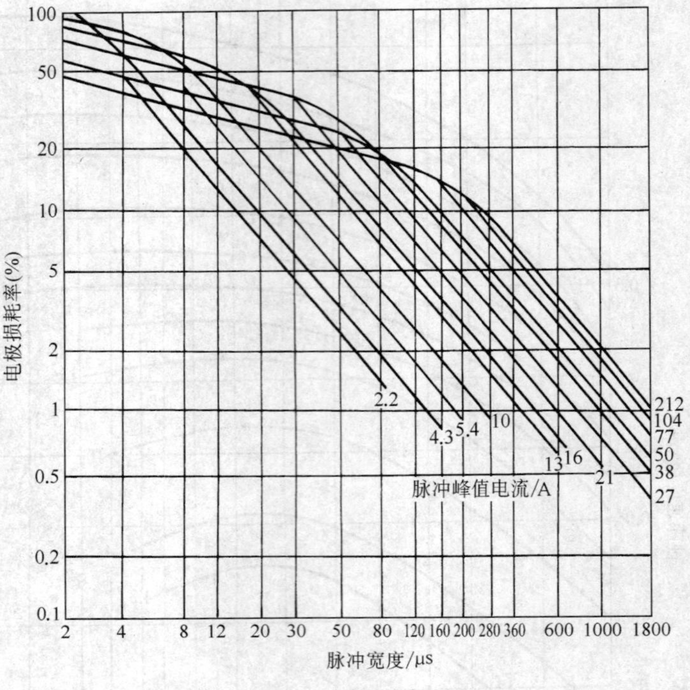

图 4-29　铜“+”、钢“-”时电极损耗率与脉宽和峰值电流的关系曲线

脉冲间隙时间 t_0 的选择，粗加工长脉宽时取脉宽的 1/5～1/10，精加工时取脉宽的 2～5 倍。脉间大，生产率低。但过小则加工不稳定，易拉弧。

加工面积小时不宜选择过大的峰值电流，否则放电集中，易于拉弧。一般小面积时以保持 10～15A/cm^2，大面积时保持 10A/cm^2 以下的电流密度为宜。为此，在粗加工刚开始时，可能实际加工面积很小，应暂时减小峰值电流或加大脉冲间隔。

三、小孔电火花加工工艺

圆形小孔的电火花加工工艺的发展已经形成了专用加工设备，出现了专用电极制造商，加工直径为 ϕ0.1～ϕ4mm（间隔 0.1mm）小孔的空心电极都有商品供应。

电火花高速小孔加工机床采用管状电极，加工时电极作回转和轴向进给运动，管电极中通入 1～5MPa 的高压工作液（去离子水、蒸馏水、乳化液或煤油）。由于高压工作液能迅速将电极产物排除，且能强化火花放电的蚀除作用，因此，这一加工方法的最大特点是加工速度高，一般小孔加工速度可达 60mm/min 左右，比普通钻孔速度还要快。这种加工方法最适合加工 ϕ0.3～ϕ3mm 左右的小孔，且深径比适应范围可超过 200。小孔加工精度可达±0.02mm，孔壁的表面粗

糙度 $R_a \leqslant 0.32\mu m$。这种方法还可以在斜面和曲面上打孔。目前，这种加工方法已被应用于加工线切割零件的预穿丝孔、喷嘴以及耐热合金等难加工材料的小孔加工中。

电火花加工不但能加工圆形小孔，而且能加工多种异形小孔。图 4-30 所示为异形孔的径向断面形状。

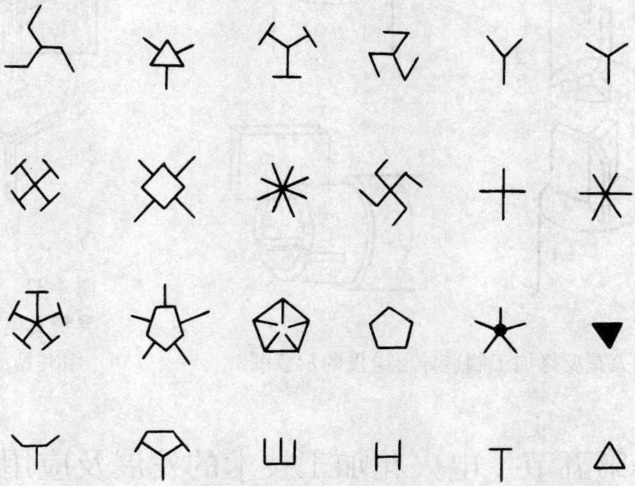

图 4-30　电火花可加工的异形孔的径向断面形状

加工微细而又复杂的异形小孔，加工情况与圆形小孔加工基本一样，关键是异形电极的制造，其次是异形电极的装夹。

制造异形小孔电极，主要有下面几种方法：

(1) 冷拔整体电极法　采用电火花线切割加工工艺并配合钳工修磨制成异形电极的硬质合金拉丝模，然后用该模具拉制成异形截面的电极。这种方法效率高，用于较大批量生产。

(2) 电火花线切割加工整体电极法　利用精密电火花线切割加工制成整体异形电极。这种方法的制造周期短，精度和刚度较好，可以修磨抛光，保证型孔加工质量。

(3) 电火花反拷加工整体电极法　图 4-31 所示即为电火花反拷加工制造异形电极的示意图。用这种方法制造的电极定位装夹方便。

由于加工异形小孔的工具电极结构复杂，装夹、定位比较困难，需采用专用夹具。图 4-32 所示为三叶形异形孔电极的专用夹具示意图。电极在装夹前需要清洗修光，细研磨后装入夹具内夹牢。夹具装在机床主轴上，应调好电极与工件的垂直度及对中性。

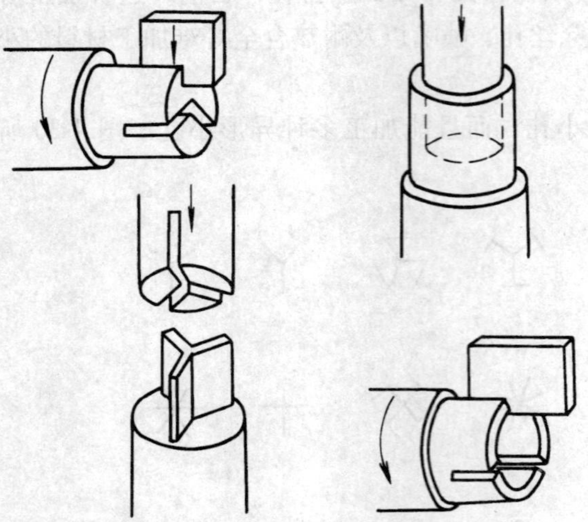

图 4-31　电火花反拷加工制造异形电极的示意图

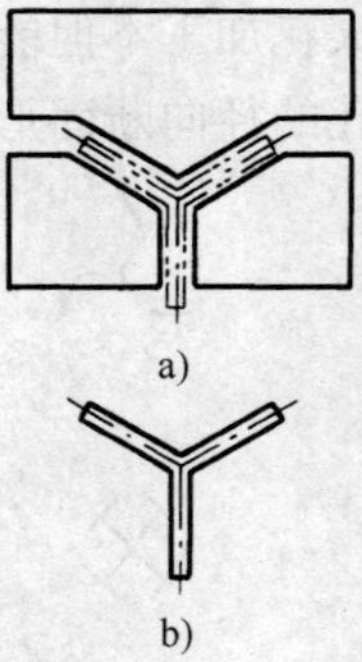

图 4-32　三叶形异形孔电极的专用夹具示意图

第五节　电火花加工技术的发展及应用

一、电火花加工工艺形式的发展

随着电火花加工技术的发展，新的电火花加工工艺不断被研究开发。

1. 电火花小孔磨削和镗削加工

对于精度和表面粗糙度要求较高，工件材料(如磁钢、硬质合金、耐热合金等)的机械加工性能很差的深小孔的加工，采用研磨方法加工时生产率太低，采用内圆磨床磨削也很困难或无法磨削，而采用电火花磨削和镗削加工则是最有效的加工工艺。

所谓电火花磨削，是指在工具电极和工件电极之间附加传统磨削相对运动的电火花加工。电火花磨削可在穿孔、成形机床上附加一套磨头来实现，使工具电极作旋转运动。如工件也附加一旋转运动，则磨得的孔可更圆。也有设计成专用电火花磨床或电火花坐标磨孔机床的；也可用磨床、铣床、钻床改装，工具电极作往复运动，同时还自转。在坐标磨孔机床中，工具还作公转，工件的孔距靠坐标系统来保证。这种办法操作比较方便，但机床结构复杂，精度要求高。

电火花镗磨与磨削不同之点是只有工件的旋转运动、电极的往复运动和进给运动，而电极工具没有旋转运动。电火花镗磨虽然生产率较低，但比较容易实现，而且加工精度和表面粗糙度较好，所加工小孔的锥度和椭圆度可达 0.003～0.005mm，表面粗糙度优于 R_a0.32μm，故生产中应用较多。目前已经用来加工小孔径的弹簧夹头，可以先淬火，后开缝，再磨孔，特别是镶有硬质合金的小型弹簧夹头和内径在1mm以下、锥度和椭圆度均在0.01mm以内的钻套及偏心钻套。还用来加工粉末冶金用压模，这类压模材料多为硬质合金。另外，如微型轴承的内环、冷挤压模的深孔、液压件深孔等等，采用电火花磨削、镗磨，均取得了较好的效果。

2. 电火花共轭回转加工工艺

电火花共轭回转加工是在加工过程中，工具电极和工件电极之间附加了满足被加工型面要求的共轭回转运动的电火花加工工艺。如各类螺纹环规及塞规加工，两电极之间附加了同方向、同转速的旋转运动；内、外齿轮的加工，两电极之间附加了齿轮之间的啮合运动；静压轴承油腔、回转泵体的高精度成形以及梳刀、滚刀等刀具加工，两电极之间附加了对应的共轭回转运动。附加共轭运动对工作液的搅拌作用，非常有利于电蚀产物的排除，所以能得到好的几何精度和表面粗糙度，维持高的稳定性。

过去在淬火钢或硬质合金上电火花加工内螺纹，是采用导向螺母使工具电极在旋转的同时作轴向进给，这种方法生产效率极低，而且只能加工出带锥度的粗糙螺纹孔。共轭回转加工法采用工件与电极同向同步旋转，工件作径向进给来实现(运动关系和用滚压法加工螺纹的方法相同)。工件预制孔按螺纹内径制作，工具电极的螺纹尺寸及其精度按工件图样的要求制作，但电极外径应小于工件预孔0.3~2mm。加工时，电极穿过工件预制孔，保持两者轴线平行，然后使电极和工件以相同的方向和转速旋转，同时工件向工具电极径向切入进给，从而复制出所要求的内螺纹。为了补偿电极的损耗，在精加工规准转换前，电极轴向移动一个相当于工件厚度的螺距倍数值。由于电极贯穿工件，且两轴线始终保持平行，因此加工出来的内螺纹没有通常用电火花攻螺纹(如前述方法)所产生的喇叭口，可降低对电极设计和制造的要求。由于电极外径小于工件内径，使得在同向同步回转中，电极与工件电蚀加工区域的线速度不等，存在微量差动，对电极螺纹表面局部的微量缺损有均匀化的作用，故减轻了对加工质量的影响。

用上述工艺方法设计和制造的电火花精密内螺纹机床，可加工M6~M55的多种牙形和不同螺距的精密内螺纹，螺纹中径误差小于0.004mm。也可精加工$\phi4\sim\phi55$mm的圆柱通孔，椭圆度小于0.002mm，其表面粗糙度可达$R_a0.063\mu m$。

由于采用了同向同步旋转加工法，对螺纹的中径尺寸没有什么高的要求，但在整个工具电极有效长度内的螺距精度、中径圆度、锥度和牙形精度都应给予保证。工具电极螺纹表面粗糙度小于$R_a2.5\mu m$，螺纹外径对两端中心孔的径向圆跳动不超过0.005mm。一般电极外径比工件内径小0.3~2mm。这个差值愈小愈好。差值愈小，齿形误差就愈小，电极的相对损耗也愈小。但必须保证装夹后电极与工件不短路，而且在加工过程中作自动控制和调节时进给和退回有足够的活动余地。

采用正极性加工，脉冲宽度16~20μs。加工接近完成前改用精规准，此时可将脉冲宽度减小至2~8μs。

3. 微观电导率不均匀材料电火花加工工艺

许多复合工程陶瓷材料、聚晶金刚石等，其导电机理不同于金属。复合工程陶瓷材料金相结构中的导电相形成三维导电网格，网格间隙中是非导电的晶格组织。金刚石虽是碳的同素异构体，但天然金刚石几乎不导电，聚晶金刚石是将人造金刚石微粉用铜、铁粉等导电材料作为粘结剂，搅拌混合后加压烧结而成，因此就导电机理，与复合工程陶瓷材料相似，导电相形成三维导电网格，网格间隙中是非导电的晶格组织。只要网格常数和电加工参数相适应，就可以用电火花进行加工。

此种材料电火花加工的特点是：精加工必须采用高能小脉宽的脉冲电源，且脉冲前后沿的变化率要与材料的性能相适应。粗加工必须采取措施保证较大的放电间隙，如提高峰值电压或采用混粉添加剂。

电火花加工聚晶金刚石的原理是靠火花放电时的高温将导电的粘结剂熔化、气化蚀除掉，同时电火花高温使金刚石微粉“碳化”为可加工的石墨，也可能因粘结剂被蚀除掉后而整个金刚石微粒自行脱落下来。

复合工程陶瓷材料也得到广泛的应用，其电火花加工技术，在近年来得到较快的发展。其加工机理和设备都不同于金属材料的电火花加工，类似于聚晶金刚石：

1）材料颗粒从基体上的分离形式是：升华、熔化、热剥离、整体颗粒移除、气化、再凝固粘附相的热削离，共六种不同方式。而金属只有熔化和气化两种分离形式。

2）适宜的脉冲电源波形是高能小脉宽，峰值电流30A~60A，脉宽2~4μs或更小，峰值电压100V~200V。有待于开发亚微秒级的脉冲电源。

3）脉冲的后沿变化率直接影响热影响层的厚度和抛出爆炸效应的强弱。要求脉冲电源的脉冲电流的后沿变化率是可以控制的。

4. 金属电火花表面强化和刻字

电火花表面强化工艺一般是以空气为极间工作介质。图4-33所示为金属电

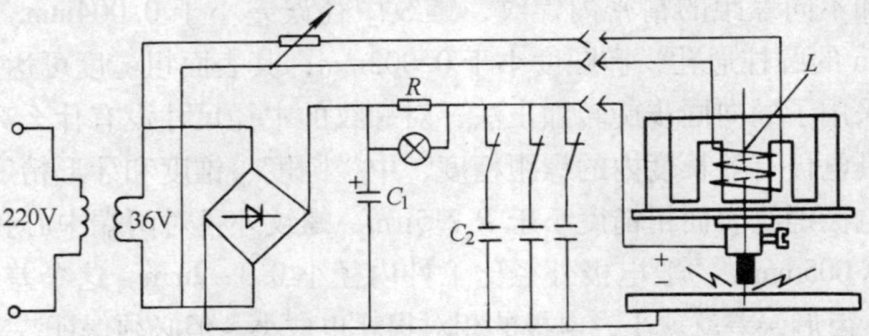

图4-33 金属电火花表面强化的加工原理示意图

火花表面强化的加工原理示意图。在工具电极和工件电极之间接上直流或交流电源，由于振动器的作用，使电极与工件之间的放电间隙频繁变化，工具电极与工件间不断产生火花放电，从而实现对金属表面的强化。

当电极与工件之间距离较大时，电源经过电阻 R 对电容器 C 充电，同时工具电极在振动器的带动下向工件运动。当间隙接近到某一距离时，间隙中的空气被击穿，产生火花放电，使电极和工件材料局部熔化，甚至气化。当电极继续接近工件并与工件接触时，在接触点处流过短路电流，使该处继续加热，并以适当压力压向工件，使熔化了的材料相互粘结、扩散形成熔渗层。电极在振动作用下离开工件，由于工件的热容量比电极大，使靠近工件的熔化层首先急剧冷凝，从而使工具电极的材料粘结、覆盖在工件上。

电火花表面强化层具有如下特性：

1）当采用硬质合金作电极材料时，硬度可达 1100~1400HV（约 70HRC 以上）或更高。

2）当使用铬锰、钨铬钴合金、硬质合金作工具电极强化 45 钢时，其耐磨性比原表层提高 2~2.5 倍。

3）用石墨作电极材料强化 45 钢，用食盐水作腐蚀性试验时，其耐腐蚀性提高 90%。用 WC、CrMn 作电极强化不锈钢时，耐蚀性提高 3~5 倍。

4）耐热性大大提高，提高了工件使用寿命。

5）疲劳强度提高 2 倍左右。

6）硬化层厚度约为 0.01~0.08mm。

电火花强化工艺方法简单、经济、效果好，因此广泛应用于模具、刃具、量具、凸轮、导轨、水轮机和涡轮机叶片的表面强化。

电火花表面强化的原理也可用于在产品上刻字、打印记。过去，刃具、量具、轴承等产品上的规格、商标等印记采用涂蜡、仿形铣刻字，然后用硫酸等酸洗腐蚀，或采用钢印打字，工序多，生产率低，劳动条件差。采用电火花刻字、打印记取得很好的效果。一般有两种办法：一种是把产品商标、图案、规格、型号、出厂年月日等用铜片或铁片做成字头图形，作为工具电极，电蚀产物镀覆在工件表面形成印记，每打一个印记约 0.5~1s；另一种不用现成字头而用钼丝或钨丝电极，按缩放尺或靠模仿形刻字，每件时间稍长，约 2~5s。如果不需字形美观整齐，可以不用缩放尺而成为手刻字的电笔。钨丝接负极，工件接正极，可刻出黑色字迹。若工件是镀黑或表面发黑处理过的，则可把工件接负极，钨丝接正极，可以刻出银白色的字迹。

5. 微细电火花加工

微型机械的发展促进了微细加工技术的发展。微细电火花加工技术与其他微细加工技术相比，在三维复杂结构成形方面有明显的优势。

微细电火花加工的主要工艺是扫描电火花加工工艺(又称电火花铣削)，即利用简单形状的工具电极(圆形或方形)、采用选择电极端部放电扫描加工。也就是将三维形状分层切片为两维轮廓，逐层扫描加工。

实现微细电火花加工的关键在于微小工具电极的在线制作、微小能量放电电源、工具电极的微量伺服进给。微小工具电极的在线制作一般采用电火花磨削；微小能量放电电源一般采用 *RC* 弛张式微小能量电火花电源；工具电极的微量伺服进给一般采用以压电元件为动力的蠕动式微进给机构。

6. 曲线孔的电火花加工工艺

压铸模、注射模冷却水道的实际加工，一直难以与理论优化设计的结果相符合。因为不同的模具型腔所要求的均匀冷却水道为不同的空间曲线，而传统的机械加工方法无法加工曲线水道。曲线孔的电火花加工工艺，为这一问题提供了有效的解决方法。

加工装置的具体原理和结构，国内外皆有资料介绍。

二、电火花加工设备设计理论的发展

随着电火花加工技术的发展和完善，理论研究日趋成熟，使电火花加工设备设计有了可靠的理论分析依据。

1. 电极间隙放电状态的识别

电火花加工过程中，经常存在着稳定电弧烧伤工件的可能性。为了保证被加工工件的精度和表面粗糙度，不产生拉弧烧伤，并且使机床在加工过程中能稳定地进行伺服加工，常常以损失加工速度为代价。因而要提高电火花成形加工的综合工艺指标，必须实现对间隙变化因素进行全面控制，以保证高效率稳定加工。自适应控制系统研究成为电火花加工机床研究的重要课题，而且发展为对间隙电参数变化的多因素控制。适应性控制技术在发展初期，主要是用硬件来实现以保证加工安全为目标的适应控制。而近来的趋势是采用计算机最佳适应控制。就目前水平而言，其目标函数常采用最佳加工速度(保证一定的表面粗糙度和电极损耗要求)，在线调整的控制参数采用伺服参考电压 u_s 或平均击穿延时 t_d 以及脉冲间隔时间 t_0。有时也采用放电电流。一个优化循环将由检测(传感器)、决策(计算机)、调整(控制器)和等待四个步骤组成。由于电火花加工过程的随机性，最佳控制依靠平均或滤波技术才能对过程作出完整的评估，所以一定的等待时间是必需的。对加工状态的检测是首先要解决的问题。

电火花加工间隙放电过程是一个极其复杂的过程，间隙中的放电状态受到各种因素的影响，如脉冲电源参数(电压、脉冲宽度、脉冲间隔时间、极性以及波形)、伺服进给系统参数(伺服参考电压、系统增益、电极抬动的时间等)、冲液参数(工作液流量、压力、冲液方式)、工具与工件材料及加工面积等。这些因素均给间隙放电状态判别带来极大困难，将电弧放电从正常火花放电中区分出来更为困难。目前主要有两种方法来区分电弧放电与正常火花放电：一是设置门槛电压法；另一种是判别放电时有无高频杂波信号。

（1）电火花加工中典型的加工波形及其特征描述

1）开路。开路脉冲为间隙未被击穿时的电压脉冲，此时没有电流脉冲，如图 4-34 中第一个波形所示。

2）正常火花放电。由图 4-34 可见，正常火花放电波形在自持放电期间有高频杂波分量，因而有较强的射频发射和声发射，其击穿延时 t_d 呈随机特性。

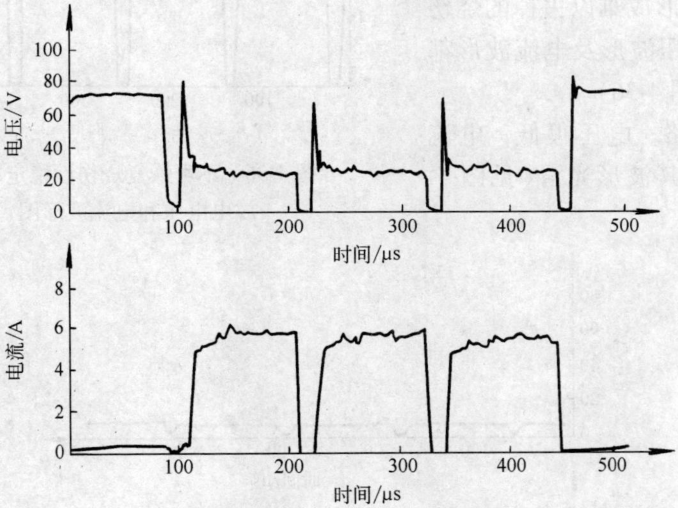

图 4-34　正常火花放电电压和电流波形图

3）可恢复性不稳定电弧。该种电压波形在自持放电期间几乎不存在高频杂波，但仍然有少量毛刺，其击穿延时 t_d 不稳定，时有时无，而且放电电压一般低于正常火花放电电压（见图4-35）。这种不稳定电弧放电可能是由于间隙微短路或蚀除产物无法及时排除，而过分集中在间隙中某一局部位置所致。这种波形，往往 4～5 个成串出现或更多，它可以自行恢复为正常火花放电，或者通过伺服控制恢复为正常火花放电。

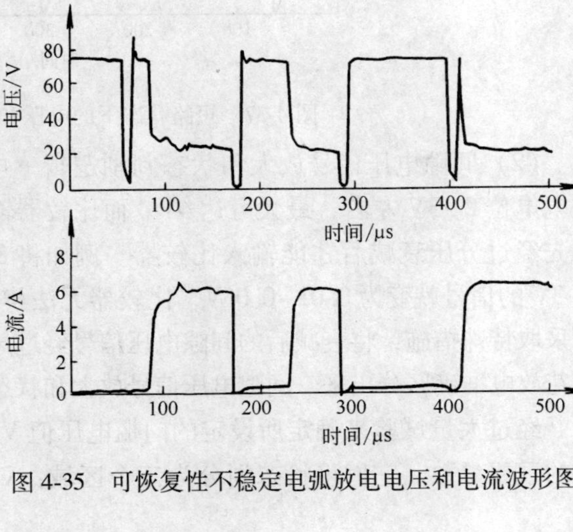

图 4-35　可恢复性不稳定电弧放电电压和电流波形图

4）不可恢复烧伤性稳定电弧。在间隙放电条件恶劣的情况下，如冲油不充分、面积较大或型腔较深等，在伺服进给调节不当时，出现几轮循环可恢复性不稳定电弧后，可能导致稳定电弧的形成，而放电通道可能会局限于某一小的区域，持续的结果就形成了不可恢复烧伤性稳定电弧，在工具和工件表面都会形成难以去掉的烧伤黑斑。其电压波形及电流波形都很光滑（见图 4-36）。

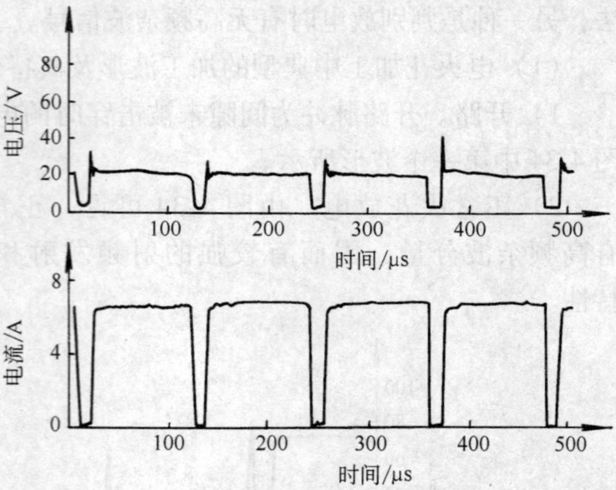

图 4-36　不可恢复烧伤性稳定电弧放电电压和电流波形图

5）短路。电压很低，电流很大，而且其波形光滑（见图 4-37）。

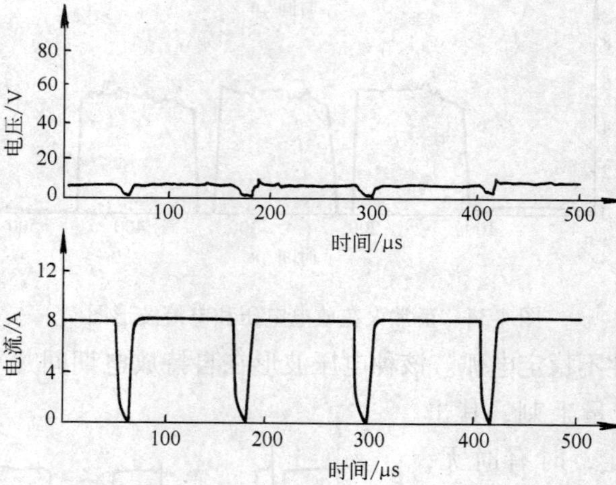

图 4-37　短路状态下的电压和电流波形图

（2）间隙电压信号放大和状态判别逻辑　电弧放电电位一般低于正常火花放电电位 2~3V 左右，最大可达 4V。而比较器输入量程不超过 7V，所以间隙电压先经过分压衰减后才能输入比较器。例如将 80V 的间隙电压衰减为 4V，此时 2~3V 的信号就变为 0.01~0.05V，比较器无法辨别，而且很易受到干扰。因此必须采取特殊措施，将衰减后的间隙电压信号经过局部放大，才能将电弧放电与正常火花放电准确区分出来。间隙电压信号放大和状态判别逻辑图如图 4-38 所示。

经过大量试验来确定所设定的门槛电压值 V_{ref1} 和 V_{ref2}，这是分辨各种放电信号的重要参数。它们将状态划分为三个区域：V_{ref1} 以上为开路；V_{ref1} 与 V_{ref2} 之间

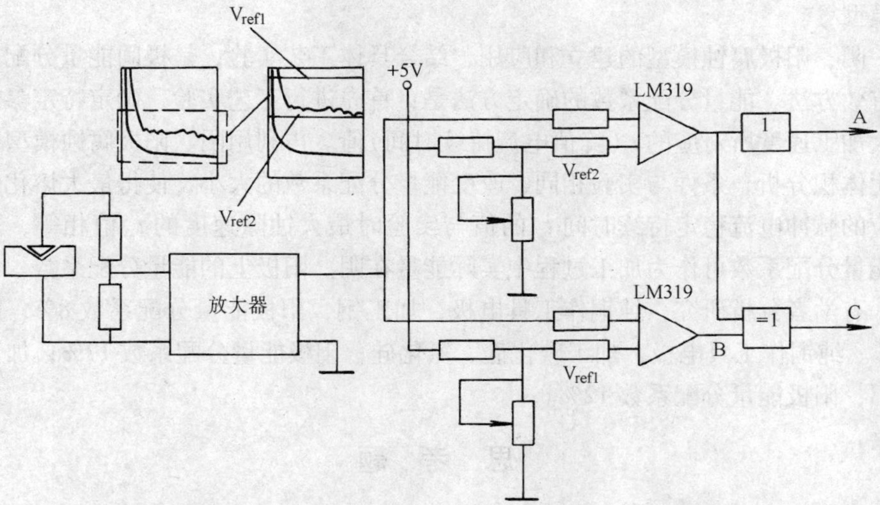

图 4-38 间隙电压信号放大和状态判别逻辑图

为正常火花放电区域；V_{ref2}以下区域为异常放电区域。这里的异常放电包括可恢复性不稳定电弧放电、不可恢复稳定电弧放电和短路。

当判别装置输出端 A 为高电平时，表示该放电状态为电弧放电或短路；而输出为低电平时，表示为正常火花放电或者为开路状态。而 B 端输出为低电平时，表示为正常火花放电或者是电弧放电和短路状态；而高电平则表明为开路状态。C 为低电平时，表示为非正常火花放电状态；高电平则表示正常放电状态。由此可见，通过检测环节能区分出开路、正常火花放电及异常火花放电。可以统计出各类放电脉冲的数量。

（3）不可恢复烧伤性稳定电弧出现前的几个特征　为能制定出控制策略，必须找出不可恢复烧伤性稳定电弧出现的规律。

1）由于伺服进给调节不适当，机床伺服进给系统不平稳，往往会出现可恢复性不稳定电弧放电。当这种电弧放电持续几度发生后，又往往转化为不可恢复烧伤性稳定电弧。转化的可能性取决于众多因素，如电规准中的脉宽持续时间，放电峰值电流大小，冲液条件及定时抬刀等。归根结底取决于放电时所生成的蚀除产物及热量的多少，蚀除产物在间隙中的分布状况以及是否被及时排除。

2）可恢复性不稳定电弧放电往往是 4~5 个连续出现，而不可恢复烧伤性电弧放电经常是数十个和上百个连续出现。

2. 放电过程的模型化分析

电火花加工过程影响因素众多，几乎不可能用一个模型包含全部因素，适用于所有的电火花加工条件。先后出现了各种各样的适合于某个具体条件的电火花加工模型，如用于热力学分析的各种热源模型，用于蚀除机理分析的阴、阳极腐蚀模型等。

阴、阳极腐蚀模型的建立和应用，结合具体工艺实验，是极间能量分配分析的有效方法。能量分配系数的确定方法是：首先进行工艺实验，确定特定参数下最大加工速度所对应的 t_s(峰值电流持续时间)值。再利用阴、阳极腐蚀模型进行熔化体积分析，条件与实验相同，改变能量分配系数的大小，使得最大熔化体积对应的脉冲电流稳定持续时间 t_s 的值与实验时最大蚀除速度的 t_s 值相等，这时的能量分配系数可作为加工过程中实际能量在阴、阳极上的能量分配系数。

有学者分析研究，纯铜作工具电极，加工钢，阳极能量分配系数 8%，阴极 18%。纯铜作工具电极，加工碳化硅、氮化硅，阳极能量分配系数 17%；加工氧化铝，阳极能量分配系数 12%。

思 考 题

1. 电火花加工时，间隙液体介质的击穿机理？
2. 电火花加工的基本要求？
3. 电火花加工机床的自动进给系统与传统加工机床的自动进给系统有什么不同？为什么会引起这种不同？
4. 分析伺服参考电压对加工稳定性的影响。
5. 功率 VDMOS 开关式脉冲电源的特点？
6. 极间能量分配分析。
7. 电火花加工时，油杯的作用？

第五章 电火花线切割加工

电火花线切割加工是在电火花加工基础上发展起来的一种新的工艺形式，是用线状电极(钼丝或铜丝等)靠火花放电对工件进行切割加工，故称为电火花线切割。线切割加工技术已经得到了迅速发展，逐步成为一种高精度和高自动化的加工方法，在模具、各种难加工材料、成形刀具和复杂表面零件的加工等方面得到了广泛应用。近年来，由于数控技术、脉冲电源、机床设计等方面的不断进步，线切割机床的加工功能及加工工艺指标均比以前有大幅度的扩展与提高。

(1) 加工对象　除普通金属、高硬度合金材料外，也适用于人造金刚石、半导体材料、导电性陶瓷、铁氧体材料等。

(2) 加工范围　除一般精密加工外，已能加工大尺寸和大厚度工件(例如汽车零件的加工)，并且开始涉及精密微细加工领域。

(3) 加工形状　线切割加工不仅适用于二维轮廓的加工，而且能加工各种锥度、变锥度以及上下面形状不同的三维直纹曲面。

(4) 自动化　自适应控制、自动穿丝、自动换丝的研究与进展已经使长时间的无人操作成为可能，功能较强的自动编程系统大大提高了编程效率，并能完成各种复杂形状工件的加工。

第一节 电火花线切割加工的原理、特点及应用

一、基本原理

电火花线切割加工与电火花成形加工的基本原理一样，都是基于电极间脉冲放电时的电火花腐蚀原理，实现零部件的加工。所不同的是，电火花线切割加工不需要制造复杂的成形电极，而是利用移动的细金属丝(钼丝或铜丝)作为工具电极，工件按照预定的轨迹运动，“切割”出所需的各种尺寸和形状。通常认为电极丝与工件之间的放电间隙 $\delta_{电}$ 在 0.01mm 左右。若电脉冲的电压高，放电间隙会大一些。图 5-1 所示为电火花线切割加工示意图。

为了确保每一个电脉冲时在电极丝和工件之间产生的是火花放电而不是电弧放电，首先必须使两个电脉冲之间有足够的时间间隔，满足放电间隙中的介质消电离，即使放电通道中的带电粒子复合为中性粒子，恢复本次放电通道处介质的绝缘强度，以免总是在同一处发生放电而导致电弧放电。一般情况下，脉冲间隔应为脉冲宽度的四倍以上。

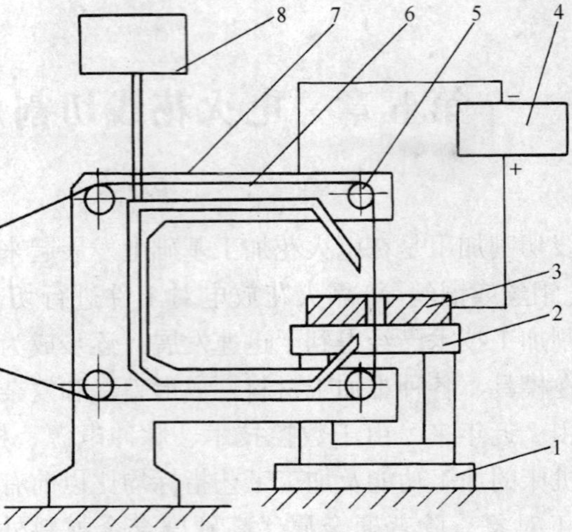

图 5-1 电火花线切割加工示意图

1—坐标工作台 2—夹具 3—工件 4—脉冲电源 5—导轮 6—电极丝 7—丝架 8—工作液箱 9—贮丝筒

二、线切割加工的特点

与电火花成形加工相比，电火花线切割加工有如下主要特点：

1）不需要制造复杂的成形电极。

2）能够方便快捷地加工薄壁、窄槽、异形孔等复杂结构零件。

3）一般采用精规准一次加工成形，在加工过程中大都不需要转换加工规准。

4）由于采用移动的长电极丝进行加工，使单位长度电极丝的损耗较少，从而对加工精度的影响比较小，特别是在低速走丝线切割加工时，电极丝一次性使用，电极丝的损耗对加工精度的影响更小。

5）工作液多采用水基乳化液，很少使用煤油，不易引燃起火，容易实现安全无人操作运行。

6）没有稳定的拉弧放电状态。

7）脉冲电源的加工电流较小，脉冲宽度较窄，属于中、精加工范畴，采用正极性加工方式。

三、线切割加工的应用

1）适用于各种形式的冲裁模及挤压模、粉末冶金模、塑压模等通常带锥度的模具加工。

2）高硬度材料零件的加工。

3）特殊形状零件的加工。

4）加工电火花成形加工用的铜、铜钨、银钨合金等材料电极。

第二节　电火花线切割加工机床

一、机床分类与主要技术参数

电火花线切割机床是电火花加工机床的一种形式。线切割机床按电极丝的运动速度，可分为高速走丝电火花线切割机床和低速走丝电火花线切割机床两大类。电极丝运动速度为7~10m/s的是高速走丝，低于0.2m/s的是低速走丝。我国生产和使用的主要是高速走丝线切割机床，国外生产和使用的主要是低速走丝线切割机床。近年我国苏州沙迪克三光机电有限公司已经引进技术生产低速走丝线切割机床。

电火花线切割机床主要技术参数包括：工作台行程(纵向行程×横向行程)、最大切割厚度、切割锥度、切割速度、加工精度、加工表面粗糙度及数控系统的控制方式等。表5-1所示为DK77系列高速走丝电火花线切割机床的主要规格及技术参数(表中数据,不同厂家有所不同)。

表5-1　DK77系列电火花线切割机床的主要规格及技术参数

机床型号	DK7716	DK7720	DK7725	DK7732	DK7740	DK7750	DK7763
工作台行程/mm	200×160	250×200	320×250	500×320	500×400	800×500	800×630
最大切割厚度/mm	100	200	140	300	400	300	150
加工表面粗糙度 R_a/μm	2.5	2.5	2.5	2.5	6.3~3.2	2.5	2.5
加工精度/mm	0.01	0.015	0.012	0.015	0.025	0.01	0.02
切割速度/$mm^2 \cdot min^{-1}$	70	80	80	100	120	120	120
切割锥度	0°，3°，6°，9°，12°，15°，18°(各厂家不同,最大可达60°)						
控制方式	单板(单片)机或微机控制(各厂家不同)						

二、机床结构

电火花线切割机床主要由机械和电气两大部分组成。图5-2所示为高速走丝线切割加工设备的结构组成。

(一) 机械部分

机械部分由床身、坐标工作台、运丝机构、丝架、工作液循环系统等几部分组成。

1. 床身

床身是坐标工作台、运丝机构、丝架的支撑和固定基础，应有足够的刚度和强度，一般采用箱体式结构。

2. 坐标工作台

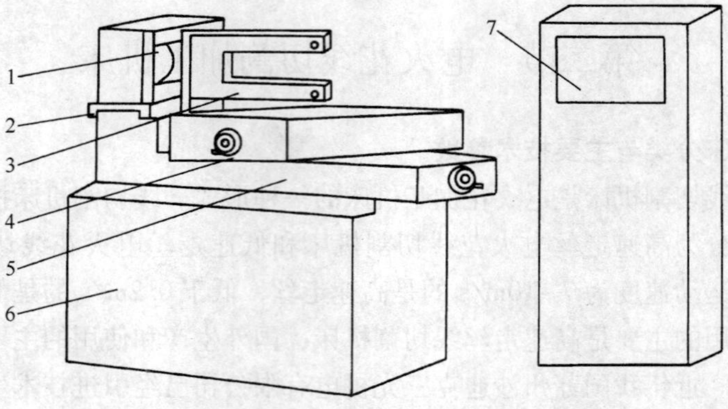

图 5-2 高速走丝线切割加工设备的结构组成

1—卷丝筒 2—走丝溜板 3—丝架 4—上滑板 5—下滑板

6—床身 7—电源、控制柜

目前在电火花线切割机床上采用的坐标工作台，大多为 X、Y 方向线性运动。坐标工作台的纵、横滑板是沿着导轨往复移动的，对导轨的精度、刚度、耐磨性有较高的要求。导轨还应使滑板运动灵活、平稳。

3. 运丝机构

在电火花线切割加工时，电极丝是不断移动的，这个动作是由运丝机构完成的。高速走丝运丝机构由贮丝筒组件、上下滑板、齿轮副、丝杠副、换向装置等部分组成。贮丝筒通过联轴器与驱动电动机相连。电动机通过换向装置作正反向交替运转。低速走丝运丝机构是靠卷丝电动机与张力电动机相互作用而使电极丝单向移动。

低速走丝线切割机床通常带有靠高压水射流冲刷引导的自动穿丝机构，能使电极丝经过一个导向器穿过工件上的穿丝孔，被传送到另一个导向器，在必要时能自动切断。

4. 丝架

丝架有固定式、升降式和偏移式等类型。丝架与运丝机构组成了电极丝的运动系统。丝架的主要作用是在电极丝移动时对其起支撑作用，并使电极丝工作部分与工作台面保持一定的角度。丝架应有足够的刚度和强度，工作时不应出现振动和变形。图 5-3 所示为高速运丝系统示意图。

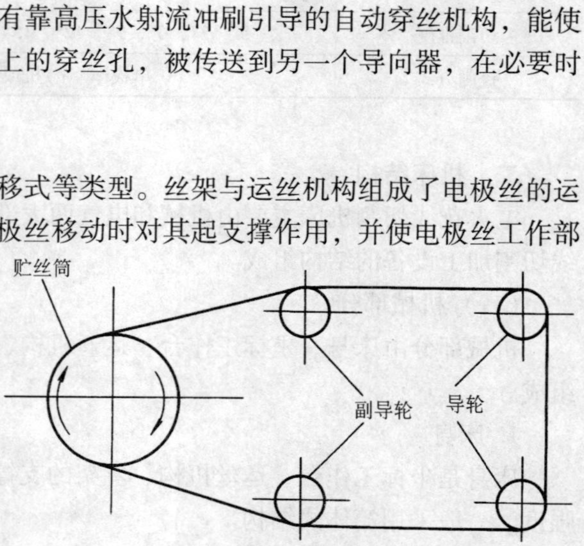

图 5-3 高速运丝系统示意图

5. 工作液循环系统

在电火花线切割加工过程中，需要稳定地供给有一定绝缘性能的工作介质——工作液，以冷却电极丝和工件，排除电蚀产物等，保证火花放电的持续稳定进行。一般线切割机床的工作液循环系统包括：工作液箱、工作液泵、流量控制阀、进液管、回流管及过滤网罩等。对于高速走丝线切割机床，通常采用浇注式的供液方式；而对于低速走丝线切割机床，近年来有些已采用浸泡式的供液方式。

在线切割加工中，工作液对加工工艺指标的影响很大，工作液应具有一定的介电能力、较好的消电离能力、渗透性好、稳定性好等特性，还应有较好的洗涤性能、防腐蚀性能、对人体无危害等。

（二）电气部分

电火花线切割机床的电气部分由脉冲电源和数字程序控制系统组成。

1. 脉冲电源

电火花线切割机床的脉冲电源通常又叫高频电源，是数控电火花线切割机床的主要组成部分，也是影响线切割加工工艺指标的主要因素之一。

电火花线切割脉冲电源的原理与电火花成形加工脉冲电源是一样的，只是由于加工条件和加工要求不同，对其又有特殊的要求。电火花线切割加工属于中、精加工，往往采用某一规准将工件一次加工成形。因此，对加工精度、表面粗糙度和切割速度等工艺指标有较高的要求。

受电极丝直径的限制(一般在 0.08~0.25mm)，脉冲电源的脉冲峰值电流不能太大。与此相反，由于工件具有一定的厚度，欲维持稳定加工，放电峰值电流又不能太小，否则加工将不稳定或者根本无法加工，放电峰值电流一般在 5~25A 范围内变化。为获得较高的加工精度和较小的表面粗糙度值，应控制单个脉冲能量，尽量减小脉冲宽度，一般在 0.5~64μs。所以，线切割加工总是采用正极性加工方式。

线切割脉冲电源是由脉冲发生器、推动级、功放及直流电源四部分组成。脉冲电源的形式和品种很多，主要有晶体管脉冲电源、高频分组脉冲电源、并联电容型脉冲电源等。目前电火花线切割机床使用的高频脉冲电源，主要是晶体管脉冲电源。图 5-4 所示为晶体管矩形波脉冲电源原理图。

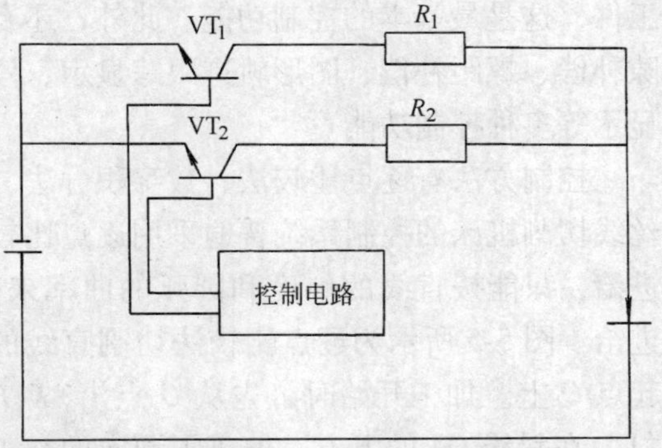

图 5-4　晶体管矩形波脉冲电源原理图

2. 控制系统

数字程序控制系统是电火花线切割机床的重要组成部分，是机床工作的指挥中心。控制系统的技术水平、稳定性、控制精度等直接影响工件的加工工艺指标。

控制系统的功能是在电火花线切割加工过程中，根据工件的形状和尺寸要求，自动控制电极丝相对于工件的运动轨迹和进给速度，实现对工件的形状和尺寸加工。

电火花线切割加工机床控制系统的主要功能包括：

(1) 轨迹控制　精确控制电极丝相对于工件的运动轨迹，加工出需要的工件形状和尺寸。

(2) 加工控制　主要包括对伺服进给速度、脉冲电源、运丝机构、工作液循环系统的控制。

目前电火花线切割加工机床普遍采用数字程序控制，并已发展到微型计算机直接控制阶段。数字程序控制器就是一台专用的小型电子计算机，由运算器、控制器、译码器、输入回路和输出回路五部分组成。高速走丝电火花线切割机床的控制系统大多采用比较简单的步进电动机开环控制系统，低速走丝线切割机床的控制系统则大多采用伺服电动机加码盘的半闭环控制系统，也有一些超精密线切割机床上采用了伺服电动机加光栅尺的全闭环控制系统。日本 SODICK 公司在低速走丝线切割机床上开发使用了直线电动机的新型驱动方式，由于采用无需滚珠丝杠的直接驱动方式，使电动机的驱动与轴的移动直接连接，从而实现无反向间隙、位置控制精确的快速移动。

3. 数字程序控制原理

数控电火花线切割加工的控制原理是把图样上工件的形状和尺寸编制成程序指令，通过键盘或其他方式输入计算机，计算机根据输入的程序进行计算，并发出进给信号来控制驱动电动机，由驱动电动机带动精密丝杠，使工件相对于电极丝作轨迹运动，实现加工过程的自动控制。

数字程序控制系统能够控制加工同一平面上由直线和圆弧组成的任何图形的工件，这是最基本的控制功能。此外，还有带锥度切割、三维四轴联动加工、间隙补偿、螺距补偿、图形轨迹跟踪显示、停电记忆恢复加工、自适应控制、信息显示等多种控制功能。

控制方法有逐点比较法、数字积分法、矢量判别法、最小偏差法等。高速走丝线切割机床的控制系统普遍采用逐点比较法。机床在 X、Y 两个方向不能同时进给，只能按直线的斜度和圆弧的曲率来交替地一步一个微米地分步“插补”进给。图 5-5 所示为逐点比较法切割直线的原理。如切割斜线 OA，坐标原点在起点 O 上。加工开始时，先从 O 点沿 $+X$ 方向前进一步到位置“1”，由于位置“1”在斜线 OA 的下方，偏离了预定的加工斜线 OA，产生了偏差。为了靠近斜线 OA，缩小偏差，第二步应沿着 $+Y$ 方向前进到位置“2”。此时位置“2”处在斜线 OA 的上方，同样偏离了预定加工的斜线 OA，产生了新的偏差。为了缩小偏差，使位置“2”向斜线 OA 靠近，应沿 $+X$ 方向前进到位置“3”。如此连续不断地进行下去，直到终点 A。只要每步的距离足够小，所走的折线就近似于一条光滑的斜线。

同理，沿逆时针方向切割图 5-6 所示的圆弧 *AB* 时，坐标原点取在圆心 *O* 上，从起点 *A* 开始，每走一步，控制系统就进行运算比较，然后发出向圆弧靠拢的步进命令。若加工点在圆内，应控制下一步向+*Y* 方向进给，若加工点在圆外或圆弧上时，下一步应沿−*X* 方向进给。如此逐点比较逼近给定圆弧 *AB*，直至切割到终点 *B*。

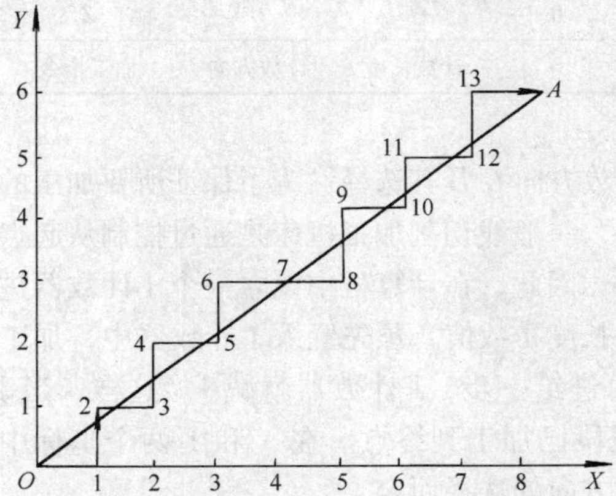

图 5-5　切割直线的原理

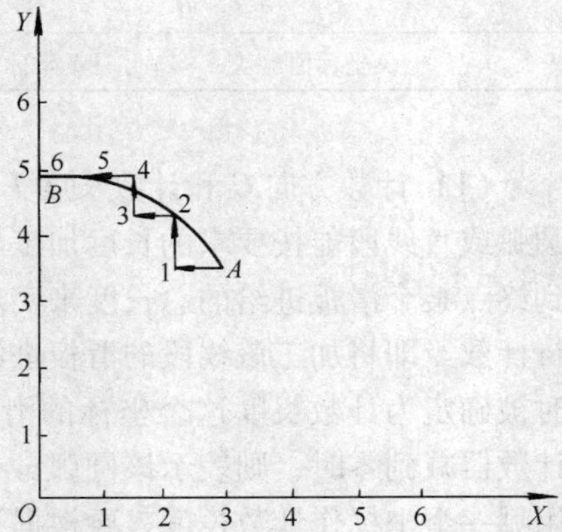

图 5-6　切割圆弧的原理

由上述可知，采用逐点比较法控制滑板的步进电动机每进给一步，数控系统需完成偏差判别、滑板进给、偏差计算、终点判断四个工作节拍。

第三节　数控线切割编程

数控线切割加工机床的控制系统是根据人的“命令”控制机床进行加工的。必须先将要加工工件的图形用线切割控制系统所能接受的“语言”编好“命令”，输入控制系统(控制器)，这种“命令”就是线切割加工程序。

线切割编程方法分为手工编程和微机自动编程。手工编程能使操作者比较清楚地了解编程所需要进行的各种计算和编程过程，但计算工作比较繁杂。近年来由于微机的快速发展，线切割加工的编程目前普遍采用微机自动编程。

一、线切割基本编程方法

线切割加工程序的格式有 3B、4B、5B、ISO 和 EIA 等，国内使用最多的是 3B 格式。为了与国际接轨，目前有些厂家也使用 ISO 代码格式。

1. 3B 程序格式及编写 3B 程序的方法

3B 程序格式如表 5-2 所示。表中的 *B* 叫分隔符号，它在程序单上起着把 *X*、*Y* 和 *J* 数值分隔开的作用。当程序输入控制器时，读入第一个 *B* 后，它使控制器

做好接受 X 坐标值的准备，读入第二个 B 后做好接受 Y 坐标值的准备，读入第三个 B 后做好接受 J 值的准备。加工圆弧时，程序中的 X、Y 必须是圆弧起点对其圆心的坐标值。加工斜线时，程序中的 X、Y 必须是该斜线段终点对其起点的坐标值，斜线段程序中的 X、Y 值允许把它们同时缩小相同的倍数，只要其比值保持不变即可。对于与坐标轴重合的线段，在其程序中的 X 或 Y 值，均不必写出 O。

表 5-2　3B 程序格式

B	X	B	Y	B	J	G	Z
	X 坐标值		Y 坐标值		计数长度	计数方向	加工指令

（1）计数方向 G 和计数长度 J　计数方向 G 及其选择：为了保证所要加工的圆弧或直线段能按要求的长度加工出来，一般线切割加工机床是通过控制从起点到终点某个滑板进给的总长度来实现的。因此，在计算机中设立一个 J 计数器进行计数。即将加工该线段的滑板进给总长度 J 数值，预先置入 J 计数器中，加工时被确定为计数长度这个坐标的滑板每进给一步，J 计数器就减 1。这样，当 J 计数器减到零时，则表示该圆弧或直线段已加工到终点。在 X 和 Y 两个坐标中用哪一个坐标作计数长度，要根据计数方向的选择而定。

加工斜线段时，必须用进给距离比较长的一个方向作进给长度控制。若线段的终点为 $A(X_e,Y_e)$，当 $|Y_e|>|X_e|$ 时，计数方向取 G_Y；当 $|Y_e|<|X_e|$ 时，计数方向取 G_X，当 $|Y_e|=|X_e|$ 时，理论上应该是在插补运算加工过程中，最后一步走的是哪个坐标，则取该坐标为计数方向。从这个观点来考虑，直线在Ⅰ、Ⅲ象限应取 G_Y，在Ⅱ、Ⅳ象限应取 G_X，才能保证加工到终点。

圆弧计数方向的选取，应根据圆弧终点的情况而定。从理论上来分析，应该是当加工圆弧到达终点时，走最后一步的是哪个坐标，就应选该坐标作计数方向，若圆弧终点坐标为 $B(X_e,Y_e)$，当 $|Y_e|>|X_e|$ 时，计数方向取 G_X，当 $|Y_e|<|X_e|$ 时，计数方向取 G_Y，当 $|Y_e|=|X_e|$ 时，不易准确分析，按习惯任取。

计数长度 J 的确定：当计数方向确定后，计数长度 J 应取计数方向从起点到终点滑板移动的总距离，即圆弧或直线段在计数方向坐标轴上投影长度的总和。

（2）加工指令 Z　Z 是加工指令的总称，共分为 12 种。其中圆弧加工指令

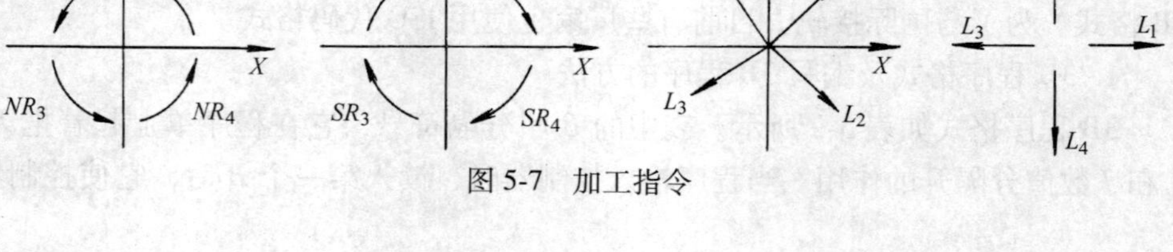

图 5-7　加工指令

有 8 种，直线加工指令有 4 种。如图 5-7 所示。

SR 表示顺圆，*NR* 表示逆圆，字母后面的数字表示该圆弧起点所在的象限，例如，SR_1 表示顺圆弧，其起点在第一象限。对于直线段的加工指令用 *L* 表示，*L* 后面的数字表示该直线段所在的象限。对于与坐标轴重合的直线段，正 *X* 轴为 L_1，正 *Y* 轴为 L_2，负 *X* 轴为 L_3，负 *Y* 轴为 L_4。

2. 零件编程实例

在线切割程序中，*X*、*Y* 和 *J* 的值用微米（μm，一般最多为 6 位数）表示，手工编程时，应将工件的加工图形分解成若干圆弧与直线段，然后逐段编写程序。例如，对图 5-8 所示的图形进行编程，该工件由三段直线和一段圆弧组成，需要分成四段来编写程序：

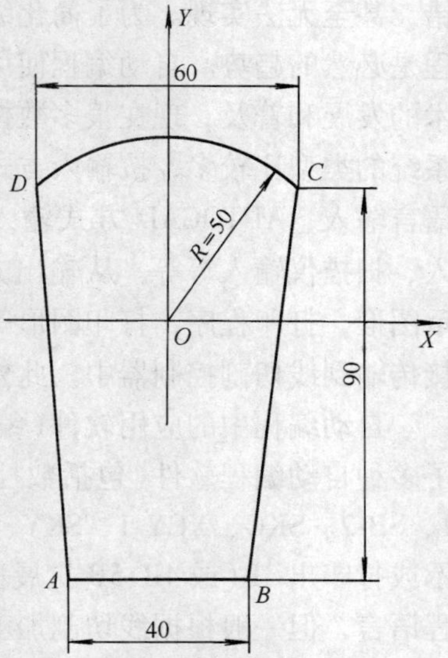

图 5-8　加工工件

（1）加工直线段 *AB*　以起点 *A* 为坐标原点，*AB* 与 *X* 轴重合，程序为：

$$B40000BB40000G_XL_1$$

（2）加工斜线段 *BC*　以 *B* 点为坐标原点，则 *C* 点对 *B* 点的坐标为 *X*=10mm、*Y*=90mm，程序为：

$$B1B9B90000G_YL_1$$

（3）加工圆弧 *CD*　以该圆弧圆心 *O* 为坐标原点，经计算，圆弧起点 *C* 对圆心 *O* 点的坐标为：*X*=30mm，*Y*=40mm，程序为：

$$B30000B40000B60000G_XNR_1$$

（4）加工斜线段 *DA*　以 *D* 点为坐标原点，终点 *A* 对 *D* 点的坐标为 *X*=10mm，*Y*=−90mm，程序为：

$$B1B9B90000G_YL_4$$

加工整个工件的程序单如表 5-3 所示。

表 5-3　程 序 单

序号	*B*	*X*	*B*	*Y*	*B*	*J*	*G*	*Z*
1	*B*	40000	*B*		*B*	40000	G_X	L_1
2	*B*	1	*B*	9	*B*	90000	G_Y	L_2
3	*B*	30000	*B*	40000	*B*	60000	G_X	NR_1
4	*B*	1	*B*	9	*B*	90000	G_Y	L_4
5	*D*							

二、自动编程

当零件的形状比较复杂或具有非圆曲线时，人工编程的工作量大，容易出错，甚至无法实现。为了简化编程工作，提高工作效率，利用计算机进行自动编程是必然的趋势。自动编程使用专用的数控语言及各种应用软件。由于计算机技术的发展和普及，现在很多数控线切割加工机床都配有微机编程系统。微机编程系统的类型比较多，按输入方式的不同，大致可以分为：采用语言输入、菜单及语言输入、AUTOCAD 方式输入、用鼠标器按图形标注尺寸输入、数字化仪输入、扫描仪输入等等。从输出方式看，大部分系统都能输出 3B 或 4B 程序，显示图形，打印程序，打印图形等，有的还能输出 ISO 代码，同时把编出的程序直接传输到线切割控制器中。此外，还有编程兼控制的系统。

自动编程中的应用软件（编译程序）是针对数控编程语言开发的。我国研制了多种自动编程软件（包括数控语言和相应的编译程序），如 XY、SKX-1、SXZ-1、SB-2、SKG、XCY-1、SKY、CDL、TPT 等。通常，经过后置处理可按需要显示或打印出 3B（或 4B、5B 扩展型）格式的程序清单。国际上主要采用 APT 数控编程语言，但一般根据线切割加工机床控制的具体要求作了适当简化，输出的程序格式为 ISO 或 EIA。北航海尔软件有限公司的“CAXA 线切割 V2”编程软件就是典型的 CAD 方式输入的编程软件。“CAXA 线切割 V2”可以完成绘图设计、加工代码生成、连机通信等功能，集图样设计和代码编程于一体。“CAXA 线切割 V2”还可直接读取 EXB、DWG、DXF、IGES 等格式文件，完成加工编程。

微机自动编程系统的主要功能：

1）处理直线、圆弧、非圆曲线和列表曲线所组成的图形。

2）能以相对坐标和绝对坐标编程。

3）能进行图形旋转、平移、对称（镜像）、比例缩放、偏移、加线径补偿量、加过渡圆弧和导角等。

4）CRT 显示、打印图表、绘图机作图、直接输入线切割加工机床等多种输出方式。

此外，低速走丝线切割加工机床和近年来我国生产的一些高速走丝数控线切割加工机床，本身已具有多种自动编程机的功能，实现控制机与编程机合二为一，在控制加工的同时，可以“脱机”进行自动编程。

第四节　电火花线切割加工的工艺指标和常用工艺参数

一、线切割加工的主要工艺指标

评价电火花线切割加工工艺效果的好坏，一般都用切割速度、加工精度和加工表面粗糙度来衡量。影响线切割加工工艺效果的因素很多，并且相互制约。

1. 切割速度

在一定的切割条件下，单位时间内电极丝中心线在工件上切过的面积总和称为切割速度，单位为mm^2/min，通常高速走丝线切割加工速度为$40 \sim 120mm^2/min$。

2. 加工表面粗糙度

我国和欧洲通常采用轮廓算术平均偏差R_a(μm)来表示，日本则采用R_{max}(μm)来表示。高速走丝线切割加工的表面粗糙度一般为$R_a 6.3 \sim 2.5μm$，最佳也只有$R_a 1μm$左右。低速走丝线切割加工的表面粗糙度一般为$R_a 1.25μm$，最佳可达$R_a 0.2μm$。

3. 加工精度

加工精度是指加工后工件的尺寸精度、几何形状精度(如直线度、平面度、圆度等)和相互位置精度(如平行度、垂直度、倾斜度等)的总称。高速走丝线切割加工的可控加工精度在0.01~0.025mm左右，低速走丝线切割加工可达0.005~0.002mm左右。

电参数对线切割加工工艺指标的影响最为主要。放电脉冲宽度增加、脉冲间隔减小、脉冲电压幅值增大(电源电压升高)、峰值电流增大(功放管增多)都会提高切割加工速度，但加工的表面粗糙度和精度则会下降。反之则可改善加工表面粗糙度和提高加工精度。

此外，机床精度、电极丝直径及其移动速度、电极丝的振动、工件的材质及其厚度、工作液种类等都对加工工艺指标有不同程度的影响。

二、线切割加工工艺参数的选择

脉冲电源的波形与参数对线切割加工过程影响很大，决定着放电痕(表面粗糙度)、蚀除率、切缝宽度的大小和电极丝的损耗率，进而影响加工的工艺指标。

一般情况下，电火花线切割加工脉冲电源的单个脉冲放电能量较小，除了受到工件加工表面粗糙度要求的限制外，还受到电极丝允许承载电流的限制。欲获得较小的加工表面粗糙度值，单个脉冲放电的能量不能太大。表面粗糙度要求不高时，单个脉冲放电能量可以取大些，以便获得较高的切割速度。

1. 脉冲宽度

通常情况下，放电脉冲宽度加大时，切割速度提高，加工表面粗糙度变差。一般取脉冲宽度为2~60μs。

2. 脉冲间隔

放电脉冲间隔减小时，平均电流增大，切割速度加快。但脉冲间隔过小会引起电弧放电和断丝。一般情况下，取脉冲间隔为10~250μs。在切割大厚度工件时，应取较大值，以保持加工过程的稳定性。

3. 开路电压

开路电压峰值提高，加工电流和放电间隙增大，可以提高切割速度和加工过程的稳定性。但加工表面质量和加工精度略有降低。采用乳化液介质和高速走丝方式时，开路电压峰值一般设定在 60~150V 的范围内。

4. 放电峰值电流

峰值电流增大，切割加工速度提高，表面粗糙度值增大，电极丝的损耗比加大。一般取峰值电流小于 40A，平均电流小于 5A。

第五节　三维电火花线切割和多次切割加工

在线切割发展初期，我国高速走丝线切割加工机床的工艺指标与外国的低速走丝线切割加工机床相当，但近年来，高速走丝线切割加工机床的各项工艺指标(除切割厚度外)已明显落后于低速走丝线切割加工机床。其主要原因就是低速走丝线切割加工机床采用了高自动化水平的 CNC 系统和多次切割、自适应控制等技术。

目前大多数高速走丝线切割加工机床的 CNC 系统只是简单的二维轨迹控制和锥度切割，真正能实现三维切割加工的还很少。

一、三维电火花线切割加工

线切割加工是直线电极的展成加工，工件形状是通过控制电极丝和滑板之间的相对坐标运动来保证的。不同的数控机床所能控制的坐标轴数和坐标轴的设置方式不同，从而加工工件的范围也不同。国产高速走丝线切割加工机床一般都采用 X、Y 两直角坐标轴，如图 5-9a 所示，可以加工出各种复杂轮廓的二维零件；当把轴 X、Y 改变成旋转轴 A、B 时，便可进行部分三维零件的加工，如图 5-9b 所示；如果在两直角坐标轴 X、Y 的基础上，附加一个转动轴 B(或转动轴 A)，如图 5-9c 所示，便可以切割加工部分三维凸形工件。以上三种坐标轴的设置都是控制工件的运动而保持电极丝垂直不动。当同时控制电极丝和工件的运动时，

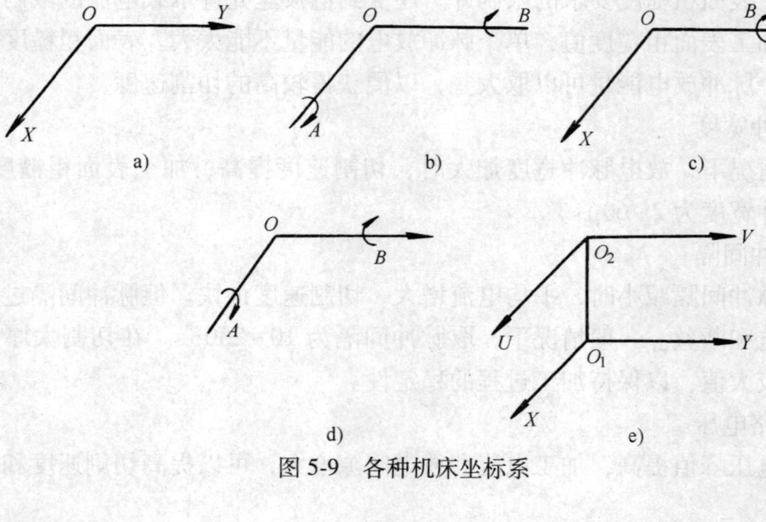

图 5-9　各种机床坐标系

如图 5-9d 所示的四混合坐标轴和图 5-9e 所示的四直角坐标轴，则可以加工各种三维直纹曲面。

1. 三维直纹曲面的电火花线切割加工

根据直纹曲面的构造理论，给定工件的上下面轨迹和曲线端点以及路程参数，可以惟一地构造一个直纹曲面。当以曲线弧长作为路程参数时，构造的直纹面是自然直纹面。

用普通的二维线切割加工机床和一个数控回转工作台附件就能实现三维直纹曲面加工。工件安装在用步进电动机驱动的回转工作台上，采取数控移动和数控转动相结合的方式编程，即可完成直纹曲面的加工，如图 5-10 所示。

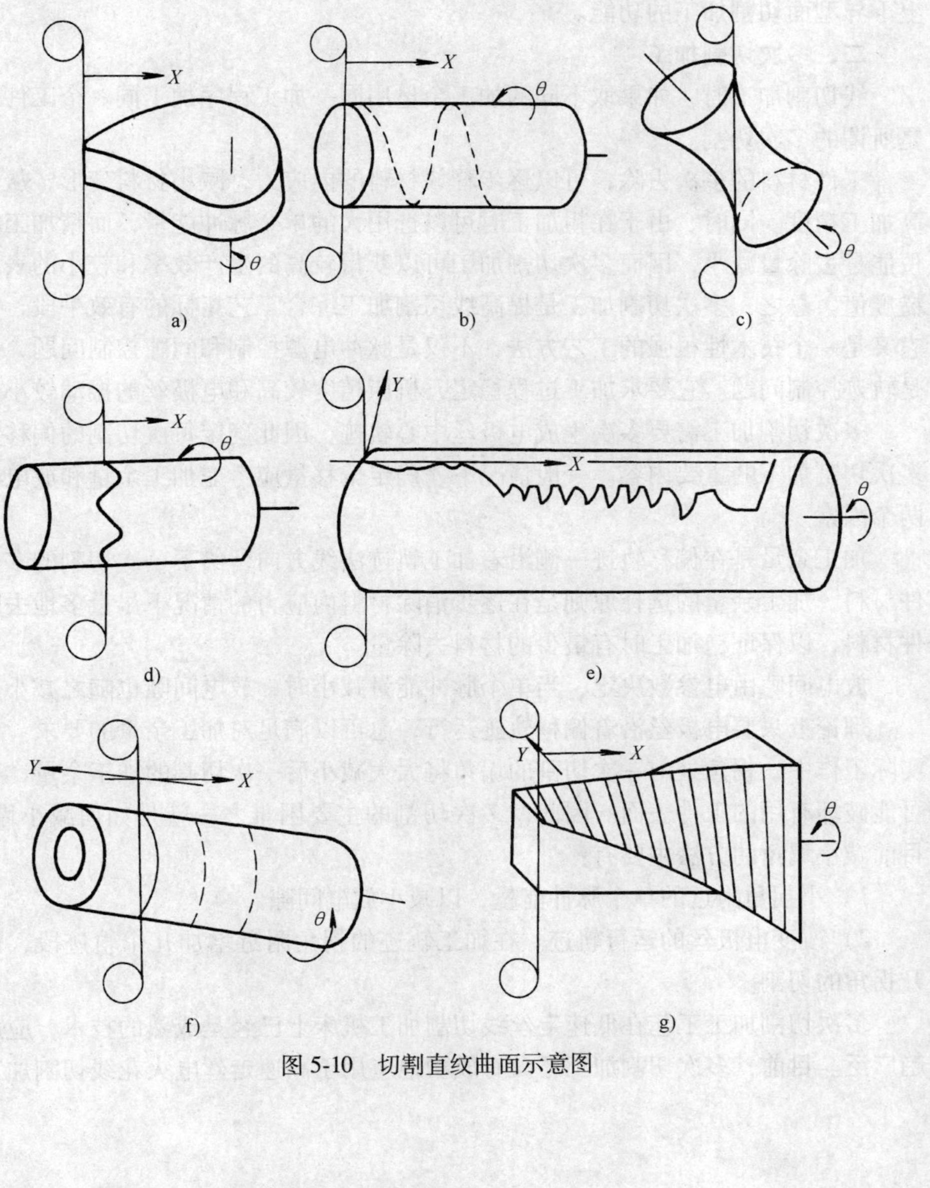

图 5-10 切割直纹曲面示意图

采用 CNC 控制的四轴联动线切割加工机床，更容易实现三维直纹曲面的加工。目前，一般采用上下面独立编程法，这种方法首先分别编制出工件上表面和下表面二维图形的 APT 程序，经后置处理得到上下表面的 ISO 程序，然后将两个 ISO 程序经轨迹合成后得到四轴联动线切割加工的 ISO 程序。

2. 上下异型面切割加工

上下异型面切割加工是线切割加工的通用加工方法，其轨迹控制的主要内容是电极丝中心轨迹计算、上下丝架投影轨迹计算、拖动轴位移增量计算和细插补计算。低速走丝线切割加工机床因其具有四轴联动加工功能和自动编程软件，很容易实现上下异型面的切割加工。现在少数高速走丝线切割加工机床也已经具有上下异型面切割加工的功能。

二、多次切割加工

线切割加工时，如果取不同的加工余量用同一加工程序加工同一个工件，便是所谓的多次切割。

工件材料的多次去除，可以逐步释放材料的内应力，减小材料变形，从而提高加工精度。同时，由于在粗加工时可以选用大的单个脉冲能量，而精加工时单位能量去除量减小，因而多次切割加工可以获得较高的生产效率和较小的表面粗糙度值。总之，多次切割加工是提高线切割加工综合工艺指标的有效手段，同时它又是一个技术性很强的工艺方法，不仅是脉冲电源控制和间隙控制问题，而且是轨迹控制问题。它要求加工过程稳定，机床精度较高和电极丝的振动较小。

多次切割加工需要多次生成电极丝中心轨迹，因此确定每次切割的偏移量是多次切割加工的重要内容。一般情况下，确定偏移量应考虑加工余量和放电间隙两个因素。

加工余量是在偏移轨迹一侧沿着加工轨迹法线方向留给下一次切割的多余工件材料，加工余量的选择原则是在逐步消除材料内应力的情况下尽量多地去除工件材料，以保证精加工时有最少的材料去除量。

放电间隙由电参数决定，当单个脉冲能量减小时，放电间隙也随之减小。

理论上只要电极丝沿着偏移轨迹运行，总可以满足对加工余量的要求。但在实际工作中，拐角处前一次切割的塌角将大大减小后一次切割的加工余量，甚至可能破坏有用的工件表面。因此，多次切割的主要困难之一就是如何减小塌角。目前减小塌角的方法主要有：

1）小拐角附近的单个脉冲能量，以减小放电间隙。

2）改变电极丝的运行轨迹。在加工轨迹的拐角附近增加几个轨迹段，以避开拐角的切割。

多次切割加工工艺在低速走丝线切割加工机床上已经是成熟的技术，应用日趋广泛。目前，多次切割加工还没有成功地应用于高速走丝电火花线切割加工机床，市场上也没有具有多次切割功能的主流产品，多次切割工艺还处于研究开发阶段，提高机床传动精度和重复定位精度、减小电极丝的振动是与多次切割加工工艺应用有关的主要问题。

思 考 题

1. 电火花线切割加工的工艺和机理与电火花成形加工有哪些相同点和不同点？

2. 线切割加工的生产率和脉冲电源的功率、输出电流大小等有关。用什么方法、标准来衡量和判断脉冲电源加工性能的好坏(绝对性能和相对性能)？

3. 电火花线切割加工的零件有何特点？

4. 试论述线切割加工的主要工艺指标及其影响因素。

5. 今拟用数控线切割加工有八个直齿的爪牙离合器，试画出其工艺示意图并编制出相应的线切割 3B 程序。

第六章　电化学加工

电化学加工(Electro-chemical Machining,简称 ECM)是当前迅速发展的一种特种加工方式，是利用电极在电解液中发生的电化学作用对金属材料进行成形加工，已经被广泛地应用在涡轮、齿轮、异型孔等复杂型面、型孔的加工以及炮管内膛线加工和去毛刺等工艺过程。

电化学加工按加工原理可以分为三大类：

1）利用阳极金属的溶解作用去除材料。主要有电解加工、电解抛光、电解研磨、电解倒棱、电解去毛刺等，用于内外表面形状、尺寸以及去毛刺等加工。例如型腔和异型孔加工，模具以及三维锻模制造，涡轮发动机叶片、齿轮等零件的去毛刺等等。

2）利用阴极金属的沉积作用进行镀覆加工。主要有电铸、电镀、电刷镀，用于表面加工、装饰、尺寸修复、磨具制造、精密图案及印制电路板复制等加工。例如复制印制电路板，修复有缺陷或已磨损的零件，镀装饰层和保护层等等。

3）电化学加工与其他加工方法结合完成的电化学复合加工。主要有电解磨削、电解电火花复合加工、电化学阳极机械加工等，用于形状与尺寸加工、表面光整加工、镜面加工、高速切割等。例如挤压拉丝模加工、硬质合金刀具磨削、硬质合金轧辊磨削、下料等等。

电化学加工的主要特点是：

1）适应范围广。凡是能够导电的材料都可以加工，并且不受材料力学性能的限制。

2）加工质量高。因为在加工过程中没有机械切削力的存在，工件表面无残余应力，无变质层，也没有毛刺及棱角，故加工质量高。

3）加工过程没有划分阶段，可以同时进行大面积加工，生产效率高。

4）电化学加工对环境有一定程度的污染。

第一节　电解加工的机理和基本规律

一、电解加工的特点及应用

电解加工的应用范围和发展速度仅次于电火花加工，已成功地应用于机械制造领域。其主要特点是：

1）能以简单的直线进给运动一次加工出复杂的型面和型腔，如锻模、叶片等，设备构成简单。

2）可以加工高硬度、高强度和高韧性等难以切削加工的金属材料，如淬火钢、钛合金、不锈钢、硬质合金等。

3）加工过程中无切削力和切削热，工件不产生内应力和变形，适合于加工易变形和薄壁类零件。

4）加工后的零件无毛刺和残余应力，加工表面粗糙度可以达到 R_a0.2～1.6μm，尺寸精度对于内孔可以达到±0.03～0.05mm、对于型腔可以达到±0.5～0.20mm。

5）与其他加工方法相比，生产率较高。

6）加工过程中工具电极（阴极）基本不损耗。

电解加工也存在如下的局限性：

1）加工精度一般不如电火花加工和超声波加工高。

2）加工复杂型腔和型面时，工具的制造费用较高，一般不适合于单件和小批量生产。

3）电解加工设备占地面积大，附属设备多，初期投资较大。

4）电解液的处理和回收有一定难度，而且对设备有一定的腐蚀作用，加工过程中产生的气体对环境有一定的污染。

目前，电解加工主要用于批量生产条件下难切削材料和复杂型面、型腔、薄壁零件以及异型孔的加工，还可应用于去毛刺、刻印、磨削、表面光整加工等方面，已经成为机械加工中一种必不可少的补充手段。随着对电解加工研究的深入，电解加工的局限性将会逐渐缩小，应用范围也将愈来愈大。

二、电解加工的机理

电解加工是利用金属在电解液中产生阳极溶解的原理实现金属零件的成形加工。电解加工原理最早应用在金属抛光，也称为电抛光。因为在抛光时工件与工具电极的距离较大，电流密度小，金属去除率低，不能改变零件的原有形状和尺寸，只能改善零件表面的光洁程度。后来在此基础上不断革新和发展，逐步形成较完整的电解加工理论和方法。

电解加工机理如图 6-1 所示。以工件为阳极（接直流电源的正极）、工具为阴极（接直流电源的负极），两极之间加 6～24V 的直流电压，电解液以 5～60m/s 的速度从两极之间的缝隙（约 0.1～1mm）冲过，使两极之间形成导电通路，两极和电解液之间就有电流通过。金属工件表面在电化学反应的作用下，不断地溶解到电解液中，电解产生物则被高速流动的电解液带走。随着工具电极恒速向工件进给，工件材料按工具电极型面的形状不断地溶解，最终使工件与工具电极之间各处的间隙趋于一致，在工件上加工出和工具电极型面相反的形状。

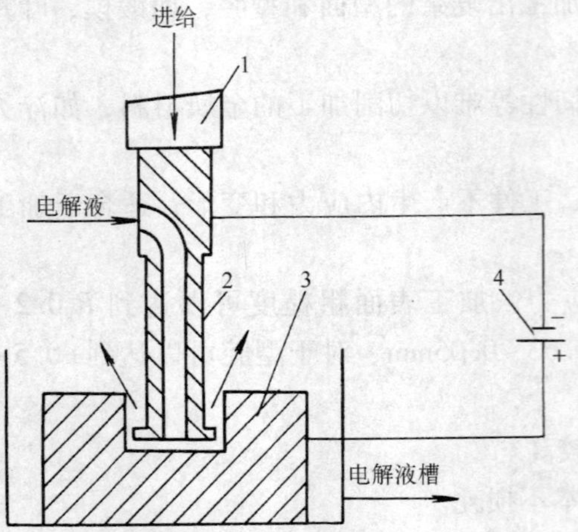

图 6-1　电解加工示意图

1—主轴　2—工具　3—工件　4—直流电源

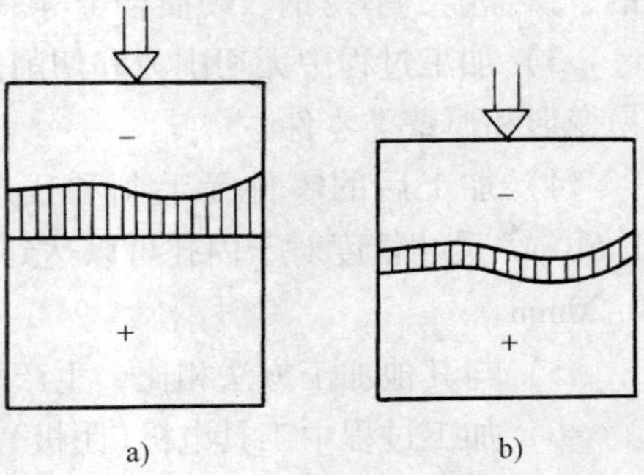

图 6-2　电解加工成形原理

在刚开始加工时，工件毛坯的形状与工具电极不一致，如图 6-2a 所示，使得阴阳两极间的间隙差别较大。这时，间隙大处的电流密度小，金属溶解速度慢，间隙小处的电流密度大，金属溶解速度快。随着工具电极的不断进给，两极之间各处的间隙会趋于一致，阳极表面的形状也就逐渐地与阴极表面相吻合，如图 6-2b 所示，最终完全吻合。

三、金属阳极溶解机理

1. 电极电位

在电解液中，电解质分子电离成正离子和负离子，正负离子所带电荷数相等，在电解液中均匀分布，电解质溶液呈中性。一旦两极接上电源后，在电场的作用下，正离子移向阴极，负离子移向阳极，形成电流，即电解液呈现导电性。液体的导电是通过溶液中的正负离子移动实现的。导电液体称为离子导体或第二类导体。

当电解液中有电流 I 通过时，外电源加在两电极上的电压 U 由三部分所组成：电解液的压降 IR（R 为两极间电解液的电阻）、阳极的电极电位 $E_{阳}$ 和阴极的电极电位 $E_{阴}$，如图 6-3 所示。

电极电位是如何产生的？如果把金属铁插入 $FeCI_2$ 水溶液中，由于铁离子在金属晶体中的能级比其在溶液中成为水化离子的能级高，极不稳定，故当铁插入后，晶体界面铁离子很容易与水分子结合，成为水化铁离子而进入溶液，电子则留在金属上。即

$$Fe \rightarrow Fe^{2+} + 2e\text{（溶解、氧化反应）}$$

在金属铁上就有多余的电子存在而带负电，而溶液中靠近金属铁表面处有多余的

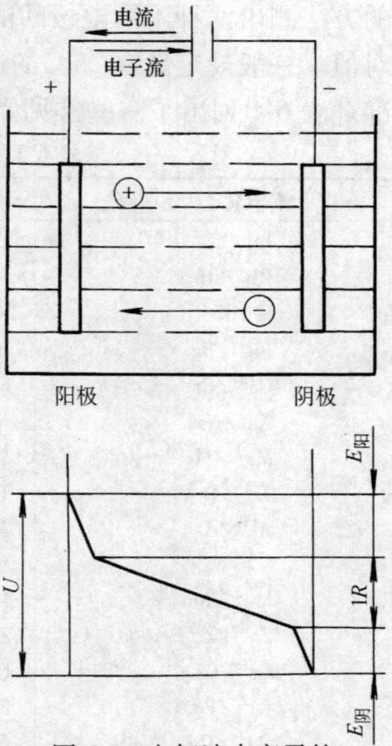

图 6-3　电解池中离子的迁移及电位分布

铁离子 Fe^{++} 存在，而形成带正电的 Fe^{++} 离子层。随着金属铁进入溶液中，Fe^{++} 数目增加，金属铁上的负电荷也增加，由于静电引力的作用，铁离子溶解速度随着溶液中铁离子的增加而逐渐放慢，并且已进入溶液中的铁离子也有返回金属铁表面沉积的趋向。即

$$Fe^{2+}+2e \rightarrow Fe(\text{沉淀、还原反应})$$

随着金属铁表面负电荷的增多，溶液中的铁离子返回金属表面的速度逐渐增加，最后正逆反应过程达到动态平衡。在金属铁与电解液相接触的界面上，化学性能较活泼的金属表面带负电，进入溶液的铁离子由于受金属铁表面负电荷的吸引，它不是均匀地分布在溶液之中，而是聚集在金属铁表面附近极薄的一定厚度范围内，形成金属表面带负电、溶液带正电的双电层，如图 6-4a 所示，与电容器两边积聚正负电荷的情况极为类似。由于双电层的存在，在正负电层之间形成电位差。这种产生在金属和它的盐溶液之间的电位差，称为该金属的电极电位。又因为它是金属在本身盐溶液中的溶解和沉积相平衡时的电位差，所以也称为平衡电极电位。

若金属离子在金属上的能级比在溶液中的低，则金属离子存在于金属晶体中比在溶液中更稳定。例如，把铜放在 $CuSO_4$ 溶液中，铜表面带正电，靠近铜表面的溶液薄层带负电，形成双电层，如图 6-4b 所示。

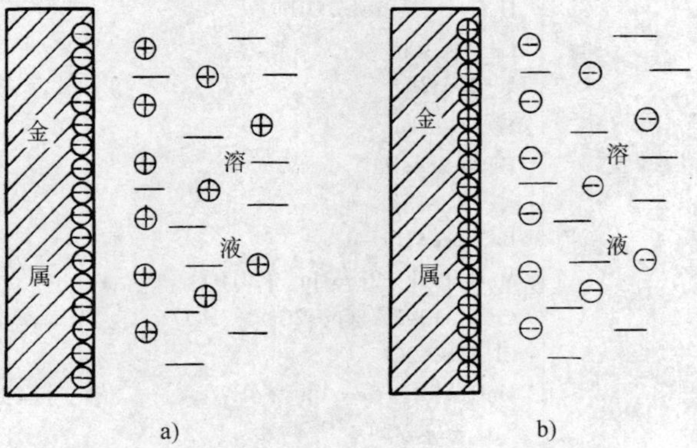

图 6-4　双电层示意图

一种金属在和其盐溶液之间的双电层的电位差一般不能直接测定，可用盐桥

的方法测出两种不同电极间的电位差，用一种电极作标准和其他电极比较得出相对值。一般规定氢在25℃的电极电位为零，并作为测量其他元素电极电位的基准。表6-1列出了一些常见元素的标准电极电位。

表 6-1　一些元素的标准电极电位(25℃)

元素氧化态/还原态	电 极 反 应	电极电位/V
Li^+/Li	$Li^++e \Leftrightarrow Li$	-3.01
Rb^+/Rb	$Rb^++e \Leftrightarrow Rb$	-2.98
K^+/K	$K^++e \Leftrightarrow K$	-2.925
Ba^{2+}/Ba	$Ba^{2+}+2e \Leftrightarrow Ba$	-2.92
Ca^{2+}/Ca	$Ca^{2+}+2e \Leftrightarrow Ca$	-2.84
Na^+/Na	$Na^++e \Leftrightarrow Na$	-2.713
Mg^{2+}/Mg	$Mg^{2+}+2e \Leftrightarrow Mg$	-2.38
Ti^{2+}/Ti	$Ti^{2+}+2e \Leftrightarrow Ti$	-1.75
Al^{3+}/Al	$Al^{3+}+3e \Leftrightarrow Al$	-1.66
V^{3+}/V	$V^{3+}+3e \Leftrightarrow V$	-1.5
Mn^{2+}/Mn	$Mn^{2+}+2e \Leftrightarrow Mn$	-1.05
Zn^{2+}/Zn	$Zn^{2+}+2e \Leftrightarrow Zn$	-0.763
Cr^{3+}/Cr	$Cr^{3+}+3e \Leftrightarrow Cr$	-0.71
Fe^{2+}/Fe	$Fe^{2+}+2e \Leftrightarrow Fe$	-0.44
Cd^{2+}/Cd	$Cd^{2+}+2e \Leftrightarrow Cd$	-0.402
Co^{2+}/Co	$Co^{2+}+2e \Leftrightarrow Co$	-0.27
Ni^{2+}/Ni	$Ni^{2+}+2e \Leftrightarrow Ni$	-0.23
Mo^{3+}/Mo	$Mo^{3+}+3e \Leftrightarrow Mo$	-0.20
Sn^{2+}/Sn	$Sn^{2+}+2e \Leftrightarrow Sn$	-0.140
Pb^{2+}/Pb	$Pb^{2+}+2e \Leftrightarrow Pb$	-0.126
Fe^{3+}/Fe	$Fe^{3+}+3e \Leftrightarrow Fe$	-0.036
H^+/H	$2H^++2e \Leftrightarrow H_2$	0
S/S^{-2}	$S+2H^++2e \Leftrightarrow H_2S$	+0.141
Cu^{+2}/Cu	$Cu^{2+}+2e \Leftrightarrow Cu$	+0.34
O_2/OH^-	$H_2O+O_2/2+2e \Leftrightarrow 2OH^-$	+0.401
Cu^+/Cu	$Cu^++e \Leftrightarrow Cu$	+0.522
I_2/I	$I_2+2e \Leftrightarrow 2I$	+0.535
Fe^{3+}/Fe^{+2}	$Fe^{3+}+e \Leftrightarrow Fe^{+2}$	+0.771
Hg^{2+}/Hg	$Hg^{2+}+2e \Leftrightarrow Hg$	+0.7961
Ag^{2+}/Ag	$Ag^{2+}+e \Leftrightarrow Ag$	+0.7996
Br_2/Br	$Br_2+2e \Leftrightarrow 2Br$	+1.065
Mn^{4+}/Mn^{+2}	$MnO_2+4H^++2e \Leftrightarrow Mn^{2+}+2H_2O$	+1.208
Cr^{6+}/Cr^{+3}	$CrO_7{}^{2+}+14H^++6e \Leftrightarrow 2Cr^{3+}+7H_2O$	+1.33
Cl_2/Cl^-	$Cl_2+2e \Leftrightarrow 2Cl^-$	+1.3583
Mn^{7+}/Mn^{+2}	$MnO_4+8H^++5e \Leftrightarrow Mn^{2+}+4H_2O$	+1.491
S^{7+}/S^{+6}	$S_2O_8+2e \Leftrightarrow 2SO_4{}^{2+}$	+2.01
F_2/F^-	$F_2+2e \Leftrightarrow 2F^-$	+2.87

2. 电解加工时的电极反应

一般情况下，工件材料不是纯金属，而是合金，其金相组织也不完全一致，电解液的成分、温度、流速等因素对电解过程都有影响，使得电解加工中电极间的反应极为复杂。下面以铁在氯化钠电解液中进行电解加工为例，分析阳极和阴极发生的电极反应。

由于 NaCl 和 H_2O 的离解，在电解液中存在着 H^+、OH^-、Na^+、Cl^- 四种离子，通常将发生如下反应：

在阳极上发生铁的溶解，Fe 一般以 Fe^{2+}的形式进入电解液。即

$$Fe-2e \rightarrow Fe^{2+}$$

溶于电解液中的 Fe^{2+} 和 OH^- 化合，生成 $Fe(OH)_2$，由于它在水溶液中的溶解度很小，故产生沉淀。即

$$Fe^{2+}+2OH^- \rightarrow Fe(OH)_2\downarrow$$

$Fe(OH)_2$ 沉淀为墨绿色的絮状物，被流动的电解液带走。$Fe(OH)_2$ 又和电解液中及空气中的氧气发生化学反应，生成 $Fe(OH)_3$

$$4Fe(OH)_2+2H_2O+O_2 \rightarrow 4Fe(OH)_3\downarrow$$

$Fe(OH)_3$ 呈红棕色，所以在电解过程中，电解溶液起初为墨绿色，以后逐渐变为红棕色。

同时，在阳极还有可能(概率极小)发生如下反应，它们为

$$Fe-3e \rightarrow Fe^{3+}$$

$$2Cl^- -2e \rightarrow Cl_2\uparrow$$

$$4\ OH^- -2e \rightarrow O_2\uparrow+2H_2O$$

在阴极上，主要的反应是氢气的析出。由于阴极上积存大量的多余电子，使电解液中带正电的氢离子被吸引到阴极表面，并从阴极上得到电子形成氢气析出，其反应过程为

$$2H^+ +2e \rightarrow H_2\uparrow$$

综上所述，在电解加工过程中，阳极的铁不断地以 Fe^{2+}的形式被溶解，最后生成 $Fe(OH)_3$ 沉淀，在阴极上则不断地产生氢气。电解液中的水在形成 $Fe(OH)_3$ 和 H_2 的过程中被分解(消耗)，使得电解液的浓度稍有变化，而 Na^+ 和 Cl^- 只起导电作用，在电解加工过程中并无消耗，所以电解液只要过滤干净，定期补充水分，就可以长期使用。综合反应过程如下

$$2Fe+4H_2O+O_2 \rightarrow 2Fe(OH)_3+H_2\uparrow$$

可以计算出，溶解 $1cm^3$(约 7.85g)的铁要消耗 6.21g 水，形成 13.78g 的渣，析出 0.28g 的氢气。

3. 电极的极化和超电压

前面讨论的平衡电极电位是在没有电流通过电极，电极界面上电荷交换处于平衡状态时的情况。当有电流通过时，电极的平衡状态被打破，使得阳极电位向

正方向增大(代数值增大)，阴极电位向负方向增大(代数值减小)，即所谓的极化现象。如图 6-5 所示，极化后的电极电位(E)与平衡电位的增值叫做超电压。超电压随着电流密度的增加而增大。超电压应为以下几个方面超电压之和(理论上,外接电源电压只需稍大于阳极和阴极电位差,克服两极的双电层电位差就可维持电化学加工的持续进行)：

(1) 浓度超电压　电解加工时，金属不断地溶解生成离子并向外扩散，离子生成的速度大于扩散的速度，从而在电极附近造成离子的堆积，出现金属离子在阳极附近浓度的提高，这种现象称为浓度极化。电流密度愈大，浓度极化愈明显。浓度极化改变了双电层电位。为了保持一定的电化学电流和加工速度，必须增加一个外加电压。这个增加的外加电压就是浓度超电压。当然，提高电解液的温度、搅拌电解液，可以加速离子的扩散，减少浓度极化，从而减小浓度超电压。

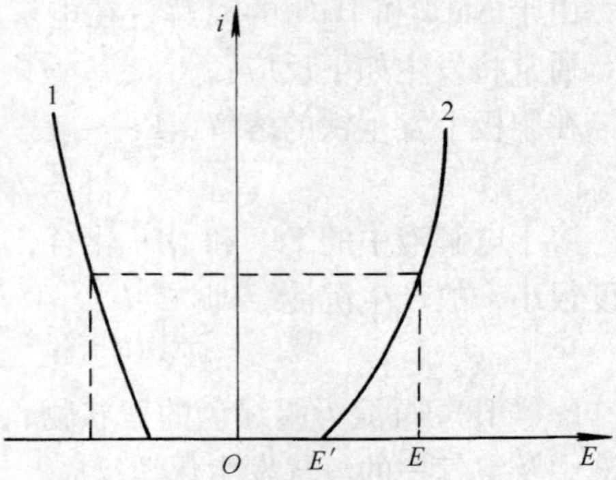

图 6-5　电极极化曲线

1—阴极端　2—阳极端

(2) 电阻超电压　由于电极反应，会在阳极金属表面上形成一层致密而又非常薄的粘膜，这层粘膜由氧化物、氢氯化物或盐组成，也称为钝化膜，从而使金属表面失去了原有的活泼性，导致金属的溶解过程减慢，这就是通常所说的阳极钝化现象。要克服钝化膜的电阻，就需要额外增加电源电压。这个电压称之为电阻超电压。

有时在某种极端的情况下，这层薄膜会完全阻止金属阳极的溶解。在电化学加工中，把去掉钝化膜这一过程叫做活化。引起活化的因素很多，例如加热、加入活性离子氯、通入还原性气体，采用机械的办法破坏钝化膜等等。

(3) 化学超电压　电化学反应处于平衡状态时，电解液的一部分离子通过存在于电极表面和电解液面组成的双电层时，就在这个电极上放电，同时，金属电极上也有一部分原子释放电子并通过双电层进入电解液，以维持平衡。由于这一过程而引起的电极电位变化叫做化学极化。为保证电化学过程继续进行，必须增大外电源电压以补偿由于化学反应而引起的电位变化，由此所提高的电压值称之为化学超电压。化学超电压一般都很小。

四、电解加工中的基本规律

1. 电化学当量

金属阳极溶解时，金属的溶解量与通过的电量符合法拉第定律。法拉第定律如下：

法拉第第一定律：在电极的两相界面处，发生电化学反应物质的量与通过的电量成正比。

法拉第第二定律：当相同的电量通过不同的电解质溶液时，在电极上析出或溶解的物质的量与其化学当量成正比。

电解加工时，阳极电极被溶解或析出的金属量与通过的电流大小和电解时间成正比，即与电量($Q=It$)成正比，其比例系数称为电化当量。

如果阳极只发生金属溶解而没有析出其他物质时，根据法拉第第一定律，金属溶解的理论重量为

$$W=KQ=KIt \tag{6-1}$$

其中 Q——通过的电量(库仑 C,即 $Q=It$)；

I——电流(A)，为电流密度与通过面积的乘积；

t——电流通过时间(电解时间 s 或 min 或 h)；

K——单位电量溶解的元素质量，称为元素的电化学当量或质量化学当量(mg/C 或 mg/A·min 或 g/A·h)。

根据法拉第第二定律：溶解和析出任何一克当量物质所需的电量是一样的，与该物质的自身性质无关。所用电量 F，称法拉第常数。由实验得出 $F\approx$ 96500C。

对于原子价为 n、原子量为 M 的元素，其克当量为 M/n g，因此其电化学当量为 $K=M/nF$(g/C)。

常见金属的电化当量如表 6-2 所示。

表 6-2 金属的电化学当量

金属名称	密度	电化学当量		原子价
		K/mg·(A·min)$^{-1}$	ω/mm^3·(A·min)$^{-1}$	
铁	7.86	17.36	2.22	2
		11.573	1.48	3
铝	2.69	5.596	2.073	3
钴	8.83	18.321	2.054	2
镁	1.74	7.600	4.367	2
铬	7.14	10.777	1.499	3
		5.388	0.749	6
铜	8.93	39.508	4.429	1
		19.754	2.215	2
锰	7.30	17.080	2.339	2
		11.386	1.559	3

（续）

金属名称	密　度	电化学当量		原子价
		$K/\text{mg}\cdot(\text{A}\cdot\text{min})^{-1}$	$\omega/\text{mm}^3\cdot(\text{A}\cdot\text{min})^{-1}$	
钼	10.23	19.896	1.947	3
镍	8.90	18.249	2.050	2
		12.166	1.366	3
锑	6.69	25.223	3.781	3
钛	4.52	9.927	2.201	3
		7.446	1.651	4
钨	19.24	19.047	0.989	6
锌	7.14	20.326	2.847	2

例如，铁以二价状态溶解时，其原子量 $M=55.86$，其电化学当量

$$K=M/(nF)=55.86\div(2\times96500)=0.2893\text{mg/C}$$

知道了被溶解金属的密度，可以求出所溶解金属的体积 V

$$V=W/\rho=KIt/\rho=(K/\rho)It=\omega It=\omega Q \tag{6-2}$$

式中　ω——体积电化学当量（$\text{mm}^3/\text{A}\cdot\text{min}$ 或 $\text{mm}^3/\text{A}\cdot\text{h}$）；

ρ——密度（g/cm^3）。

以二价铁为例，K 表示每安培电流每秒钟可以电解掉 0.2893mg 或每分钟可以电解掉 17.36mg 的铁。ω 表示了每安培电流每分钟可以电解掉 2.22mm^3 的铁。

法拉第电解定律用于计算（根据电量）任何被溶解物质的数量，在理论上与电解液的浓度、温度、压力，以及电极材料、电极形状等因素无关。这是因为电极上物质产生溶解或析出等化学反应，是在电极和电解液之间发生了电子得、失交换。例如，在阳极上溶解一个二价的铁原子，必然从阳极上夺走二个电子，所以电化学反应的量与电子得、失交换的数量成正比，与电解加工条件无关。

在实际电解加工过程中，常常会遇到与上式计算结果不完全相同的情况，这说明实际进行的电极反应与我们所设想的有些出入。为此，在实际计算时，还需要引入电流效率 η 的概念。

$$\eta=\frac{\text{实际蚀除量}}{\text{理论蚀除量}}\times100\%$$

实际电解蚀除量应该是理论蚀除量与电流效率 η 的乘积。

如果电流效率小于 100%，这表明实际上阳极溶解的原子价比计算时所用的原子价高或阳极除了金属溶解的反应外，还有其他副反应消耗了一部分电能；电流效率有时会大于 100%，这表明实际上阳极溶解的原子价比计算时所用的原子

价低，或者阳极有块状脱落，并不完全是原子状态的溶解，节省了部分电解电量。

如果阳极存在副反应，例如放出气体，这要消耗一部分电能。例如，在硝酸钠电解液中加工钢时就有氧的析出，这是一种无用的电能消耗，电流效率 η 小于 100%。对于氯化钠电解液，阴极上几乎没有气体析出，所以一般电流效率 η 接近 100%。铁和铁基合金在氯化钠电解液中的电流效率 η 可按 100%计算。

各元素有自己的原子价，而且往往有两个以上的原子价，例如铁有二价和三价，在加工中它们究竟以哪个原子价进行溶解，要由具体的加工条件而定。

例如，某工厂用氯化钠电解液加工一种碳钢零件，加工余量为 $22200mm^3$，如果要求 5min 加工完一个零件，求需要多大电流？如有 5000A 容量的直流电源，求加工完一个零件的电解时间是多少？

解　由表 6-2 得知，$\omega = 2.22mm^3/A \cdot min$。设电流效率为 100%，由 $V=\omega It$ 得所需直流电源电流为

$$I = V/\omega t = (22200/2.22\times5)A = 2000A$$

如果利用 5000A 容量的直流电源，由 $V=\omega It$ 得加工完一个零件的电解时间为

$$t = V/I\omega = (22200/5000\times2.22)min = 2min$$

2. 加工速度

在电解加工过程中，常用以下两种方法表示加工速度

（1）体积加工速度 $v_v(mm^3/min)$　v_v 表示单位时间内去除工件材料的体积量。由法拉第定律可知：电解加工时实际溶解金属的重量

$$W = \eta KIt \tag{6-3}$$

对应的体积为

$$V = W/\rho = \eta K/\rho It = \eta\omega It \tag{6-4}$$

当 η、I、ω 均为常数时，则体积加工速度

$$V_v = V/t = \eta\omega I \tag{6-5}$$

（2）深度加工速度 $v_l(mm/min)$　v_l 表示单位时间内在工件深度上的去除量（简称加工速度），工件被加工面积是 A，加工深度为 h，则体积去除量

$$V = Ah$$

所以，阳极的深度加工速度为

$$v_l = h/t = V/(At) = \eta\omega It/(At) = \eta\omega i \tag{6-6}$$

其中，$i = I/A$ 为电流密度。

在电解加工过程中，当电解液和被加工材料选定后，加工速度与电流密度成正比，要提高加工速度，可增加电流密度（但电压也随之增高。注意，电压以不击穿加工间隙为限）。在增大电流密度的同时，应增大电解液的流速，以便及时排除蚀除物。由实验确定，电流密度大约在 $10\sim100A/cm^2$。但电流密度过大，

有时会出现火花放电，析出氯、氧等气体，使电解液温度过高，严重时会在间隙内产生沸腾气化引起局部短路。

例如，用 NaCl 电解液在碳钢上加工 40mm×70mm 的方孔，深度为 50mm。若要求 10min 完成加工，需要多大的电流？如有 5000A 容量的直流电源，此时的进给速度是多少？需多少时间完成？

解　查表 6-2 得，$\omega=2.22\mathrm{mm^3/min}$

设 $\eta=100\%$

$v_l=50\mathrm{mm}/10\mathrm{min}=5\mathrm{mm/min}$

$i=I/(40\times70)\mathrm{A/mm^2}$

由式(6-6)得

$$i=\frac{v_l}{\eta\omega}=\frac{5}{100\%\times2.22}=\frac{I}{40\times70}$$

$$I=\left(\frac{40\times70\times5}{100\%\times2.22}\right)\mathrm{A}=6360\mathrm{A}$$

如电源最大容量是 5000A，则改用的进给速度为

$$\begin{aligned}v_l&=\eta\omega i\\&=\left(100\%\times2.22\times\frac{5000}{40\times70}\right)\mathrm{mm/min}=3.69\mathrm{mm/min}\end{aligned}$$

所需加工时间为

$$t=\frac{h}{v_l}=\left(\frac{50}{3.96}\right)\mathrm{min}=12.63\mathrm{min}$$

由此看出，v_l 的物理含义是单位时间内给定面积上的金属去除量，i 的含义是单位时间内单位面积上所通过的电量。二者保持一定的比例关系，符合法拉第定律。

3. 加工间隙

电解加工是在阳极和阴极之间进行的。为了使加工表面上能产生一定的阳极溶解和电解液的更新以及排除电蚀产物，必须有一个均匀稳定的加工间隙，才能使加工得到的型腔满足一定的精度要求。

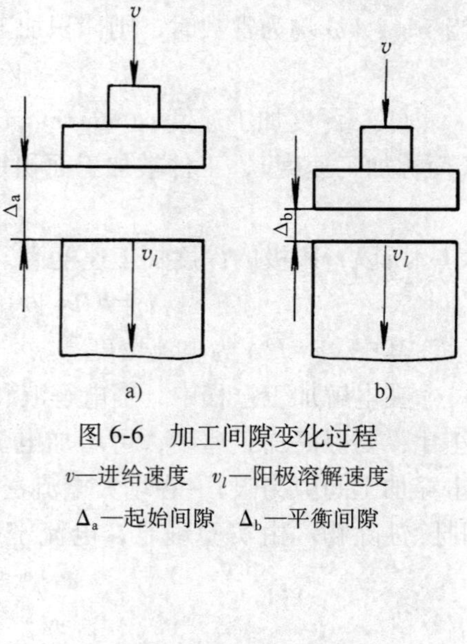

图 6-6　加工间隙变化过程

v—进给速度　v_l—阳极溶解速度

Δ_a—起始间隙　Δ_b—平衡间隙

(1) 端面平衡间隙　以平行平板电极加工为例，如图 6-6 所示，如果电解液的电导率为 $\sigma(1/\Omega\cdot\mathrm{cm})$，两极之间的距离为加工间隙 Δ，加工面积为 A，则两电极间电解液的电阻 R 为

$$R=\Delta/\sigma A$$

当电流通过间隙时，电阻形成的电压降 U_R 应等于外加电压 U 减去各种超电压值的总和 δE

$$U_R=U-\delta E$$

由此可以求出加工电流 I 和电流密度 i

$$I=\frac{U_R}{R}=\frac{U-\delta ER}{R}=\frac{\sigma A(U-\delta E)}{\Delta} \tag{6-7}$$

$$i=\frac{I}{A}=\frac{U_R}{RA}=\frac{\sigma U_R}{\Delta} \tag{6-8}$$

将式(6-8)代入深度加工速度公式(6-6)中得

$$v_l=\eta\omega i=\frac{\eta\omega\sigma U_R}{\Delta} \tag{6-9}$$

上式表示，加工速度 v_l 与电流效率 η、电化学当量 ω、电导率 σ、电解液的欧姆压降 U_R 成正比，与间隙 Δ 成反比，间隙 Δ 愈小，加工速度将愈快。当电解液、工件材料等部分参数(除 U_R 外)已经确定时，间隙随 U_R 变化。开始加工时，两极间间隙叫起始间隙 Δ_a，这时如果阴极恒速进给，阳极的溶解速度为

$$v_l=\frac{\eta\omega\sigma U_R}{\Delta_a} \tag{6-10}$$

由于 Δ_a 较大、v_l 较小，这时的进给速度比溶解速度大。随着阴极的不断进给，两极之间的间隙逐渐缩小，加工速度则逐渐增大，经过一段时间，阳极的溶解速度和阴极的进给速度 v_l 相等。这时的加工间隙将维持不变，称为端面平衡间隙 Δ_b，此时

$$\Delta_b=\frac{\eta\omega\sigma U_R}{v_l} \tag{6-11}$$

例如，使用氯化钠电解液加工低碳钢，电源电压 12V，阴极进给速度 v_l 分别是 1mm/min 和 2mm/min，求达到平衡时的平衡间隙各为多少?

解　设 $\eta=100\%$，$\delta E=2\text{V}$

查表 6-2 $\omega=2.22\text{mm}^3/\text{A}\cdot\text{min}$

$\sigma=0.02/\Omega\cdot\text{mm}$

$U_R=E-\delta E=(12-2)\text{V}=10\text{V}$

$\Delta_{b1}=(100\%\times2.22\times0.02\times10/1)\text{mm}=0.444\text{mm}$

$\Delta_{b2}=(100\%\times2.22\times0.02\times10/2)\text{mm}=0.222\text{mm}$

对同一类工件材料，加工时电解液不常更换，这时 σ、η、ω 基本不变。因此，平衡间隙主要由选用的电压和进给速度所决定。平衡间隙是加工过程中达到动态平衡状态时的加工间隙，端面平衡间隙 Δ_b 一般取 0.10~0.80mm，比较适合

的端面平衡间隙为0.25~0.3mm。

（2）法向平衡间隙　对于许多工件的型腔和表面来说，阴极的端面不一定和进给方向垂直，如图6-7所示成θ角。这时，各点的法向进给速度$v_n=v\cos\theta$。将此式代入式(6-11)，可得法向平衡间隙为

$$\Delta_n=\frac{\eta\omega\sigma U_R}{v\cos\theta}=\frac{\Delta_b}{\cos\theta} \tag{6-12}$$

式中　θ——斜面的法线方向与阴极进给方向的夹角。

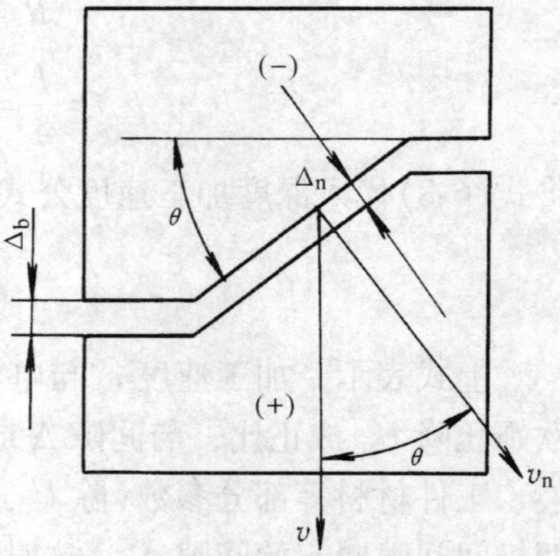

图6-7　法向间隙和法向进给速度

在一些型腔或型面的加工中，因为阴极上各点的倾斜角不同，所以各点的法向间隙也各异。由上式可以看出，法向间隙都比端面平衡间隙Δ_b大。式(6-12)是在进给速度达到平衡的前提下才适用的。

当$\theta=90°$时，Δ_n将会无穷大，因此，该公式只适合$\theta\leqslant45°$的条件，而且精度要求不高时，方可采用，如果$\theta>45°$，应适当进行修正。

（3）侧面间隙　加工型孔或型腔时，工件尺寸精度受侧面间隙的影响较大。下面分别按阴极侧面是否绝缘两种情况分析间隙对精度的影响。

第一种情况，侧面不绝缘：

如图6-8所示，工件型孔侧壁始终处于被加工状态，形成明显的喇叭口。

设阴极在y轴方向的进给速度是v_l，侧面间隙的方向为x，在任意时刻深度$y=v_lt$处的侧面间隙为$\Delta_a=x$，那么，该处x方向的溶解速度

$$v_x=\eta\omega i$$

$$i=\frac{I}{A}=\frac{\sigma U_R}{\Delta}=\frac{\sigma U_R}{x} \tag{6-13}$$

$$v_x=\frac{\eta\omega\sigma U_R}{x}$$

$$v_x=\frac{dx}{dt}=\frac{\eta\omega\sigma U_R}{x} \tag{6-14}$$

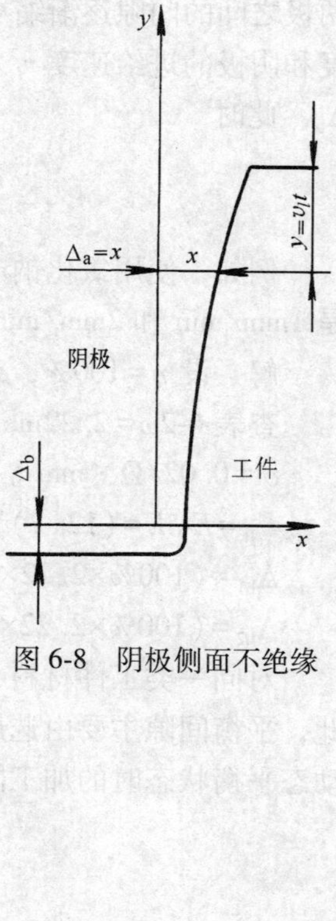

图6-8　阴极侧面不绝缘

将上式积分

$$\int x\,dx=\int\eta\omega\sigma U_R\,dt$$

$$x^2/2=\eta\omega\sigma U_R t+C$$

当 $t=0$ 时，$x=x_0$，则 $C=\dfrac{x_0^2}{2}$

$$x=\sqrt{(2\eta\omega k U_R t+x_0^2)} \tag{6-15}$$

将 $t=y/v_l$ 代入上式得

$$\Delta_a=x=\sqrt{\frac{2\eta\omega\sigma U_R y}{v}+x_0^2}$$

$$=\sqrt{2\Delta_b y+x_0^2} \tag{6-16}$$

因为阴极底部处的圆角半径很小，$\Delta_b\approx x_0$。则上式为

$$\Delta_a=\sqrt{2\Delta_b y+\Delta_b^2}=\Delta_b\sqrt{\frac{2y}{\Delta_b}+1} \tag{6-17}$$

当阴极侧面不绝缘时，侧面上任一点的间隙随着加工深度变化，呈抛物线形状的喇叭口。

第二种情况，侧面间隙绝缘：

当阴极的侧面如图 6-9 所示进行了绝缘处理，只露出一段宽度为 b 的工作圈，工件的型孔侧面就不会溶解，形成一个直口，这时，侧面间隙也可以由式(6-17)求出，这时的 y 变成一常数 b。

$$\Delta_a=\sqrt{2\Delta_b b+\Delta_b^2} \tag{6-18}$$

（4）平衡间隙理论的应用　平衡间隙理论可以应用在 NaCi 电解液加工中，计算加工中端面、斜面、侧面的电极间隙；设计电极尺寸和修正量；分析加工精度；选择加工参数，如电源电压、进给速度、电解液的浓度和温度等。

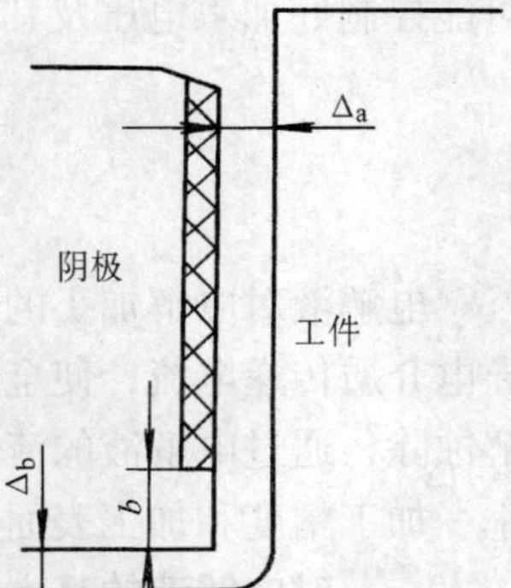

图 6-9　阴极侧面绝缘

（5）加工间隙的基本要求　加工间隙对加工精度、加工速度有着直接的影响。为此，对加工间隙的基本要求是：

第一，间隙要均匀，使得各处电解液的流速、电场尽可能地相近，特别是在精加工阶段，更应该如此。

第二，间隙大小要适中。间隙过大，加工精度低，易出现大圆角，能耗也大；间隙小，则温升高，电解产物多，电蚀物的排除困难增大，易发生短路现象，需要提高电解液的流速和压力。

确定加工间隙应参照加工精度和加工性质为主要依据，粗加工时取 $\Delta=0.3\sim0.9$mm，精加工时取 $\Delta=0.1\sim0.3$mm，半精加工取 $\Delta=0.2\sim0.6$mm。

第三，间隙要稳定，对于同一批零件，间隙变化要小，以保证加工精度的相

近性，缩小尺寸的分散范围，提高工件的重复精度。

(6) 影响加工间隙的其他因素　影响加工间隙的因素除了阴极进给速度外，电解液的成分、温度、浓度、工件材料及其金相组织、电流密度、电流效率、电压等也将影响平衡间隙。

电解液的成分、温度、浓度的不同变化，要影响到电流效率，而且对电导率也有较大的影响。

工件材料及其金相组织、电极表面的钝化和活化状态不同，也会使电流效率发生变化。

工具电极的形状变化会影响加工区内电场强度的分布，影响电流强度的均匀性，尖角处的电力线密度大，电流密度高，蚀除速度快，而凹角处则相反。因此，在设计电极时，需要考虑电场的分布状态。

电解液的流动方向对加工精度和加工表面粗糙度有很大的影响。入口处为新鲜的电解液，压力大，蚀除能力强；愈靠近出口处，电解液中的电解产物(氢气泡和氢氧化物)愈多，压力愈小，电导率和蚀除能力也越低。因此，入口处的平衡间隙比出口处大，加工精度和加工表面粗糙度也比出口处好。电解液的流程越长，差别越明显。但出口处电解液的温度较入口处高，电导率会增加，这和上述电解产物的作用相反。由于二者的作用不可能完全相等，所以只能抵消一部分。

加工电压的变化会直接影响到加工间隙的大小。因此，在加工过程中，应尽可能控制好加工电压及其稳定性。

第二节　电　解　液

电解液对电解加工的各项工艺指标有很大的影响。在电解加工过程中，作为导电介质传递电流，使金属工件在电场作用下能够进行电化学反应，不断地被溶解蚀除，通过电解液的流动，及时把电解产物和热量带走。电解液影响加工生产率、加工精度和加工表面质量，是电解加工的重要条件。

一、对电解液的基本要求

1) 电导率要高，流动性要好，可以保证用较低的加工电压获得较大的加工电流，能在较低的压力下得到较高的流速，减少发热。

2) 电解质在溶液中的电离度和溶解度要大。一般说来，电解液中的阳离子总是具有较负的标准电极电位，如 Na^+、K^+等离子。

3) 阳极的电解产物应是不溶性的化合物，这样便于处理，不会在阴极表面沉积。

4) 性能稳定，操作使用安全，对设备产生的腐蚀作用轻，不易燃，不爆炸，对环境污染和人体危害要小。

5）价格低廉，适应性广，使用寿命长。

目前，还没有一种电解液能完全满足上述要求。研究开发电解液应以提高加工精度、降低加工表面粗糙度值、降低电能消耗为主，同时又要有较高的经济效益。

二、电解液的特性

能够满足电解液基本要求的电解液就能用于电解加工。但其特性不同，使用性能也就有优劣。判定电解液优劣的标准是加工时所达到的精度、表面质量和生产率。电解液的特性主要从杂散腐蚀、电流效率、加工速度的非线性三个方面表现出来。

1. 杂散腐蚀

杂散腐蚀是衡量电解液加工精度高低的指标。在除了电解液以外其他条件都相同的情况下，能严格地按照工具电极的形状进行加工，成形精度高的电解液，其杂散腐蚀小，反之则大。例如，NaCl 电解液的生产率高，电解能力强，但因杂散腐蚀大，成形精度低，加工型孔时如果侧壁不绝缘，孔壁呈抛物线形。而使用 $NaNO_3$、$NaClO_3$ 等钝化性的电解液，杂散腐蚀小，加工型孔时，虽然侧壁不绝缘，但当侧面间隙大到一定程度后就基本保持不变，孔壁的锥度小，成形精度高。

2. 电流效率

不同电解液的电流效率特点也不同。NaCl 的电流效率基本不随电流密度变化，而 $NaNO_3$ 和 $NaClO_3$ 的电流效率则随着电流密度的变化而变化。

电流效率 η 随电流密度的变化曲线如图 6-10 所示。在不同的电解液中电流效率 η 变化的程度不同，有着不同的电流效率曲线。其原因在于不同的电解液会在阳极表面生成厚薄不同的钝化膜，阻碍阳极溶解。在电流密度很低时，钝化膜可以完全阻止阳极金属的溶解，并使阳极产生析氧的副反应，这时的电流效率近似于零。随着电流密度的增加，钝化膜开始破裂，阳极开始溶解，电流效率逐渐增大。NaCl 电解液无钝化现象，也不出现其他副反应，电流效率接近 100%。而 $NaNO_3$ 和 $NaClO_3$ 的钝化现象严重，电流效率随着电流密度的变化较明显。

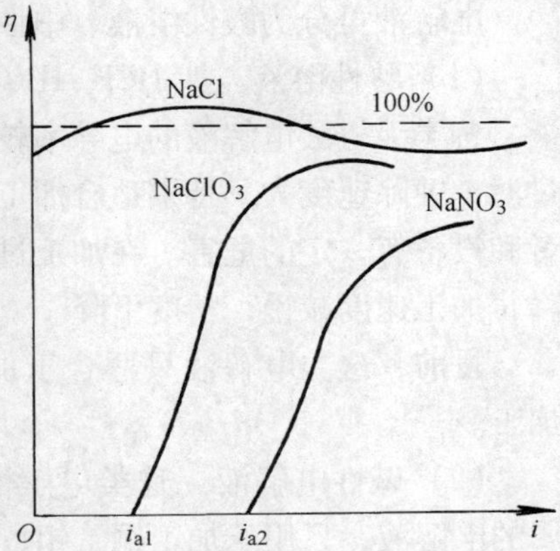

图 6-10　电流效率曲线

3. 加工速度的非线性

加工速度的非线性是指电解加工时加工速度与电流密度的关系曲线。

由加工速度公式

$$v_l=\eta\overline{\omega}i$$

可以看出，如果电流效率 η 变化，v_l 将不随 i 呈线性变化，如图 6-11 所示。由 v_l-i 曲线可以看出，NaCl 几乎不产生钝化膜，电流效率 η 近似于常值，所以它的 v_l-i 曲线是一条过原点的直线。其他的电解液由于有钝化膜的作用，电流效率 η 不是常值，特别是电流密度较小时，由于钝化膜的作用，加工速度为零。只有当电流密度大于临界值 i_a 时，阳极才开始溶解。由下式

$$i=\sigma U_R/\Delta$$

可知，当 Δ 大到一定程度 Δ_a 时，电流密度就会小于临界值 i_a。也就是在加工区域内，当间隙大到 Δ_a 时，电流密度将小于临界值，加工就会停止，虽有电流通过，但没有金属溶解，电解反应被“切断”了。电流密度 i_a 值称为“切断电流密度”，间隙 Δ_a 称为“切断间隙”。

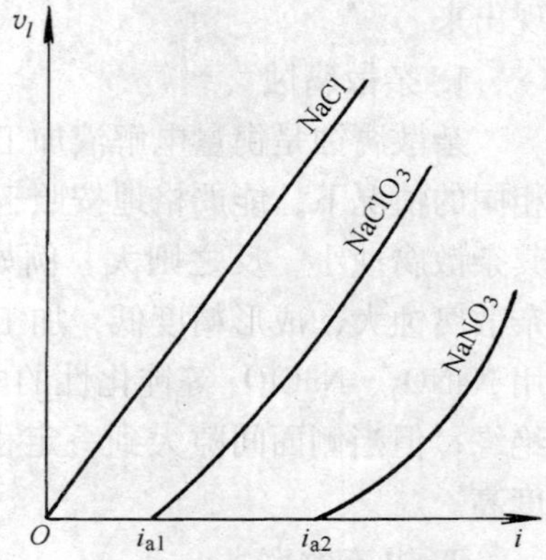

图 6-11　速度与电流密度曲线

具有以上特性的电解液称为非线性电解液。NaCl 是线性电解液，而 $NaNO_3$ 和 $NaClO_3$ 是非线性电解液。i_a 是电解液的一个重要参数，与电解液的成分、浓度、温度有关。一般说来，i_a 越大，成形精度越好。i_a 不是定值，必须通过试验获得。

电解液的杂散腐蚀、电流效率和加工速度的非线性从三个不同的角度反映了电解液的成形精度。

三、电解液的种类及选用

1. 电解液的分类

电解液可分为酸性溶液、中性溶液、碱性溶液三大类。

（1）酸性溶液　如 HCl、HNO_3、H_2SO_4 等无机酸的水溶液可以用来作电解液。各类无机酸电解液的电导率较高，电解产物易溶于电解液中，无沉淀，不必过滤，蚀除速度大，特别适合加工小孔和窄缝等。但电解液的腐蚀性强，对操作者和设备有一定的危害。在加工过程中，随着氢离子的不断消耗，溶液电导率下降，加工速度减慢，精度下降。

目前，这类电解液只适合于加工细长孔、窄缝以及对锗、钼、铌等金属的加工。

（2）碱性电解液　这类电解液如 NaOH、KOH 等，一般不直接用作加工金属的电解液，只用于加工铜、钼、钨时作为添加剂使用。大多数金属在碱性溶液中，阳极表面会生成致密的非溶性氧化膜，使阳极溶解无法继续进行下去。

(3) 中性盐电解液　中性盐电解液应用普遍，适应范围广，安全。常用的有氯化钠、硝酸钠、氯酸钠。加工时，阳极反应的生成物是不溶性的团絮状氢氧化物，当其含量大时，将增加电解液的粘性，造成间隙阻塞。要采取过滤净化措施，以减少不溶性的团絮状氢氧化物在电解液中的含量。阴极反应生成物是氢气。

NaCl 电解液价廉易得，水溶液中的 NaCl 几乎能完全离解为 Na^+、Cl^-离子，并与水中的 H^+、OH^-离子共存，它的溶解度和离解度较高，导电能力强。因含有活性 Cl^-，阳极工件表面不易生成钝化膜，使其具有较大的蚀除速度，电流效率高，适应广泛、安全、经济，是一种应用最为广泛的电解液。

NaCl 电解液的缺点是杂散腐蚀性大，复制精度低。当要求复制精度较高时，要使用较低的浓度(5%～10%)，以减少杂散腐蚀。NaCl 电解液的使用温度一般为 25～35℃，但在加工钛合金时，必须在 40℃以上。对于精度高的孔或侧壁面的加工，需要采用侧面绝缘的工具电极。此外，NaCl 电解液对设备的腐蚀性较大。

$NaNO_3$ 电解液在浓度小于 30%时，有较好的非线性特性，成型精度高，对设备的腐蚀性小，使用安全，价格也不高。$NaNO_3$ 电解液属于钝化性电解液，会使阳极工件表面形成钝化膜，当极间间隙大到某一临界值时，虽有电流通过，但阳极并不溶解，这时的电流效率为 0。只有当极间间隙小于临界值时，阳极上的钝化膜才被破坏。这种特性可避免在型孔或模腔加工时工件侧壁产生抛物线形状。

$NaNO_3$ 电解液的主要缺点是电流效率低，生产率低，加工时阴极有氨气析出，还会导致电解液耗损。

$NaClO_3$ 电解液是 1967 年才问世的，其特点是杂散腐蚀小，成型精度高，加工工件表面粗糙度值小。$NaClO_3$ 具有很高的溶解度，在 20℃时可达 49%(而此时 NaCl 仅为 26.5%)，因而导电能力强，生产率高。与 NaCl 相比，$NaClO_3$ 对设备的腐蚀作用小得多。

$NaClO_3$ 电解液的弱点是安全性差。因为 $NaClO_3$ 是强氧化剂，易燃。此外，$NaClO_3$ 的价格较贵。使用过程中，还要注意 Cl^- 离子浓度的变化。因为在加工时，随着电解液的消耗，Cl^-离子浓度会增加，导致杂散腐蚀加剧。

以上三种中性盐电解液的价格比为：

$NaCl : NaNO_3 : NaClO_3 = 1 : 2.6 : 6$

2. 添加剂及复合电解液

单一的电解液都有一定的局限性。因此，常在电解液中使用添加剂来改善电解液的性能，或将两种以上的添加剂按一定比例混合制成复合电解液。例如，为了减轻对设备、工件的腐蚀，在电解液中加入缓蚀添加剂；为了改善工件的加工表面质量，加入光亮剂、络合剂等。常用电解液的配方如表 6-3 所示。

表 6-3 常用电解液的配方

序号	电解液配方	被加工材料	电压/V	电流密度/A·cm^{-2}
	以 NaCl 为主			
1	14%~18%NaCl 水溶液	各种碳钢、炮管钢、合金钢等	3~15	10~25
2	15%NaCl+1%~5%Na_2SiO_2	各种碳钢、合金钢等	12~15	10~40
3	NaCl(200g/l)+H_3BO_4(25g/l)	各种碳钢、合金钢、镍基合金	12~15	15~25
4	NaCl(120g/l)+$NaNO_3$(60g/l)	合金钢、镍基合金	12~15	15~25
5	NaCl(120g/l)+$NaNO_3$(60g/l)+H_3PO_4(60g/l)	镍基合金	12~15	15~25
6	3%NaCl 水溶液	T50A	20	
7	NaCl(200g/l)+酒石酸(80g/l)	优质钢		
8	18%NaCl+5%NaOH	硬质合金	12~15	15~25
9	18%NaCl+5%NaOH+1%酒石酸	硬质合金		25
	以酒石酸(钾、钠)为主			
1	酒石酸钾钠(168g/l)+NaOH(60g/l)+NaCl(50g/l)	钨钴类、钨钴钛类硬质合金		40~60
2	酒石酸钠(113g/l)+NaOH(35g/l)+NaCl(68g/l)	钨钴类硬质合金		15~20
3	酒石酸钾钠(57g/l)+NaOH(30g/l)+$NaNO_2$(7.9g/l)	钨钴类硬质合金		21
4	酒石酸钾钠(50g/l)+NaOH(30g/l)+$NaNO_2$(30g/l)+5% $NaNO_3$+5%NaF	钨钴类、钨钴钛类硬质合金	12~15	20
	以 NH_4Cl 为主			
1	18%~29%NH_4Cl	铝合金、黄铜		10~50
2	11%NH_4Cl+1%柠檬酸	铝合金		30
3	10%NH_4Cl+5%H_3BO_4	铝合金		20
4	5%NH_4Cl+1%醋酸钠	铝合金		40
	以 $NaNO_3$ 为主			
1	$NaNO_3$(76g/l)+$NaNO_2$(10g/l)+酒石酸钾钠(60g/l)+NaOH(30g/l)	钨钴类、钨钴钛硬质合金	12~15	20
2	5%$NaNO_3$+5%NaF+3%$NaWO_4$+0.1% $NaNO_2$	钨钴类硬质合金		21
	其他			
1	5%醋酸钠+5%NH_4Cl	铝合金		40
2	10%磷酸+5%NH_4Cl+2%甘油	铝合金		40
3	磷酸(140~220g/l)+甘油(5~10g/l)	黄铜、无氧铜		10

四、电解液参数对加工过程的影响

电解液的参数有成分、浓度、温度、酸碱度、粘性等，它们对电解加工过程都有显著的影响，其中最基本的因素是浓度和温度。电解液的电导率、电流效率和粘度等都与浓度、温度密切相关，因而电解加工的生产率、加工精度和加工表面质量都与电解液的浓度、温度有密切的关系。

在一定条件下，电解液的浓度越大，温度越高，其电导率越高，腐蚀能力也越强，可达到的电流密度就越高，因此生产率就越高。表 6-4 所示为几种常用电解液在不同浓度条件下的电导率。

表 6-4　几种常用电解液的电导率($\Omega^{-1}\cdot cm^{-1}$)$\times10^{-4}$(电解液温度 18℃)

成　分	浓　度(%)			
	5	10	15	20
NaCl	672	1211	1642	1957
KCl	690	1359	2020	2677
$NaNO_3$	436	782	1030	1303
KNO_3	454	839	1186	1505
$NaClO_3$	340	600	850	1070

NaCl 电解液的生产率随着浓度的增加而增加，但加工精度却随之降低，因此，常用的 NaCl 电解液浓度为 10%～15%。当加工精度要求较高时，应采用 10%以下的低浓度。$NaNO_3$ 和 $NaClO_3$ 在常温下的溶解度较大，可分别达到 46.7%和 49%。但这两种电解液的非线性特性随着浓度的提高而变坏，故 $NaNO_3$ 电解液的浓度一般采用 20%左右，精度要求较高时可降到 10%以下。常用 $NaClO_3$电解液的浓度为 15%～35%。

选择电解液的温度要考虑的因素有机床夹具、电导率、电流效率、极间间隙内电解液的沸腾等，一般不超过 60℃。常用的电解液温度约在 30～40℃的范围内。

电解加工过程中，电解液的浓度和温度变化将直接影响平衡间隙的大小，从而影响加工精度。导致浓度变化的主要原因是水的分解、蒸发以及电解质的分解。NaCl 电解液的浓度在加工过程中变化较小。$NaNO_3$ 和 $NaClO_3$ 电解液在加工过程要分解消耗，因此在加工过程中应注意不断检查电解液浓度的变化并及时调整。

电解液的流动性受粘度直接影响。电解液中的氢氧化物含量增加会使其粘度增加，故氢氧化物的含量(按重量计算)不宜超过 20%。在电解加工系统中还要有加热和冷却装置，以控制温度。

五、电解液的流速和流向

电解液应具有足够的流速和流量。流速一般在 10m/s 以上，才能保证把氢氧化物、氢气等电解产物和热量带走。电流密度愈大，相应流量也应愈大。流速和流量是靠改变电解液泵的出水压力获得的。

电解液的流向如图 6-12 所示，有三种情况。图 6-12a 所示为正向流动；图 6-12b 所示为反向流动；图 6-12c 所示为横向(侧向)流动。

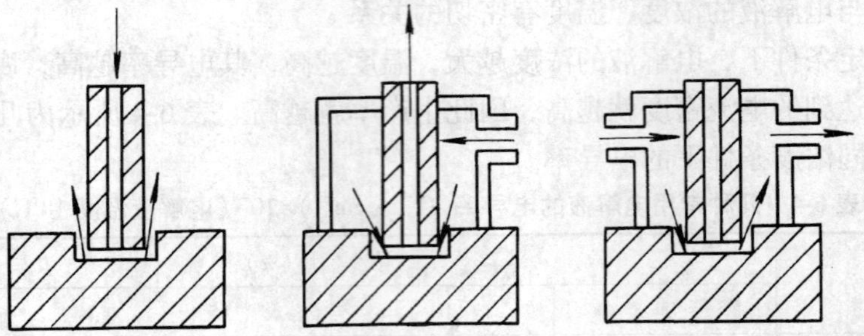

图 6-12　电解液的流向

正向流动是指电解液从工具电极的中心流入，经加工缝隙四周流出，其优点是不需要密封装置。缺点是电解液的流出无法控制，加工精度和表面粗糙度较差。

反向流动时，电解液先从型孔周边进入，而后经过工具电极中心孔流出。这种流向需要有密封装置，可通过控制出水背压控制速度和流量。

侧向流动时，电解液从一个侧面流入，从另一侧面流出。这种流向不适合于较深的型腔加工，常用于汽轮机叶片和浅型腔的加工，以及一些型腔模的修复加工。

电解液出水口的形状和布局应根据所加工工件的形状或型腔的结构综合考虑，使流场内液流的流线疏密一致，避免产生死水区。出水口的形状有窄槽和孔两类。一般在加工型腔时采用窄槽供液的方式，在电解液供应不足的加工区，常采用增液孔的方式来改善供液不足的缺陷。对于圆孔、花键、膛线等筒形零件的加工，应采用喷液孔的方式供液。

第三节　电解加工参数和加工精度

电解加工精度主要包括复制精度和重复精度两项内容。前者是工件尺寸形状与工具电极尺寸形状之间的符合程度，影响复制精度的主要因素是沿工件加工表面的间隙分布均匀性；后者是指被加工的一批零件之间的尺寸形状的相对误差，影响重复精度的主要因素是加工一批工件时极间间隙的稳定性。

一、复制精度与加工参数的关系

复制精度的高低主要由加工时所能达到的平衡间隙所决定。平衡间隙小，复制精度就高；反之则复制精度低。工件的形状、电解液的流向、流程和电解液在间隙内所能达到的流速、电流密度和进给速度都影响平衡间隙。如果工件的形状简单，电解液的流程短，工件与工具电极间隙内电解液的流速高，电流密度相对较大和具有较高的进给速度时，就可获得较小的平衡间隙。在较小的平衡间隙下进行加工，可以获得较高的复制精度。因此，要根据工件的尺寸和形状来设计工具电极，这是提高电解复制精度的前提条件。当设计好工具电极后，合理地选择加工参数就成为保证和提高复制精度的重要措施。

若由于电解液的流程、流速不能保证在预定的小间隙内使用高电流密度加工时，要尽可能地保持间隙恒定。可采用较低的电流密度和较低的进给速度加工，这样复制精度比使用大间隙和大电流密度加工时要高些。但生产率可能低一点。如果适当提高间隙电压，用较低的电导率电解液来达到较小的电流密度，更有利于复制精度的提高。一般情况下，在同样的加工前提下，加工间隙愈小，复制精度愈高。

电解液浓度低时的复制精度比浓度高时的复制精度高。

对钝化性电解液，电解液的电流效率随着电流密度的提高而提高，如图6-13a所示。电流效率随电流密度的变化越明显，则复制精度就越高。如图中 *AB* 段电解液的变化斜率大于 *BC* 段，说明在 *AB* 段所对应的电流密度条件下加工时，复制精度高于 *BC* 段所对应的电流密度。例如，$NaNO_3$、$NaClO_3$ 电解液就具有这种特性。但由于这类电解液的电流效率与电流密度不成线性关系，故也称为非线性电解液。NaCl 电解液不具备这种特性，系线性电解液，如图 6-13b 所示。在加工时，离阴极电极较远的地方仍然会产生电化学反应，造成工件的“过切”，降低复制精度。

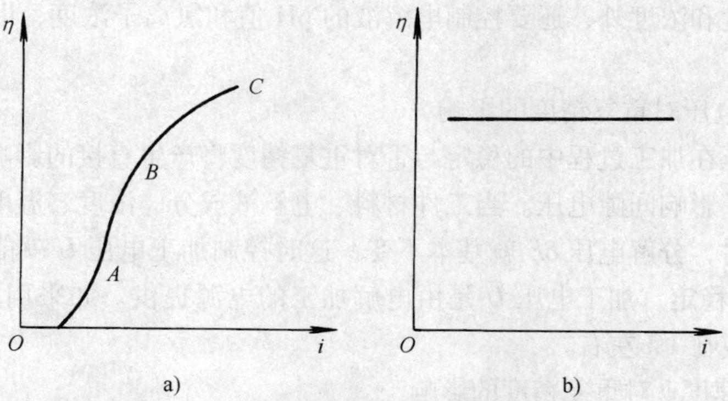

图 6-13　电流效率与电流密度关系

a）钝化性电解液　b）非钝化性电解液

对不同的工件材料，相同的电解液成分其复制精度也不一样。例如，$NaNO_3$ 和 $NaClO_3$ 电解液加工低合金钢和一些铁基合金时，有较高的复制精度，而加工钛合金时复制精度明显降低。因此，对于不同的被加工工件材料要选用不同的电解液，或通过使用添加剂来改变电解液对工件材料的适应性。

加工间隙内电解液的流速越高、流场的均匀性越好，复制精度就越高。

二、重复精度与加工参数的关系

在电解加工过程中，任何一个加工参数的变化都会影响平衡间隙的稳定性。对于同一批被加工的工件而言，平衡间隙将影响它们之间尺寸的一致性。因此，一批工件的重复精度主要受各加工参数稳定性的影响。

1. 电解液的电导率

电解液的电导率是电解液的一个重要参数，当其他条件不变时，由平衡间隙公式

$$\Delta = \eta\omega U_R \sigma / v_l$$

得出电导率 σ 的变化直接影响平衡间隙的波动，从而降低重复精度。导致电导率变化的因素有电解液的成分、浓度、温度等。电解液的种类一经选定，在加工时应保持电解液的浓度基本不变，尽可能地把温度变化控制在较小范围内。目前生产中电解液的温差可控制在±1℃的范围内。使用热交换器和适当增大电解液池容量，都有利于减小电解液温度的波动。

对 $NaNO_3$ 和 $NaClO_3$ 这类钝化性电解液来说，电解液的温度和浓度要影响电导率 σ，而电导率 σ 的变化还会影响电流效率。由此看出，这类电解液的温度和浓度的变化对平衡间隙和重复精度的影响更大，更需要严格控制温度和浓度的变化。此外，$NaNO_3$ 电解液的 pH 值会随加工过程改变。$NaClO_3$ 电解液在使用过程中会逐渐分解为 NaCl，从而导致电解液中的氯离子增加。pH 值变化和氯离子的增加，都会影响电导率 σ、电流效率和间隙电压。因此，在使用这类电解液时，除了控制温度和浓度外，还要控制电解液的 pH 值和氯离子浓度，以便达到较高的重复精度。

2. 间隙电压对重复精度的影响

间隙电压在加工过程中的稳定与否对重复精度将产生直接的影响。加工电压和分解电压都影响间隙电压。当工件材料、电解液成分、浓度、温度、流速都保持相对稳定时，分解电压 δE 就基本不变，这时控制加工电压 U 就能保持间隙电压 U_R 的相对稳定。加工电压 U 是由电解加工的电源提供。如采用晶闸管电源，稳压的精度应在1%左右。

3. 进给速度 v 对重复精度的影响

工件的重复精度还受工具电极进给速度的影响。在加工过程中，进给速度要稳定，不因其他因素而改变；低速时不应产生爬行。具体来说，机床的进给速度变化率应小于5%。

4. 间隙内电解液流速对重复精度的影响

电解液在加工间隙内的流速由电解液的进口压力和出口背压决定，当流速稳定时，阳极的极化程度和间隙内的电阻分布就能够保持相对稳定，重复精度就高。当随着电解液中的金属氢氧化物的增加，电解液的粘度增大，流速就会降低，并进一步影响到间隙内的电导率和阳极极化程度，从而使复制精度降低。因此，在批量工件加工时，电解液中的金属氢氧化物的含量应控制在4%以内。

三、加工表面质量与加工参数的关系

电解加工的表面质量包含两个方面的含义：一是表面粗糙度；二是表面层的物理化学性能。前者反映了工件表面的微观几何形状；后者涉及到工件表面烧伤、晶界腐蚀、微观裂纹、流纹等方面。

1. 加工参数对表面粗糙度的影响

工件材料、金相组织和热处理状态都会影响工件的加工表面粗糙度。工件材料的金相组织越复杂，电解加工过程中各相溶解时的电极电位相差越大，因而表面粗糙度就变差。单一相的均匀组织和使金相组织单一化的热处理方法，有助于表面粗糙度值的减小。如球化退火、正火、高温扩散退火都能使组织均匀、细化晶粒，都会使表面粗糙度值减小。当工件材料的组织确定时，表面粗糙度应将受下列参数的制约：

1）小间隙和高电流密度加工使得各种金相组织达到均匀溶解，因此可以获得较小的表面粗糙度值。要求表面粗糙度值较小时，电流密度应选择在30A/cm^{2}以上。

2）在小间隙和高间隙电压条件下加工时，采用低浓度的电解液，即使电流密度不高，也可以获得较小的表面粗糙度值。

3）适当的电解液流速和均匀的流场设计可获得较小的表面粗糙度值。

4）电解液的温度应控制在适当的范围。温度低时，钝化严重，使阳极表面不均匀溶解增大表面粗糙度值；温度高时，可能引起阳极表面不均匀溶解或局部剥落。

5）选择与工件材料相适应的电解液。例如，使用$NaNO_3$和$NaClO_3$电解液加工镍基合金时，表面产生轻微钝化，使各合金相溶解电位趋于一致，从而减小表面粗糙度值。加工钛合金时，使用NaCl电解液并加入NaF、NaBr等添加剂，可防止表面产生“桔皮”状亮斑，减小钛合金的表面粗糙度值。

2. 加工参数对表层物理化学性能的影响

表面物理化学性能包括晶间腐蚀、选择性腐蚀、点蚀、显微裂纹、流纹、亮斑等现象。这类缺陷的产生首先与工件材料及其金相组织有关。

使用NaCl电解液加工镍基合金时，常产生0.008～0.05mm深度的晶界腐蚀。这是因为这类材料中晶界的原子有较高的位能，其电极电位较负，容易被优先溶解形成凹缝。使用$NaNO_3$电解液可以基本避免晶间腐蚀。有时杂散电流也会导致晶间腐蚀，可在加工时留有一定余量，然后用固定工具电极在较高的电流密度下抛光，消除晶间腐蚀。晶间腐蚀会使材料的疲劳强度下降，应注意避免。

选择性腐蚀是因为某种晶粒优先溶解而造成的不规则粒状空隙，不同相的金相组织极易产生。例如，使用 NaCl 电解液加工铝合金时易产生选择性腐蚀。但使用 $NaNO_3$ 电解液加工铝合金时，由于表面的钝化作用，不容易产生选择性腐蚀，表面粗糙度值较小。

无论什么材料，表面上有电解液和有杂散电流通过处易出现点蚀。例如，加工钛合金时，很容易出现点蚀。

显微裂纹常出现在烧伤部位。烧伤的原因来自工具电极的流场设计不合理、加工间隙与电流密度或与电解液流速不匹配或电解液过滤不彻底等因素。

流纹和亮斑产生的原因是由于电解液流量不均匀使加工表面上极化程度不一致。工件表面上流速低的地方极化效应强，溶解速度低，形成流纹的波峰(呈光亮)；而在流速较高的液流线上，极化效应小，工件溶解速度快，形成流纹的波谷。有时材料组织不均匀也会导致亮斑的产生。

综上所述，杜绝晶间腐蚀、选择性腐蚀、点蚀的根本措施是减小加工间隙、提高电流密度、正确选择电解液防止杂散电流，或者是选用 $NaNO_3$ 这一类钝化效果较强的电解液；消除纹流的办法是提高电解液的流速、改善电解液流量的不均匀性、降低电流密度。同时，设计好工具电极的结构和进出水口，避免电解液液流通道的急剧变化。

第四节　混气电解加工

混气电解加工是将一定压力的气体和电解液在特制的气液混合器中混合后，送入加工区进行电解加工的方法，所以也叫做充气电解加工。最初混入的气体是氮气或二氧化碳，后来压缩空气被用来代替上述气体，效果仍不错。

一、混气电解加工原理

图 6-14 所示为混气电解加工示意图。压缩空气进入气液混合腔中(包括引导、混合、扩散)与电解液强烈搅拌成为水泡状气体混合液，经过喷嘴喷出，进入加工间隙进行加工。我国是在 1972 年开始应用混气电解加工，取得了较好的效果，显示出其一定的优越性。混气电解加工的特点是与先前的电解加工相比，加工精度与稳定性得以提高。尤其是气体成形表面加工，如叶片加工和锻模型腔加工，使用混气方法加工后，侧面间隙小而均匀，整个表面间隙趋于一致。另外，还简化了阴极设计，可采用反拷阴极加工，使阴极制造大大简化。同时由于电流密度较低，一般为 $10\sim20A/cm^2$，电源容量不必很大，有利于加工较大的型腔和型面。如采用低压混气，可减少电解液对机床的反作用力。但采用混气加工时的

进给速度较低，生产率较不混气时低。可是由于减少了阴极设计制造周期，提高了加工精度，减少钳工修磨量，所以总的生产率并不降低。另外混气电解加工要求机床配有气源、管道和通风装置。

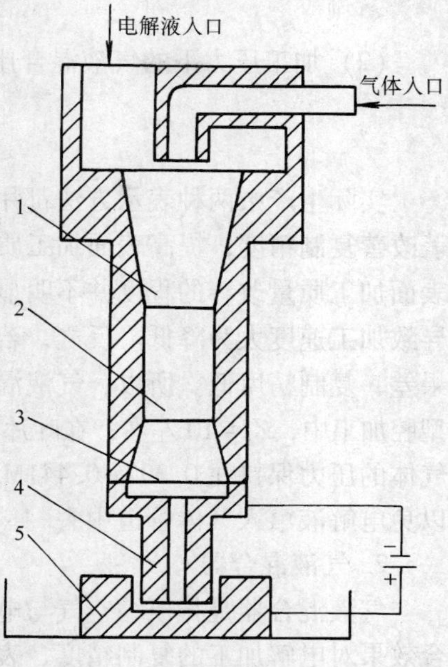

图 6-14　混气电解加工示意图

1—引导部　2—混合部　3—扩散部

4—工具　5—工件

气体混入电解液的作用是：

1）改变了电解液的电阻特性，增加了电解液的电阻率，减少了杂散腐蚀，提高了电解液的非线性质量，因而提高了加工精度。这是因为电解液中混入气体后，由于气体不导电，所以就增加了加工间隙处的电阻率，并且电阻率随压力的变化而变化，间隙小的地方压力高，气体气泡体积小，电阻率低，电解作用就强，而间隙大的地方压力低，气泡体积大，电解作用就弱。

2）改变了电解液的流动特性，降低了电解液的密度和粘度，使流速增大，流场趋于均匀。这是因为气体的密度和粘度远小于液体，电解液混入气体后，使得气液混合物的密度和粘度比单纯的电解液大大降低，因而混气电解液能在较低压力下获得较高流速。另外，电解液中的气泡有搅动作用，可以消除死水区，增加流场的均匀性。

二、气液混合比和气液混合器

1. 气液混合比

气液混合比是指混入电解液中的空气流量和电解液流量之比。由于气体体积随压力变化，因此不同状态下气液混合比是不同的，其表示方法有两种：

（1）标准状态下的气液混合比 Z_{OP}　标准状态指的是气体压力 101325Pa（760mm 汞柱）、温度 20℃时的状态

$$Z_{OP}=\frac{\alpha Q_q}{Q_y}(P+1) \tag{6-19}$$

式中　α——气体流量计的修正系数；

P——加工压力（10^{-1}MPa）；

Q_q——气体流量计读值（m^3/h）；

Q_y——液体流量计读值（m^3/h）。

对转子流量计而言

$$\alpha=\frac{1}{\sqrt{P+1}} \tag{6-20}$$

（2）加工压力下的气液混合比 Z_P

$$Z_P=\frac{\alpha Q_q}{Q_y} \tag{6-21}$$

实际生产中两种表示方法都用。经过生产实践证明，取 $Z_P=5\sim8$ 时可以显著改善复制精度，提高表面加工质量。若 Z_P 取得太大（如大于 10），复制精度和表面加工质量改善的程度并不明显，却因电解液中含气量过高，间隙电阻过大，导致加工速度大为降低。反之，若 Z_P 取得太小（如小于 5），电解液的非线性效果差，复制精度低。所以，气液混合比 Z_P 应根据具体情况选择合适的数值。在型腔加工中，$Z_P=10$ 左右；在叶片加工中，$Z_P=5\sim10$；在型孔加工中，$Z_P=5\sim8$。气体的压力保持在 0.392～0.441MPa，电解液的压力应比气体压力低 0.049MPa，以免电解液窜入气体管道中去。

2. 气液混合器

气液混合器是将压缩空气与电解液均匀混合的装置。气液混合器的结构和混合效果对电解加工的复制精度、表面质量、进给速度和加工稳定性影响较大，是混气电解加工的关键装置。到目前为止，气液混合器还没有标准，没有普遍公认的设计资料，各生产企业可根据自己的经验，结合具体的加工零件进行设计。总的要求是使气液的混合尽可能地均匀，达到雾化程度。

目前所使用的气液混合器的种类较多，结构也各异，不过从原理上共分二大类：一类是小孔式；一类是锥管式。小孔式混合器混合均匀，结构简单，制做方便，因而应用相对广泛。小孔式混合器又根据气、液孔的布置方向分为垂直对吹式和斜交叉式。气液混合器的具体结构可参阅有关手册。

气液混合器应保证气液出口与加工表面尽量接近，一般是与工具阴极直接连接，否则会因距离过大，气液容易分离，气液混合效果变差。

第五节　电解加工设备

电解加工设备就是电解加工机床，主要由机床本体、直流电源和电解液系统三大部分组成，如图 6-15 所示。

一、机床本体

机床本体的任务是安装夹具、工具阴极与工件，保证它们之间的正确相对运动关系，以获得良好的加工精度，同时传送直流电和电解液。它除与一般切削加工机床有许多共同的要求外，还具有自身的特殊性，如防腐蚀性、密封性、绝缘性和通风排气性能等。

1. 对电解加工机床的基本要求

（1）机床刚性　电解加工虽然没有直接的切削力，但电解液对机床主轴、工作台的作用力却是很大的，工件的加工面积越大，机床系统所受的力也越大。例如电解液的压力是 1MPa，工件的加工面积是 $3.75\times10^{-2}m^2$，则将产生 37.5kN 的液压力。实际上电解液的压力还要高些。即使采用低压的混气电解加工，也要产生 20kN 的液压力。因此，要求电加工机床的主轴系统、工作台、床身及立柱等受力部件都要有较高的刚度，否则，过大的液压力将导致机床变形，改变工具阴极和工件的相对位置，从而影响复制精度，严重变形甚至会造成短路烧伤。

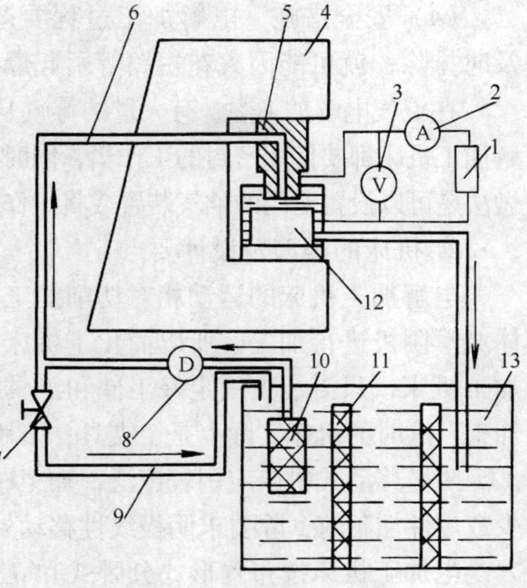

图 6-15　电解加工设备组成

1—直流电源　2—电流表　3—电压表　4—床身　5—工具　6—管道　7—溢流阀　8—泵　9—回流管　10—滤网　11—纱网　12—工件　13—电解液池

机床刚性指标可采用主轴悬伸到工作条件最差位置时，在最大载荷作用下，主轴（或阴极板）允许的最大变形量来表示，其主要指标为：

轴向变形<0.1~0.2mm；

阴极板倾斜量<1.5~2/1000mm。

（2）进给速度的平稳性　电解加工中，金属阳极溶解量与电解加工时间成正比，进给速度不稳定，阴极相对工件各个截面的电解时间就不同，这样就直接影响到加工精度。特别是型孔、膛线、花键等截面零件的加工，其影响就更为严重。所以电解加工机床必须保证进给速度的稳定性。主轴进给系统要注意避免低速进给时的爬行。当正常进给速度（一般 $v>0.5$mm/min）时，进给速度的变化量不应大于 5%；在低速进给时（$v=0.2\sim0.05$mm/min），其爬行量不应大于 0.02mm。此外，对主轴的重复定位精度一般应达到 0.025mm。

（3）防腐绝缘性　所有的电解液都有腐蚀性。电解加工机床被腐蚀主要来自二个方面：一是与电解液接触部分的直接被腐蚀；二是电解加工过程中产生雾气对机床的侵蚀。因此，机床应具有良好的耐蚀性。另外，也必须采取相应的防腐措施。如严格密封好电解液系统，防止其飞溅或渗漏，以保护机床，减轻腐蚀。

机床直流电源的正负两极应与工件和工具阴极有良好的导电连接。因为有杂散电流通过，再加上与电解液相接触，所以这些部位的腐蚀相当严重，即使采用耐蚀不锈钢，也需常更换。

（4）安全措施　电解加工过程要产生大量的氢气。氢气易燃易爆，如不能及时排除，就可能因火花短路等引起爆炸。必须采取相应的排氢防爆措施。

在混气电解加工中，有大量的雾气从加工区逸出，应及时排除，防止扩散。电解加工机床都要使用密封的工作箱，同时有排气装置，并有足够的排气能力。具体的做法是可以设置专门的抽气装置或将工作箱的排气口与车间的排气管道相连通。

2. 机床的类型及设计要点

电解加工机床的运动相对切削加工机床而言简单得多。因为电解加工利用立体成形阴极进行加工，所以简化了机床的成形运动机构。对于阴极固定式的专用加工机床，只需装夹固定好工件和工具的相对位置，接上电源、开通电解液就可加工。这时的机床实际上是个夹具，多用在去毛刺、抛光等除去金属较少工件的加工。阴极移动式机床应用较广泛，加工时，工件固定不动，阴极作直线运动。也有少数零件加工时，除要求阴极线性移动外，还要求能够旋转，如膛线的加工。

电加工机床按布置形式分卧式和立式两大类。立式机床较卧式机床使用更广泛些。卧式机床主要用于加工叶片、深孔和其他筒形零件。立式机床主要用在模具、齿轮、型腔、短花键以及一些扁平零件的加工。具体的结构形式和应用范围如表 6-5 所示。

表 6-5　电加工机床的主要类型及应用范围

类　型	结构形式	运动形式		应用范围
		工　件	工　具	
C 型立式	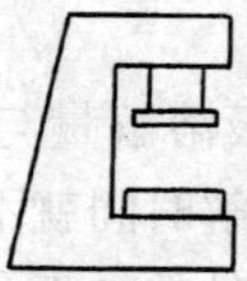	固　定	垂直方向移动	中小型模具型腔，整体涡轮，套料，型面，型孔等
框型立式	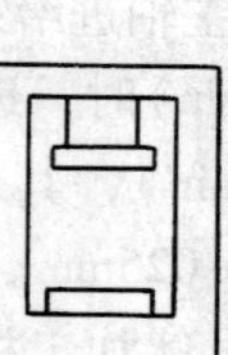	固　定	垂直方向移动	中大型模具型腔，大型叶片型面，型孔等
卧　式	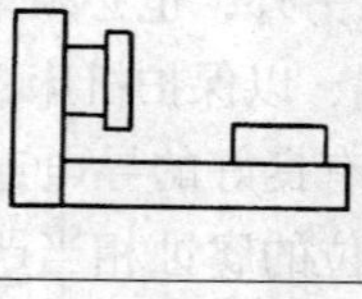	固定或移动	水平方向移动或转动	环形零件（如机匣），筒形零件，深孔炮管膛线等

（续）

类　型	结构形式	运动形式		应用范围
		工　件	工　具	
叶片双面式	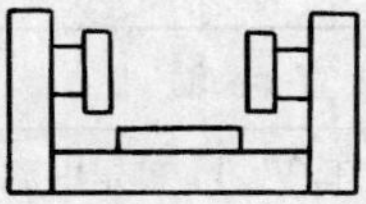	固　定	水平方向移动	叶片型面
阴极固定式	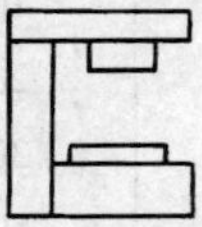	固　定	固　定	扩孔，内孔抛光，去毛刺等

立式机床分为C型立柱（单柱）式和龙门（框型）式，它们的床身、立柱结构分别与立式铣床和龙门铣床相似。C型立柱式机床结构简单，操作方便。但因为主轴头是悬壁结构，刚性差，在电解液压力下的变形将影响到加工精度，所以常用在中、小型零件的加工，配5000A以下的直流电源。龙门式机床主要用在大型零件的加工。

机床的传动系统有液压传动和机械传动两种。液压传动结构简单，但在低速时进给稳定性差，易爬行，故目前国内电解加工机床采用液压传动的不多。机械传动进给系统有两种：一种是采用交流电动机，经变速机构实现分级进给运动；另一种是采用直流电动机晶闸管无级调速系统或伺服电动机。后者在加工过程中可以方便地变速，也易于实现自动控制，机械系统简单，已被大多数机床采用。为了保证进给系统的灵敏性，避免在低速进给时产生爬行现象，广泛采用了滚珠丝杠来驱动主轴进给，主轴导轨也采用滚动导轨代替滑动导轨。

电加工机床的工作台、工作箱、夹具等部分因长期与电解液及其腐蚀性气体接触，故应选用耐蚀性好的材料。目前常用不锈钢。也有采用导电性能好的铜做工作台面的。但因铜的硬度低，操作时应注意避免工件的碰撞。电解加工用的夹具可采用耐腐蚀好的工程塑料。机床的导轨可采用耐腐蚀强的材料，如花岗石、耐蚀水泥。机床上其他表面可喷涂环氧树脂等耐腐蚀塑料。

二、电解加工电源

根据电化学原理，电解加工是利用单向电流对阳极工件进行溶解加工的。阳极与阴极的间隙很小，所以采用的电解加工电源必须是低电压的直流电，常用电压一般在8~24V之间连续选择。为保证有较高的生产率，电源必须能够提供大的加工电流。大者可达几万安培。国产系列电源的技术参数如表6-6所示。在加工过程中，加工间隙应保持稳定不变，因此要求加工电源的电压恒定。从实用性和可行性考虑，国内生产制造的电源稳压精度为1%。除此之外，还必须设有检测故障和快速切断电源的保护装置，以防止因种种原因可能产生的火花或出现的电源过载和短路故障。在使用上，应操作简单、维修方便。

表6-6 电解加工电源系列的主要技术参数

型号	交流输入		直流输出		稳压精度（±1%）
	相数	额定电压/V	额定电压/V	额定电流/A	
KGXS 500/12	3	380	12	500	1~2
KGXS 1000/24	3	380	24	1000	1~2
KGXS 2000/24	3	380	24	2000	1~2
KGXS 3000/24	3	380	24	3000	1~2
KGXS 5000/24	3	380	24	5000	1~2
KGXS 10000/24	3	380	24	10000	1~2
KGXS 15000/24	3	6kV	24	15000	1~2
KGXS 20000/24	3	10kV	24	20000	1~2

因为电解加工必须用直流电，因此电源装置必须把市电提供的交流电整流为直流电。根据整流方式的不同，电解电源分为如下三种：

1. 直流发电机组

这种电机由交流电动机和直流发电机组成。首先用交流电动机带动直流发电机直接发出低电压大电流的直流电。输出的直流电能无级调压，一般额定电压6~12V，电流最大可达10000A。实际应用的发电机多数是他励式直流发电机。直流发电机组的优点是性能稳定，电压连续调节，允许短时间过载。但由于要通过能量的二次转换，所以效率低，噪声大，不宜频繁起动，占地面积大，维修复杂。这是较早应用的一类电源，现在已被硅整流电源代替。

2. 硅整流电源

该电源是先用变压器将380V的市电变为低压交流电，再利用大功率硅二极管的单向导电特性将交流电变为直流电，用饱和电抗器进行调压。这类电源运行可靠、效率高，坚固抗震。但体积较大，制造工艺复杂，抗过载能力差。

3. 晶闸管整流电源

这类电源是利用晶闸管实现调压与整流，结构简单，制造方便，反应灵敏，可靠性好，是国内目前生产中应用的主要电解加工电源。

三、电解液系统

电解液系统的作用是连续而平稳地向加工区供给足够流量和合适温度的干净电解液。主要组成有电解液泵、电解液槽、过滤器、热交换器和管路附件等。

1. 电解液泵

电解生产中常用的泵有单级离心泵、多级离心泵和离心漩涡泵三种，性能如表 6-7 所示。过去采用齿轮泵，其优点是压力高，特性硬。但易腐蚀，寿命短。现在只用在一些试验设备或小孔加工中。

表 6-7　电解液泵性能比较

性　能	种　类		
	单级离心泵	多级离心泵	离心旋涡泵
压力	低	高	较低
流量	范围大	范围大	范围较小
特效	软	较软	较硬
效率	较高	较高	较低
维修	较方便	不方便	不方便

泵的流量随加工对象而定，一般按被加工零件周边每毫米长度需 4.6 l/min 估算。泵的压力取 0.5～2MPa，采用混气加工时选择 0.5～1MPa，不混气加工时可选 1～2MPa。

为了防止泵的锈蚀，泵的过流部分宜采用耐蚀性能良好的材料制造，并使泵位置低于电解槽液面，使泵内经常充满电解液，防止空气氧化加剧锈蚀。

2. 电解液槽

电解液槽主要有池式和箱式两种。容量大的液槽都做成水泥池形式，特点是造价低廉，便于自然沉淀，温度和浓度的变化缓慢，因而应用普遍。小容量的液槽宜做成箱式，多数采用耐蚀性好的不锈钢或聚氯乙烯板焊成。也有用普碳钢板焊成，但内壁需衬耐蚀橡胶。

电解液槽的容量取决于电解产物的生成量，容量可按每 1000A 电流取 2～5m^3 估算，连续生产时取上限，反之取下限。

3. 过滤器

在电解加工过程中，电解产物以金属氢氧化物团絮状沉淀的形式大量地混在电解液中，若电解液中电解产物含量过多，将引起加工过程不稳定，影响加工质量，甚至造成短路，导致工具和工件报废。因此，需及时地将电解产物及杂质从电解液中分离出来。

在生产中一般采用一定网眼尺寸(80～100 目)的尼龙丝网或不锈钢丝网做成滤筒，套在电解液泵入口处，作为粗过滤，而在进入加工区前再用网式或缝隙式过滤器进行精过滤。在大容量的电解液池中，粗过滤也可采用自然沉淀。

此外，也有采用微孔刚玉过滤器和离心过滤机进行强迫过滤。

电解液中电解产物的几种过滤方法如表 6-8 所示。

表 6-8　电解产物过滤方法比较

过 滤 方 法	自 然 沉 淀	介 质 过 滤	离 心 过 滤
过滤原理	电解液在大容量的水池中自然沉淀，定期清理	电解液在压力下通过滤管和滤布等介质，使电解产物分离	采用高速旋转离心机分离电解产物
特　点	简单，占地面积大，过滤时间长，清理时电解液损耗大	过滤效果良好，电解液损耗少，装置复杂，易堵塞	过滤效果好，速度快，设备昂贵，维修不便

4. 电解液管道及其他附件

电解液管道及阀门必须用耐腐蚀材料制造。管道可选用不锈钢管、耐压橡胶管、玻璃钢管等。电解液管道及压缩空气管路中要配置压力表和流量计，以便调节气、液的流量和压力，从而获得合适的混合比。电解液用的流量计有 LZ 型不锈钢转子式、LW 涡轮转子式、LC 椭圆齿轮式等；压缩空气最常用的是耐压较低的 LZB 型玻璃转子流量计。

为了保持电解液有合理的温度，还需要有加热和冷却装置。加热用电加热器或蒸汽管道加热器，冷却用蛇形管道冷水冷却。

第六节　电解加工工艺

电解加工是一种成熟的特殊加工方法，我国自 1958 年首先在膛线加工中应用，后来逐渐地在深孔、花键孔、链轮、内齿轮、叶片、异型零件和模具制造等方面推广开来。

根据电解加工的特性和适应性，在保证零件精度和表面质量的前提下，还应满足以下几个原则：

1）被加工工件要有一定的数量，否则采用电解加工成本太高。

2）用传统机械切削的方法难以奏效、甚至无法加工的特殊工程金属材料，如高强度、高硬度、高韧性和高脆性材料的工件。

3）形状结构复杂，或薄壁刚性差的工件的加工。

一、型孔加工

像四方孔、六方孔及其多边形孔、椭圆、半圆等异形孔，无论是通孔还是盲孔，都不便采用常规的机械加工方法加工。如果采用电解加工，就很容易实现，既可保证型孔的形状和精度，又能满足生产率的要求。

型孔的加工一般采用端面进给的方式。为了避免孔壁锥度，可将阴极工具侧面绝缘。绝缘层与阴极要粘结牢固，以防止电解液的冲刷力将绝缘层冲坏。常用绝缘材料是环氧树脂，室温固化、热固化和环氧粉末类型的环氧树脂均可。国外也有用合成橡胶做绝缘层。绝缘层的厚度，工作部分取 0.15~0.2mm，非工作部分取 0.3~0.5mm。当电解液采用正向流动时，绝缘层与阴极工具刃边的间隙必须大于 0.25~2mm，否则的话，刃边的间隙等于零，电解液排出阻力大，容易造成底部间隙突然扩大，如图 6-16 所示。这种现象随加工深度的增加而突出。

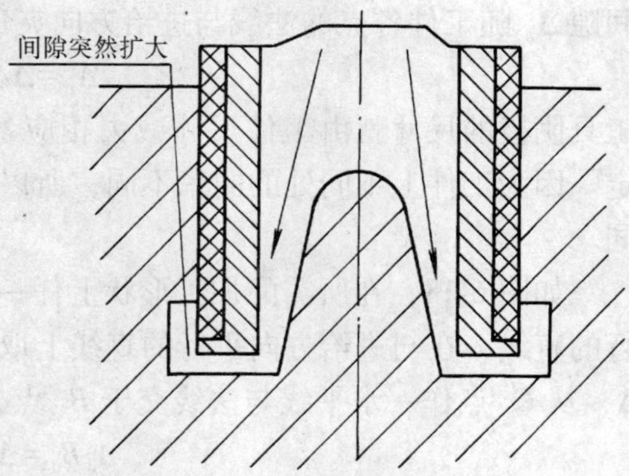

图 6-16 绝缘层对正向流动场的影响

图 6-17 所示为加工喷油嘴内圆弧槽，如采用机械切削的办法，难度很大，而采用电解加工却是轻而易举。为提高生产率、降低成本，可多个零件同时加工。

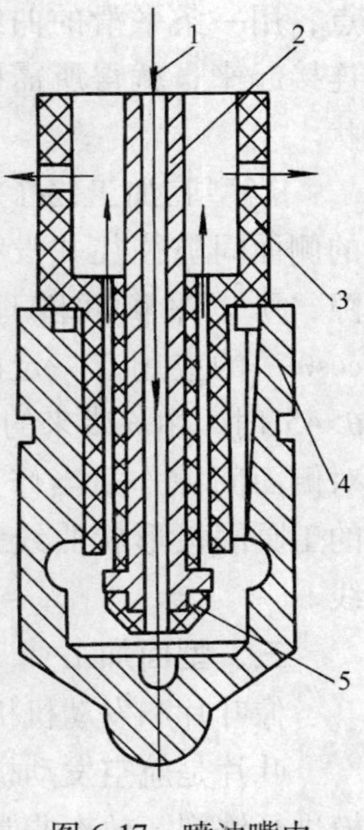

图 6-17 喷油嘴内弧槽的加工

1—电解液 2—工具

3、5—绝缘层 4—工件

二、型腔加工

电解加工可以使用成形阴极对复杂型腔一次成形。以前锻模的型腔采用电火花加工。电火花加工与电解加工相比其精度高，但生产率低。因此，像精度不太高的煤矿机械、汽车拖拉机制造中的各类锻模，近年来已采用电解加工的方式制造，取得了良好的技术经济效果。

型腔的成形表面比较复杂，阴极工具的设计制造是关键。当采用硝酸钠、氯酸钠等成形精度好的电解液加工，或采用混气电解法加工时，阴极设计就比较容易。这是因为加工间隙好控制，可以采用反拷法制造阴极。如采用氯化钠电解液而又不混气时，则阴极设计就较复杂。

采用平衡间隙理论设计阴极，根据被加工工件的图样，合理确定各处间隙的大小，并在制造过程中依据电场、流场的情况再修正阴极的形状尺寸，以保证所加工零件的精度。一般要经过修正、试验的反复过程，才能收到满意的效果。

生产中常采用 $\cos\theta$ 法，即只考虑工件被加工面几何形状的阴极设计法。具体方法如图 6-18 所示。当加工条件确定后，底面间隙由平衡间隙公式

$$\Delta=\frac{\eta\omega\sigma U_{R}}{v_{l}}$$

计算出来，侧面间隙由工件侧面各点与阴极相应点间的法向间隙 Δ_n 决定。法向

间隙 Δ_n 随工件各点的法线与进给方向夹角的变化而变化，即

$$\Delta_n = \Delta / \cos\theta \tag{6-22}$$

工具阴极的尺寸就由工件尺寸减去相应各点的底面间隙或侧面的法向间隙所决定。因为工件上不同处的曲率不同，所以在整个阴极表面各点的尺寸缩小也不相同。

如图 6-18，在所需的加工形状上任一点 A_1 处引一法线和一条与进给方向平行的直线，在与进给方向平行的直线上取一点 C_1，使得 A_1C_1 等于底面平衡间隙 Δ，从 C_1 点作一水平线与法线交于 B_1 点，这段法线长度

$$A_1B_1 = \Delta / \cos\theta \tag{6-23}$$

也就是 A_1 的法向间隙，所求的 B_1 点就是工具阴极上的一个相应点。依次办法，可以求出阴极上相应的 B_2、B_3…各点，用一条平滑的曲线依次将各点连接起来，就得所需的工具阴极形状。

当型腔加工终了时，由于这时的侧面间隙往往并没有达到平衡间隙，所以平衡间隙理论为基础的 cosθ 法的应用有一定的局限性。当 $\theta > 45°$ 时，由 θ 带来的误差较大，需对侧面间隙作适当修正，这时求出的工具阴极形状曲线是一条近似曲线。

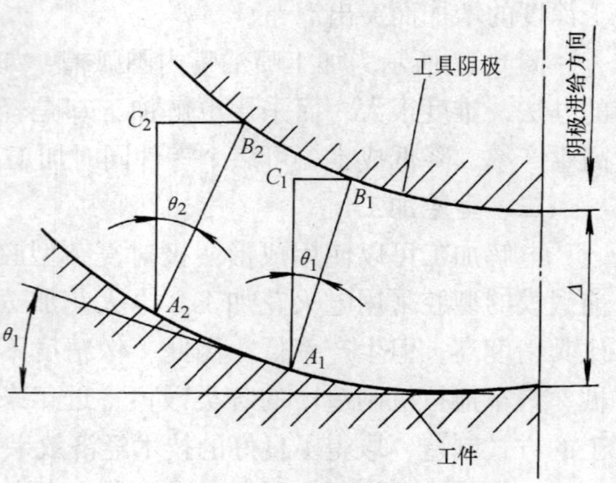

图 6-18　cosθ 作图法设计阴极

三、型面加工

像叶片和发动机机匣等外表成形的零件，也可以用电解加工的方式加工。

叶片是航空发动机、汽轮机的重要零件。以前叶片的加工是靠在铣床上用靠模进行铣削，效率非常低，特别对于一些小型转子，需在铣床上分别加工好叶片和轮体，然后再将它们装配成一体，加工制做周期长，效率低。如用电解加工可整体加工，一次成形，省去装配工序。

对于变截面扭曲叶片，加工表面由叶背和叶盆组成，叶片又分单型面叶片和双型面叶片，加工时，既可分步加工，又可整体同步加工。型面加工机床有立式和卧式两种。立式机床用于单型面叶片加工；卧式双面式机床用于双型面叶片加工，加工一个双型面叶片需要 4~5min，加工误差小于 0.18mm。我国航空发动机叶片的叶背和叶盆绝大多数是采用卧式双面进给电解机床同时加工完成的，加工的最大叶片长度达 1000mm。如加工一个中等尺寸镍基合金涡轮叶片的典型参数为：

电解液：15%~18%的 NaCl 水溶液，压力 0.4~0.7MPa，30℃混气；

进给速度：0.5mm/min；

加工电流：1200~2000A；

加工电压：18V；

加工间隙：0.20~0.25mm。

四、去毛刺和倒圆

机械加工后的金属零件都可能产生毛刺。大批量生产时，去毛刺的工作量也很大，特别是硬而韧的工件上的毛刺，需占用很多的人力，耗费许多时间。电解去毛刺可大大提高工效，还可避免机械方式或手工方式去毛刺对已加工表面产生的损坏，像汽车、仪表、航空等行业，用电解去毛刺非常适宜。

当两电极间有电流通过时，在电极尖角处的电流密度最大，去毛刺时，只要将工具阴极靠近毛刺或毛刺的根部，毛刺就很容易被去除，并在工件上获得一定半径的光滑圆角。图 6-19 所示为齿轮电解加工去毛刺装置。环形电极工具与工件被绝缘柱隔开，并保持正确的相对位置(约 3~5mm)。电解液通过工具阴极的心部进入电解区，从齿轮端面流过，阴极和工件间通上约 20V 的电压(如电压高时,间隙取大些)，约 1min 就可去除毛刺。

去毛刺时，工具阴极与工件的关系一般是相对静止，去毛刺的时间与阴极和工件间的间隙、施加在二者上的电压和电解液种类及浓度有关。为减少杂散腐蚀，电解液浓度要比电解加工时低，压力也小。用 NaCl 电解液去毛刺，电解液浓度不超过 9%，一般用 6%，电解液压力取 0.4~0.3MPa。间隙选择的范围是 0.1~0.8mm，精度要求高者取下值，低者取上值。电压在正常情况下用 15V 左右。电解液的流向应便于将毛刺冲离工件和阴极，以免毛刺引起的短路。

图 6-20 所示为工件内孔端部倒圆示意图。

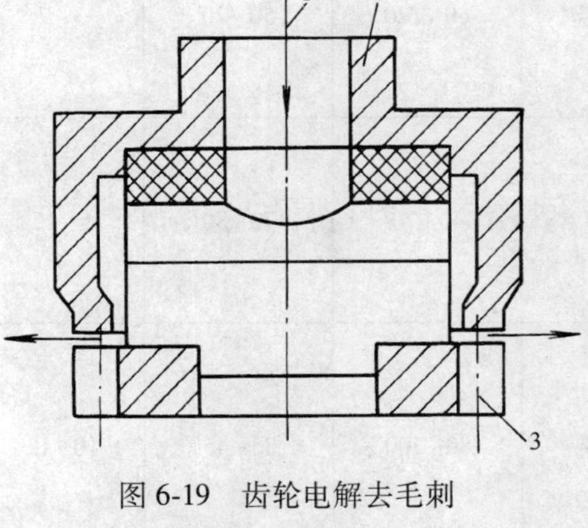

图 6-19　齿轮电解去毛刺

1—电解液　2—工具　3—齿轮

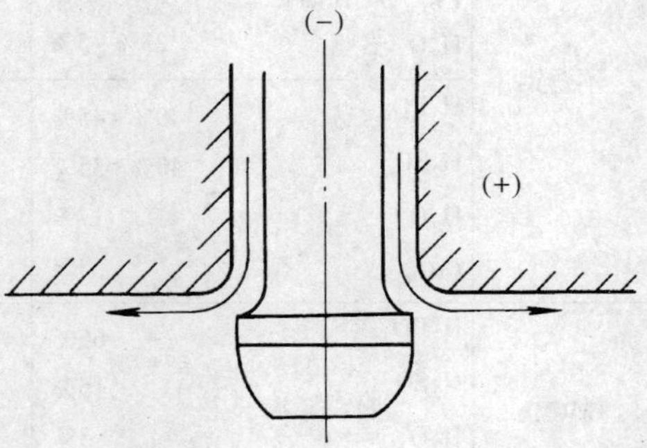

图 6-20　倒圆角示意图

五、电解抛光

电解抛光是一种表面光整加工方法，利用金属在电解液中的电化学阳极溶解原理对工件表面进行腐蚀抛光。电解抛光不改变工件形状和尺寸，只降低工件的表面粗糙度值和改善表面物理力学性能。电解抛光与电解加工的区别是工件和工具的加工间隙大，电流密度小，电解液一般不流动，必要时加以搅拌。因此，电解抛光设备及阴极结构简单，不需要电解液流动和过滤系统。电解抛光的效率比机械抛光高，并且抛光后的表面生成致密牢固的氧化膜，提高了工件的耐蚀能力，不产生加工变质层和表面应力，不受被加工材料的强度和硬度限制，因而在生产中获得广泛的应用。

对电解抛光质量的影响因素主要有以下几点：

1）电解液的成分、浓度对抛光质量有决定性的影响。目前从理论上还不能确定某种金属或合金的最适宜的电解液成分和比例，对所采用电解液的成分、比例主要是通过实验来确定，如表 6-9 所示。

表 6-9　常用电解液及抛光参数

适用金属	电解液		阴极材料	阴极电流密度 /A·dm^{-2}	电解液温度/℃	持续时间/min
碳钢	H_3PO_4 CrO_3 H_2O	70% 20% 10%	铜	40~50	80~90	5~8
碳钢	H_3PO_4 H_2SO_4 H_2O $(COOH)_2$(草酸)	65% 15% 18%~19% 1%~2%	铅	30~50	15~20	5~10
不锈钢	H_3PO_4 H_2SO_4 丙三醇(甘油) H_2O	50%~10% 15%~40% 12%~45% 23%~5%	铅	60~120	50~70	3~7
不锈钢	H_3PO_4 H_2SO_4 H_2O CrO_3	40%~45% 40%~35% 17% 3%	铜、铅	40~70	70~80	5~15
CrWMn 1Cr18Ni9Ti	H_3PO_4 H_2SO_4 H_2O CrO_3 丙三醇(甘油)	65% 15% 3% 5% 12%	铅	80~100	35~45	10~12

（续）

适用金属	电解液		阴极材料	阴极电流密度 /A·dm^{-2}	电解液温度/℃	持续时间/min
铬镍合金	H_3PO_4 H_2SO_4 H_2O	640mg 150mg 210mg	不锈钢	60~75	70	5
铜合金	H_3PO_4 H_2SO_4 H_2O	670mg 100mg 300mg	铜	12~20	10~20	5
铜	H_2O CrO_3	40% 60%	铝、铜	5~10	18~25	5~15
铝及合金	H_3PO_4 H_2SO_4 H_2O HNO_3	体积 15% 体积 70% 体积 14% 体积 1%	铝 不锈钢	12~20	80~95	2~10
	H_3PO_4 CrO_3	100g 10g	不锈钢	5~8	50	0.5

2）阳极电位和阳极电流密度。一般来讲，采用高的电流密度可获得较高的生产率和较好的表面质量。但在有些情况下，采用低电流密度也可获得较好的表面质量。在实际加工中，常采用控制阳极电位来控制表面质量。

3）电解液温度和搅拌。电解液的温度对每一种被加工的金属来讲，都有一个最佳范围。这个最佳范围目前还主要依靠实验确定。电解抛光时，特别是小间距时，电极反应产物不能及时排走，破坏了最佳抛光条件，因此必须采用搅拌的方式，以使电解液流动，从而保证抛光区域的离子扩散，及时补充新电解液，减少电解液的温差。

4）金属的原始条件。金属的原始条件包括金属的成分、金相组织和表面状态。如果金属的组织细致、均匀，金属的成分单一，非金属含量少，抛光质量就好；反之则差。表面状态对抛光质量也有较大的影响，表面粗糙度值愈小，抛光效果愈佳，表面粗糙度在 $R_a0.8\sim2.5\mu m$ 时，抛光才有效，在 $R_a0.63\sim0.2\mu m$ 时，抛光效果更佳。但在抛光前，表面应除去一切污物、变质层。

除此之外，电解抛光的持续时间、阴极材料、阴极形状、极间距离等因素都对抛光质量有一定的影响。

第七节　电化学机械复合加工

电化学机械复合加工是由电化学阳极溶解作用和机械加工作用结合起来对金属工件表面进行加工的复合工艺技术，它包括很多具体的方式方法，例如电解研磨、电解珩磨、电化学机械抛光、电化学机械加工等。这些方式和方法都是随着科学技术和生产实践的不断进展而发展起来的，而且，随着人们对其重视程度的提高，它们发展和扩大的趋势正在不断地加强。

如果从最早出现的电解磨削算起，电化学机械加工已有40余年的历史了，但其他诸多方式方法的出现及在较大工业范围内的应用，则是近十年的事情。例如电解研磨和电化学机械抛光加工，目前在日本、德国等国家，已开始成为大件表面及内表面加工的重要手段。我国依靠自己的力量，在电化学机械复合加工的基础研究和应用开发等方面也进行了多年的研究，做了大量的工作，并取得了一定的成绩，目前有许多电化学机械复合加工已经成功地应用到了工业生产中。

在电化学机械复合加工中，主要是靠电化学的作用来去除金属，机械作用只是为了更好地加速这一过程，所以在各种各样的电化学机械复合加工方式中，电化学的作用是相同的，只是机械作用所用的工具及加工方式不同。但这并不等于说机械作用不重要，实际上二者的作用是均衡的。这是因为在加工过程中，如果机械作用过于缓慢，就会影响电化学作用的发挥，从而使去除速度降低；而若机械作用过强，则会带来一些机械加工的缺陷，例如表面滑痕、烧伤，磨具的堵塞、磨具磨损过快等，因而也不会得到高的蚀除速度。实践表明：使用适当的机械形式和工具，使电化学阳极溶解作用和机械去除作用达到良好的配合，是得到电化学机械加工最佳效果的重要条件。实际上，在许多电化学机械加工方法的开发和研究中，许多情况下把大量的工作放在了对机械部分的开发和研究上。

一、电化学机械加工的分类

目前，电化学机械加工工艺已出现多种复合形式，而且还在不断地发展壮大的过程中，所以很难将其进行明确的分类。为了更好地了解电化学机械加工，可以从不同的角度对其进行归纳。从与电化学加工相结合的机械工艺角度来看，目前常用的电化学机械复合加工大致可以分为电解磨削、电解研磨、电解珩磨、电化学超声加工、电化学砂带磨削、电化学机械复合抛光加工及高精度电化学机械加工等几类。作为复合加工的方法，目前还出现了更多元的复合，如电化学—机械—超声加工等。

另一种分类方法是根据工具电极的设置方式来划分的，这种分类方法大致可以把电化学机械加工分为两大类：一类是复合法；一类是中间电极法，简称中极法。在复合法加工方式中，所用的工具即作为阴极，和工件阳极之间发生电化学反应，同时又作为刮除工件表面氧化膜的工具，如电解磨削中的导电砂轮、带电磨头以及与工具做成一体的各种各样的组合式或镶嵌式工具头，用起来比较灵活，工艺性能比较好。这类加工方法中，复合工具头往往对配套电源的性能及加工工艺要求较为严格，其制作难度也较大。在中间电极法加工时，电极与机械工具分别设立，电极的作用是与工件之间发生电化学作用，使工件阳极表面形成一层氧化膜，机械工具就是用来刮除工件表面的氧化膜，不需要参与电化学反应，所以中间电极和机械工具头的制作比较简单，而且阴极的导电面积大，可以获得较高的生产率。

二、电化学机械复合加工的特点

作为复合加工方式，电化学机械加工兼具了电化学加工和机械加工的某些特点：

（1）加工范围广，生产效率高　由于电化学机械复合加工主要是依靠电化学的作用来去除金属，机械刮除起辅助作用，所以工件的加工范围不受金属材料本身强度、硬度等力学、物理性能的限制，因此只要选择合适的电解液，就可以加工任何高硬度、高韧性的材料，而且比机械加工的生产率高得多。如电解磨削硬质合金时的生产率，与普通的金刚石砂轮磨削相比要高 3~5 倍；电化学机械模具抛光，生产率要高 3~9 倍左右。

（2）加工精度和表面质量优良　电化学机械复合加工中的机械作用只是刮除氧化膜，去除金属材料所利用的能量主要不是机械能，因此在工件与工具之间也就不存在明显切削力和切削热，由此也就可以避免机械划痕、加工硬化、变质层、残余应力等缺陷，也不会出现毛刺、裂纹和烧伤现象，从而可以获得高的加工质量，如一般电解磨削的 R_a 可达 0.16μm。

电化学机械复合加工的另一显著特点为加工后工件的表面微观特性不同于机械加工。机械磨削加工后工件的微观表面呈现尖峰状，而电化学机械复合加工后的工件表面微观呈现为平顶状，即所谓的“高原型”，这两种表面相比，后者具有较高的支承能力，作为摩擦面使用时，表现出极佳的摩擦学特性，摩擦因数小，耐磨损，可以不经磨合而直接进入工作使用阶段，精度保持性好，还具有耐腐蚀、抗介质粘附的优点。作为塑模型腔面，可以使模制品易于脱模。作为介质输送管道、容器表面，可以减小摩擦阻力，防止粘附结垢。

（3）机械磨具磨损小　由于机械工具在刮除工件表面的氧化膜时作用力很小，所以工具的磨损很小。例如磨削硬质合金工件，普通刃磨时，碳化硅砂轮的磨损量为切除硬质合金量的 400%~600%，而电解磨削时，则为 50%~100%，消耗速度仅为它们的 1/5~1/10，可大大减少磨轮的修整次数，显著降低成本。

（4）控制条件好　通过控制电化学反应的电参量，比较容易实现对加工过程的控制，包括自动控制。

(5) 成本低　与达到同样加工精度的机械加工方法或其他加工方法相比，电化学机械加工的设备投资少，生产率高，成本低。

另外，电化学机械复合加工还具有对机床的精度要求较低和对机床的腐蚀性小等优点。但电化学机械复合加工需要增加一套电化学加工系统，如直流电源、电解液的循环过滤装置、通风排气装置等，另外，机床、夹具等设备还要采取一定的防腐防锈措施。

三、常用电化学机械复合加工介绍

1. 电解磨削

电解磨削是出现较早、应用较为广泛的一种电化学机械复合加工方式，它比电解加工具有较好的加工精度和表面粗糙度，比机械磨削具有较高的生产率。

(1) 电解磨削的加工原理及特点　图 6-21 所示为复合法电解磨削加工的原理图。导电砂轮 1 与电源负极相连，3 为被加工工件(硬质合金车刀)，与电源正极相连，工具与工件以一定的压力相接触，当在它们之间施加电解液 2 时，工件与工具之间发生电化学反应，在工件表面上就会形成一层极薄的氧化物或氢氧化物薄膜，一般称它为阳极薄膜，而工具的表面有突出的磨粒，随着工具与工件的相对运动，工具把工件表面的阳极薄膜刮除，使工件表面露出新的金属并被继续电解，这样，电解作用和机械刮膜作用交替进行，使工件被连续加工，达到一定的尺寸精度和表面粗糙度。图 6-22 所示为中极法电解磨削加工原理图。

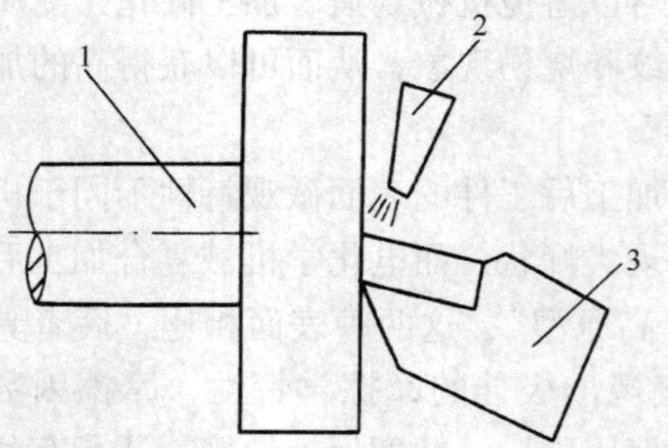

图 6-21　复合法电解磨削加工过程原理图

1—导电砂轮　2—电解液　3—工件

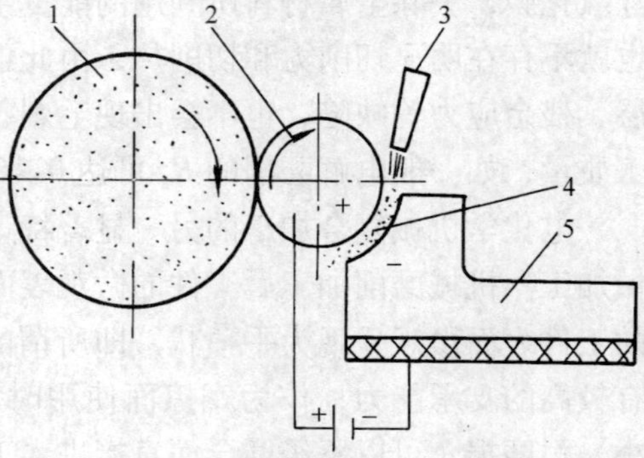

图 6-22　中极法电解磨削

1—普通砂轮　2—工件　3—电解液喷嘴

4—电解液　5—中间电极

电解磨削时工件阳极的溶解过程和电解加工相似，不同之处为电解加工时工件表面形成的钝化膜是靠活性离子进行活化，或靠高的电流密度去破坏，电解产物的排除是靠高速流动的电解液的冲刷作用。电解磨削加工时，工件表面氧化膜的去除是靠砂轮上磨拉的机械刮除作用，因此电解磨削加工一般不需要高压力、大流量的泵，而采用小型离心泵。另外，电解磨削加工其形状和尺寸精度主要是由砂轮相对于工件的成形运动来保证的，因此电解液中不能含有活化能力很强的活性离子如 Cl^- 等，而是采用腐蚀能力较弱的钝化型电解液，如 $NaNO_3$、$NaNO_2$ 等为主的电解液，以提高成形精度。

复合法电解磨削加工时，磨轮必须既含有磨粒又导电，并且磨粒还要比导电砂轮基体突出一些，以保证加工间隙内的电解液的畅通，因此这种方法需要制造专门的导电砂轮。常用的有铜基和石墨两种。铜基导电砂轮是用铜粉和磨料混合烧结而成形，在使用时先用反接法即砂轮接阳极进行电解，以使表面的铜不断被电解下来而磨粒突出出来，磨粒暴露在外的尺寸即为电解磨削时的加工间隙。这种砂轮具有高的生产率。石墨砂轮不能反靠，磨削时石墨与工件之间会火花放电，具有电解磨削和电火花磨削的双重作用。导电砂轮的磨粒最常用的是金刚石。因为金刚石磨粒具有很高的耐磨性，能比较稳定地保持两极间的距离，使加工间隙稳定，而且还可以在断电后对硬质合金一类的高硬度材料进行精磨，以提高精度和降低表面粗糙度值。当采用中极法电解磨削时，砂轮无需导电，也就不用制造专用砂轮，只用普通砂轮即可。

（2）影响生产率的因素　影响电解磨削生产率的因素有很多是和影响电解加工的生产率相同的，如电流密度、金属的电化学当量、加工间隙等等，此处不再重述。此外，它也有和电解加工不同的影响因素，如磨轮与工件之间的导电面积、磨削压力、磨轮与磨料等。以下作简要分析。

当电流密度一定时，通过的电量与导电面积成正比，因此阳极和工件之间的接触面积越大，通过的电量越多，单位时间内金属的去除量越大。当采用中极法磨削时，可根据工件的形状设计阴极，以增大工件与工具的导电面积，提高生产率。

在磨削过程中，磨削压力越大，进给速度越快，阳极金属被活化的程度越高，生产率也就越高。但过高的压力容易使磨料磨损脱掉，减小了加工间隙，影响电解液的输入，引起火花放电或短路，使生产率下降。

从理论上讲，在电解磨削时，磨粒的作用仅用于去除工件表面的氧化膜，因此磨粒的硬度、粒度和速度等对生产率和加工质量影响不大。而事实上，由于磨轮上磨粒的最高点并不完全处于同一圆周上，加上磨轮主轴的径向振摆，因此磨粒也会对工件本身起直接磨削作用，其磨削去除量一般占总去除量的5%左右，个别情况占30%～50%，因此，磨粒的参数对生产率和加工精度有一定影响。

（3）影响加工精度的因素　电解液的成分直接影响到阳极表面钝化膜的性质。要获得高精度的工件，阳极工件表面就要形成一层结构紧密、均匀、保护性能良好且有一定厚度的钝化膜。钝性电解液形成的阳极钝化膜不易受到损坏，如硼酸盐、磷酸盐等。当加工硬质合金时，还要适当控制电解液的 pH 值。因为硬质合金的氧化物易溶于碱性溶液，所以电解液的 pH 值不易过高，一般应 pH =

7~9为宜。电解磨削常用的电解液如表 6-10 所示。

表 6-10　电解磨削常用电解液

被磨削工件的材料	电解液成分	电流效率(%)	电流密度/A·cm^{-2}	表面粗糙度 R_a/μm
硬质合金	$NaNO_3$ 0.3% $NaNO_2$ 9.6% Na_2HPO_4 0.3% $K_2Cr_2RO_7$ 0.1% H_2O 89.7%	80~90	10	0.1
	$NaNO_2$ 7.0% $NaNO_3$ 5.0% H_2O 88.0%	70		
硬质合金和钢组合材料的“双金属”	$NaNO_2$ 5.0% Na_2HPO_4 1.5% KNO_3 0.3% $Na_2B_4O_7$ 0.3% H_2O 92.9%	70	10	0.1
低碳钢、中碳钢	Na_2HPO_4 7% KNO_3 2% $NaNO_2$ 2% H_2O 89%	78	10	0.4

对合金成分复杂的材料，由于不同金属元素的电极电位不同，阳极溶解速度也不同，特别是电解磨削硬质合金和钢的组合件时，问题更为严重，因此要研究适合多种金属同时均匀溶解的电解液配方。

电解磨削过程中，机械因素对加工精度也有很大的影响，如机床的成形运动精度、夹具精度、磨轮精度等。其中电解磨轮占重要地位。在实际加工中，磨出的工件常会出现中凸的“鱼背”形状，因此要精确修整砂轮。此外，磨粒的选择也很重要。磨料的粒度越细，越能均匀地去除钝化膜，同时也使加工间隙减少，有利于加快整平速度和改善表面粗糙度。但当加工间隙过小时，也会降低表面质量。另外，磨削压力也是影响加工表面的因素之一。压力太小，难以去除钝化膜；压力太大，机械切削作用强，磨料磨损快，使表面粗糙度恶化。实践表明，当电解磨削终了时，切断电源进行短时间(1~3min)的机械修磨，可改善表面质量。

(4) 电解磨削的应用　电解磨削由于集中了电解加工和机械磨削加工的优点，在生产中常用来磨削一些高硬度零件及普通磨削很难加工的零件，如硬质合金刀具、轧辊、深小孔、薄筒、细长杆类零件等。

硬质合金轧辊如图 6-23 所示。电解磨削所用的磨轮为铜粉结合剂的人造金刚石磨轮，磨料粒度为 60# ~ 100#，外圆直径为 ϕ300mm，磨削型槽的成形磨轮直径为 ϕ260mm，电解液的成分为亚硝酸钠 9.6%、硝酸钠 0.3%、磷酸氢二钠 0.3%（指质量分数）、其余为水，加入少量的丙三醇（甘油），可以改善表面粗糙度。粗磨的加工参数为：电压 12V，电流密度 15~25A/cm²，磨轮转速 2900r/min，工件转速为 0.025r/min，一次进刀深度 2.5mm。精加工时的加工参数为：电压 10V，工件转速为 16r/min，工件的移动速度为 0.6mm/min。磨削加工后轧辊的型槽精度为±0.02mm，型槽位置精度为±0.01mm，表面粗糙度 R_a0.2μm，工件表面无裂纹，无残余应力，加工效率高，并大大提高了金刚石砂轮的使用寿命。

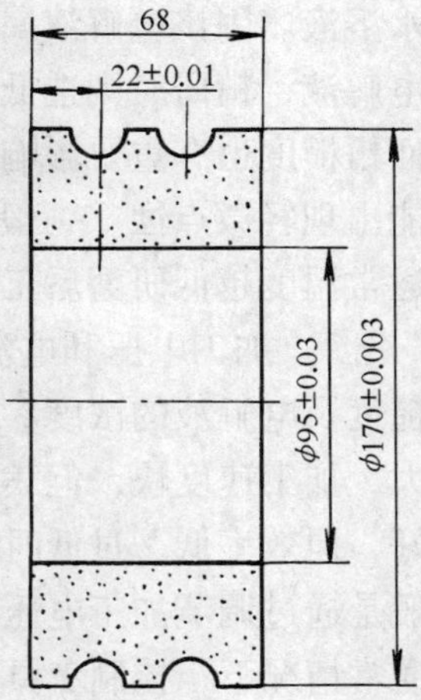

图 6-23　硬质合金轧辊

采用金刚石导电砂轮电解磨削加工精密丝杠的硬质合金成形车刀，表面粗糙度可小于 R_a0.06μm，刃口非常锋利，完全达到精车精密丝杠的要求。实践表明，采用电解磨削工艺不仅比单纯用金刚石砂轮磨削时效率提高 2~3 倍，而且大大节省了金刚石砂轮。一个金刚石导电砂轮可用 5~6 年。

2. 电解研磨

电解研磨是在机械研磨的基础上附加电解作用而形成的一种复合加工方法。图 6-24 所示为其原理图。电解研磨不仅电流效率比纯电解抛光高，而且其材料去除速度比纯电解抛光和纯机械研磨都快得多。

电解研磨按磨料是否粘固在弹性合成无纺布上可分为固定磨料加工和流动磨料加工两种。固定磨料加工是将磨料粘在无纺布上之后，再将无纺布包在工具阴极上，无纺布的厚度即为加工间隙。流动磨料加工时磨料不粘在无纺布上，而是悬浮在电解液中，因此在研磨时磨料的运动轨迹就更加杂乱无章，由此可获得镜面。

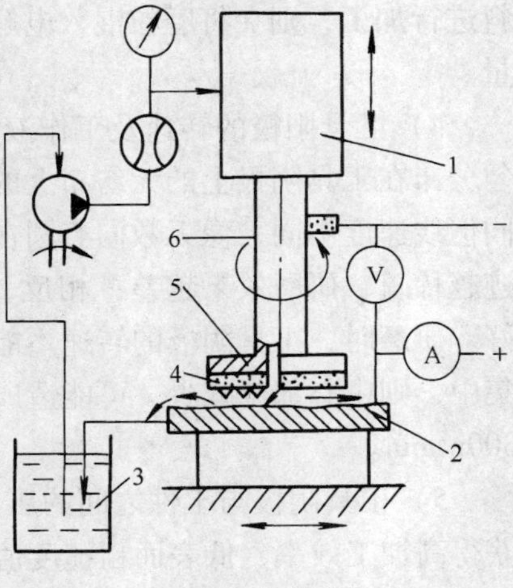

图 6-24　电解研磨加工

1—回转装置　2—工件　3—电解液

4—研磨材料　5—工具电极　6—主轴

（1）影响电解研磨加工速度及表面质量的因素

1）电解液的影响。电解液是影响电解研磨表面质量的首要因素，加工不同材料的工件应配置不同成分的电解液。一般情况下，研磨不锈钢（如 1Gr18Ni9Ti）和一般碳钢时，均选用 10%~20%的 $NaNO_3$

水溶液。因该电解液属钝化性电解液，电解整平能力强。通常粗研时选高浓度的电解液，精研时则选低浓度的电解液，有时浓度低于6%。电解液温度对研磨表面粗糙度也有重要影响。当电解液温度超过40℃时则表面质量变差，有时还可能出现轻微点蚀。一般控制在20~30℃范围内效果最好，最高不要超过35℃。通常温度越低研磨后工件的表面质量越好。

2）加工电压和电流密度的影响。加工电压的选取可参考工件的原始表面粗糙度及电解液的浓度参数等，通过工艺实验进行优化确定，电压高，则电流密度大，加工速度快，但表面质量不好控制，甚至出现点蚀。一般低电压下表面质量好，但效率低，过低时可能会变成以机械磨削为主，致使工件表面质量下降。一般是通过调节加工电压来控制电流密度，这样就消除了导电回路各环节的影响。通常情况下，控制工具阴极实际工作面积上的电流密度在0.4~0.8A/cm^2，不要超过1A/cm^2，否则可能出现点蚀。

3）无纺布厚度、粘结的磨粒尺寸及含磨粒量。无纺布是电解研磨复合加工的重要工具，它既起机械研磨作用，同时其疏密厚薄又影响电解作用的强弱，故对无纺布的厚度、弹性、强度、耐水性都有一定要求，而且在加工的全过程中其性能应保持稳定。磨粒尺寸不但影响抛光效率，更重要的是影响表面粗糙度。一般情况下，粗磨时选用较粗磨粒以较快地去除加工余量；中等粗糙度加工时，选用的磨粒要小些，通常选用1000目以上的磨粒；镜面抛光时，可以使用粒度在2000目以上的磨粒，甚至不用磨粒而直接用致密均匀的无纺布。若采用流动磨料进行加工，则在将磨粒混入电解液之前，必须将磨粒进行过滤，以提高研磨质量。

4）工具阳极的转速及工作液送进速度。在实际电解研磨过程中，磨粒是均匀分布在工具阴极上的无纺布上的，因此当工具阴极旋转时，各点的进给速度相同但线速度不同，像无数同心圆在进给方向移动。因此进给速度越大，则运动轨迹越稀疏，研磨效果越差；相反，进给速度越慢，轨迹越密集，则研磨效果越好。研磨时，工具阴极的转速不能太高，否则由于离心力的作用使电解液向周边集中，则中心部位减少，可能造成干磨，所以通常工具阴极的转速范围为200~300r/min。

5）工具阴极与工件之间的压力。工具阴极与工件之间具有适当的压紧力是获得高加工效率、低表面粗糙度值的重要工艺条件。由于电解研磨使用的是富有弹性的尼龙无纺布，只有一定压力下才能使其紧贴工件表面从而进行具有一定效率的研磨抛光，压力太小，一方面会由于工具阴极没有能有效地将工件凸起部位电解产物去除干净而使效率降低，另一方面由于无纺布的弹性而使工具阴极产生振动从而使表面粗糙度变差，同时还会加速无纺布的磨损而降低其使用寿命。压力太大，电解液难以进入加工间隙，使电解作用减弱，同时工件表面易被磨粒划伤。正常研磨时，压紧力一般在 10～50kPa 之间选择。粗加工时应选得大些，精加工时应选得小些，手工操作时应以感觉平稳无振动为宜。

实践证明，电解研磨加工时，决定表面粗糙度的主要因素是磨粒的大小及机械研磨的状态，而决定加工效率的主要因素是电解作用，因此只有二者很好地配合，才能提高加工效率，降低工件的表面粗糙度值。

（2）电解研磨的应用　电解机械研磨复合加工除用于抛光模具及不锈钢容器的型腔外，还可以抛光加工不同类型的零件。下面介绍抛光加工喷丝板。

喷丝板是喷丝头上的主要零件，其材料为铁基不锈钢，厚度为 1.5mm，圆盘的外径为 ϕ250mm，圆盘内径为 ϕ100mm，在内圆中间的部位用数控机床钻有4000 多个孔，如图 6-25 所示，孔的上部分为锥孔，下部分为圆柱孔，孔的两端均有毛刺，锥孔大端直径为 ϕ1.5mm，圆柱孔直径为 ϕ0.1mm。该零件要求抛光后的表面粗糙度为 R_a0.09μm，并去除孔两端的毛刺。因为零件材料韧性好，用机械方法去毛刺不但费时，而且不易去除干净，若去毛刺和抛光同时进行，则毛刺易翻入孔内。而使用电解研磨复合加工只需 10min，不但使表面粗糙度达到 R_a0.08μm，而且将毛刺去除干净。

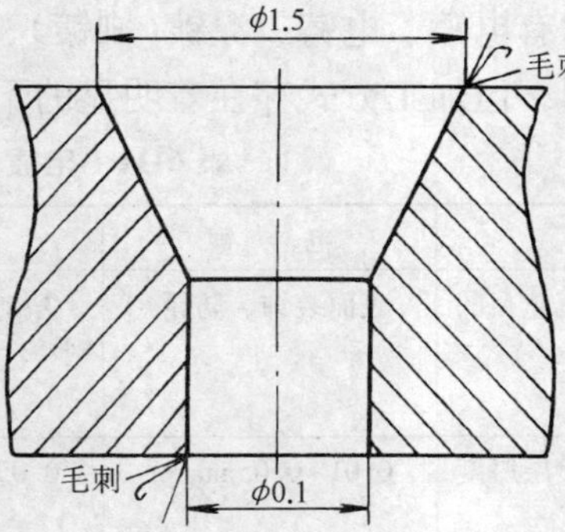

图 6-25　喷丝板上的喷丝孔

3. 电解珩磨

电解珩磨就是把电解加工引入到常规的珩磨加工中去，既利用了电解加工的高效率，也保持了珩磨的精度。图 6-26 所示为电解珩磨原理图。普通珩磨机床及珩磨头稍加改装，很容易实现电解珩磨。把普通珩磨机的切削液换成电解液并设置直流电源，加工时将珩磨头插入工件的孔中，通入电解液，珩磨头开始运动，接通电源，经过预定的珩磨时间，切断电源，使珩磨头继续珩磨几个行程结束加工。

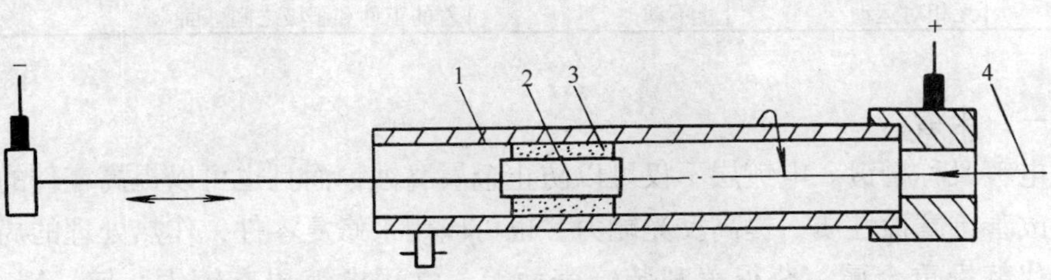

图 6-26　电解珩磨原理图

1—工件　2—珩磨头　3—磨条　4—电解液

珩磨头用金属制造，本体作阴极，珩磨条是不导电的。电解珩磨的电参数可以在很大范围内变化，电压为3~30V，电流密度为0.2~1A/cm^2。加工后工件成形精度高，表面质量好，表面粗糙度值可达到R_a0.05~0.025μm，磨条损耗小，工件无热应力，无毛削、飞边等缺陷。电解珩磨主要适用于普通珩磨难以加工的高硬度、高强度和容易变形的精密零件的孔加工，及圆筒形零件精修内表面。

第八节　阴极沉积加工

和电解加工相反，利用电解液中的金属正离子在外加电场的作用下沉积到阴极的过程对工件进行加工的方法称为阴极沉积加工，属于电镀工艺的范畴。常见的有电镀、电铸、涂镀(刷镀)、复合镀及光电成形等。它们的加工原理基本相同，但加工方式存在着明显的不同之处，如表6-11所示。

表6-11　电镀、电铸、涂镀和复合镀的主要区别

	电　镀	电　铸	涂　镀	复 合 镀
工艺目的	表面装饰、防锈	复制、成形加工	增大尺寸、修复零件、改善表面性能	1. 电镀耐磨层 2. 制造成硬砂轮或磨具
镀层厚度	0.01~0.05mm	0.05~5mm或以上	0.01~0.5mm或以上	0.05~1mm以上
精度要求	只求表面光亮、光滑	有尺寸、形状精度要求	有尺寸、形状精度要求	有尺寸、形状精度要求
镀层牢固	牢固粘结	与原模能分离	牢固粘结	牢固粘结
阳极材料	与镀层金属相同	与镀层金属相同	用石墨、铂等钝性材料	与镀层金属相同
镀液	用自配的电镀液	用自配的电镀液	按被镀金属层选用现成供应电镀液	用自配的电镀液
工作方式	需用镀槽，工件浸泡在镀液中，与阳极无相对运动	需用镀槽，工件与阳极可相对运动或静止不动	不需镀槽，镀液浇注或含吸在相对运动着的工件和阳极之间	需用镀槽，被复合镀的硬质材料放在工件表面

一、电镀

电镀又称槽镀。电镀层不仅可以防止金属腐蚀，而且也可以提高零件的耐磨性，改善抗摩擦性质，提高反光能力；也可以用来修复零件，作热处理的局部保护，代替贵重金属，获得美观装饰表面等。常用电镀层有镀铜、锌、镍、锡、铅、银、镉等。

1. 镀铬

一般镀铬可分为镀硬铬、镀光亮铬及镀乳白铬等。镀硬铬的铬层硬度可达

55HRC以上，甚至可达62HRC，所以能提高零件的耐磨性，有时甚至可用镀铬层代替表面淬火处理，也可用作刀、量具及精密偶合件的修复。镀光亮铬和乳白铬是为了达到美观和防蚀，它往往用于仪器及量具上。

镀硬铬层的零件，多半是用于摩擦副，因此为了提高镀层与基体的结合强度，通常在镀铬前先用反向电流腐蚀一下，再用大电流冲击一下，然后再转入正常规准镀铬。

2. 镀铜

镀铜层的化学稳定性较差，一般不单独用作防护装饰性镀层，而作为其他镀层的中间层，以提高表面镀层与基体的结合力，如在多层防护装饰镀层中作底层，在渗碳时用镀铜层保护不需要渗碳的部位等。

3. 镀镍

镀镍层结晶细小，容易抛光，在镀液中加入适当添加剂，可直接镀出镜面光亮的镀层，从而广泛地应用于汽车、自行车、各种机械、仪器、仪表等的装饰等保护层。

4. 镀银

镀银层广泛地应用于电子工业、仪器、仪表及化工等工业中，在家庭用具和餐具及各种工艺品中，也常用作装饰用镀层。

二、电铸

1. 电铸加工的原理

电铸加工的原理如图6-27所示。其加工原理为：用可导电的原模作阴极，电铸材料作阳极，电铸材料的金属盐溶液作电铸液，在直流电源的作用下，溶液中金属离子在阴极上获得电子成为金属原子而沉积镀覆在阴极原模表面，阳极上的金属原子交出电子成为正金属离子进入镀液，对金属离子进行补充，以保持其浓度基本不变。阳极原模上电铸层逐渐加厚，当达到预定厚度时即可取出，设法与原模分离，即可获得与原模型面凹凸相反的电铸件。

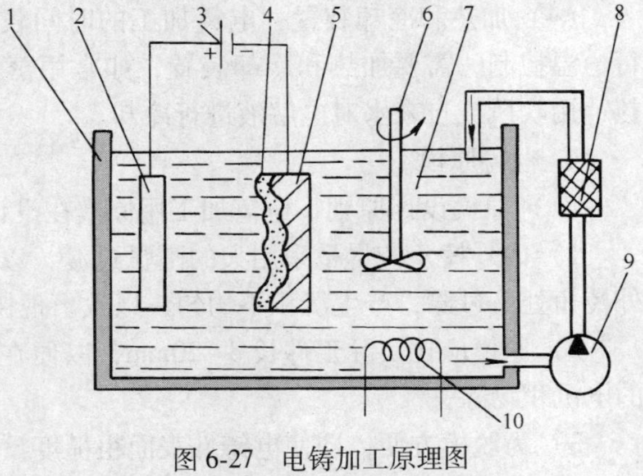

图6-27　电铸加工原理图

1—电铸槽　2—阳极　3—直流电源　4—电铸层　5—原模　6—搅拌器　7—电铸液　8—过滤器　9—泵　10—加热器

2. 电铸加工的特点

电铸加工具有鲜明的特点。其优点为电铸件是靠在原模表面沉积金属离子而成，由于电铸件与模具表面不存在间隙，所以可准确复制原模的表面细节，电铸件与原模的尺寸误差可控制在

±0. 25μm，而且电铸件具有良好的表面状况。另一方面，由于电铸加工过程对原模无任何损伤，所以永久性原模可重复使用，铸造的工件具有良好的重复精度，在各项加工参数得到良好控制时，统一原模的铸件尺寸误差可在微米数量级。借助石膏、石蜡、环氧树脂等作为原模材料，可把复杂零件的内表面复制为外表面，外表面复制为内表面，然后再电铸复制。由于电铸工艺的这些优点，它经常用来制取具有复杂曲面轮廓或精细形貌的工件，在航空、仪表及塑料行业中，已成为制造精密、异形产品的重要手段之一。

电铸加工也存在一定缺点，比如加工时间长，效率低。如电铸 1mm 厚的制品，简单形状的需要 3~4h，形状复杂的时间还长，有时需要几十小时，而且原模的制造技术要求高，往往要精密机械加工或照相制版等技术。有时存在一定程度的脱模困难。

3. 电铸加工的基本设备

电铸加工的基本设备主要有电铸槽、直流电源、搅拌和循环过滤系统、加热和冷却装置等。

（1）电铸槽　电铸槽的材料应以不受电铸液的腐蚀为原则。小型槽子可用陶瓷、玻璃或搪瓷制品；一般的常用钢板焊接，内衬铅板、橡胶或塑料等作衬里；大型电铸槽可用耐酸砖衬里的水泥制作。

（2）直流电源　和电镀类似，一般常采用低电压、大电流的直流电源，电压一般可在 3~20V 可调。常用硅整流电源或晶闸管直流电源。

（3）搅拌和循环过滤系统　其作用为降低浓差极化，加大电流密度，提高电铸质量。搅拌的方法有循环过滤法、压缩空气法、超声振动法和机械法。最简单的机械法是用浆叶搅拌。循环过滤法的特点是不仅对溶液进行搅拌，而且在溶液反复流动的同时对溶液进行过滤。

（4）加热和冷却装置　电铸加工的时间较长，为了在电铸期间对电铸液进行恒温控制，需要加热和冷却装置，如常用蒸汽和电热的方法对电解液进行加热，用吹风或自来水对电解液进行冷却。

4. 电铸原模

（1）原模设计原则　电铸加工用原模在设计时应遵循以下原则：

1）内外棱角应尽量采用大的圆弧过渡，以避免内棱角处金属沉积过薄，而外棱角处又过厚，产生沉积不均匀，以致出现树枝状沉积层。

2）原模应比实际工件长 8~20mm，以便在电铸后把电铸件两端粗糙、过厚的电沉积物除去。

3）为脱模方便，即使电铸件表面粗糙度没有要求时，原模的表面粗糙度为 R_a0. 2~0. 4μm，永久性原模的锥度不应小于 0. 085mm/m。若不允许锥度，则应选用与电铸金属热膨胀系数相差较大的材料制作。当铸件的尺寸精度要求不高时，可在原模表面涂一层蜡或低溶点合金(尽量薄)，在电铸后将蜡融化，以便脱模。

4）外形复杂、不能完整脱模的金属件，可选用一次性原模。也可采用组合模。

(2) 原模的类型及材料　电铸加工时所用原模有永久性和消耗性两种。所谓永久性，是指在电铸加工后，原模可从电铸件上分离出来。这种原模的制作费用高，一般用在长期大批量的产品上。而消耗性的原模，在电铸后不能用机械的方法将其脱离出来。永久性原模的常用材料有碳素钢、不锈钢、镍、黄铜、青铜、玻璃、环氧树脂或热固性塑料等；消耗性原模的常用材料主要有铝、蜡、石膏、低熔合金等，其特点为通过加热能融化、分解，或用化学的方法可将其溶解。

5. 电铸加工的工艺过程

电铸加工的主要工艺过程为：原模表面处理→电铸至规定厚度→衬背处理→脱模→清洗干燥→成品。

(1) 原模表面处理　将原模表面清洗干净后，凡金属材料一般在电铸前进行表面钝化处理，以形成不太牢固的钝化膜，以便电铸加工后脱模(一般用重铬酸盐溶液进行处理)；对于非金属原模材料，需对表面进行导电化处理。当零件尺寸精度要求不高时，可在原模上涂覆一层蜡或易熔合金，电铸后将涂层熔去脱模。

(2) 电铸过程　在电铸过程中，如果电流密度过大，易使沉积金属的结晶粗大，强度低，因此一般电铸的电流密度不会太大，生产率也较低。

电铸常用的金属有铜、镍、铁三种。每一种金属都有与其相对应的电铸液。表 6-12 所示为铜电铸液的组成和工艺规范。其他金属的电铸液可参看有关资料。

表 6-12　铜电铸液的组成和工艺规范

	成分及含量/$g \cdot L^{-1}$	工艺规范				
		pH 值	温度/℃	电压/V	阴极电流密度/$A \cdot dm^{-2}$	搅拌方式
硫酸盐溶液	硫酸铜　200~250 硫酸　45~75		20~25	<6	2~5	阴极移动（或自转）
氟硼酸盐溶液	氟硼酸盐　300~450 氟硼酸　15~20 硼酸　15~20	<0.6	20~60	4~12	5~20	机械搅拌
焦磷酸盐	焦磷酸铜　80~100 焦磷酸钾　330~400	8~9	40~50		1~3	空气搅拌

在电铸加工过程中，溶液必须连续过滤及搅拌。同时，为了使铸层的厚薄均匀，凸出部分有时要加屏蔽，在凹入部分加装辅助阳极。要严格控制电铸液的成分、浓度、酸碱度、温度、电流密度等。通常开始时电流不宜过大，以后逐渐增加，中间不宜停电，以免分层，使铸件内应力过大而导致变形。

(3) 衬背和脱模　有些电铸件，如塑料模具和翻制印制电路板等，电铸成形之后需要用其他材料衬背加工，然后再机械加工到一定尺寸。衬背的方法有浇铸铝或铅-锡合金以及热固性塑料等。

脱模的方法视原模材料不同而异，如表 6-13 所示。

表 6-13　电铸件的几种脱模方法

永久性原模	消耗性原模
1. 突击锤打	1. 铝及铝合金可溶于热的氢氧化钠溶液
2. 加热或冷却	2. 低熔点合金，以热的硅油浴熔化
3. 用压机或螺旋缓慢地推拉	3. 热塑性塑料，先加热软化，挖出，再以溶剂溶解洗涤
4. 对平面工件，用薄刀尖分离	4. 蜡模，可用沸水熔化，溶剂清洗
	5. 石膏原模可打碎取出

6. 电铸加工应用举例——留声机唱片原版与模版的制造

（1）声盘录制　即将声音信号记录在声盘上。声盘为铝制圆盘，上面涂以 0.2mm 厚的硝基漆。录制时声盘旋转，录针沿圆盘半径方向作直线运动，结果在声盘上录刻出深 30μm（密纹）或 70μm（普通）的声槽。

（2）声盘金属化　即用电镀工艺使声盘表面镀一层 0.08～0.15μm 银。这项工作直接影响以后唱片的放音质量，故不允许金属化时有任何灰尘，且银沉积层应均匀，因此整个过程应在洁净的小室中自动进行。

（3）制造一次原版　在已金属化的声盘表面电铸镍，厚度为 0.3～0.5mm，阴极电流密度为 15～25A/dm^2，然后将声盘与一次原版分离，并在稀铬酸中溶去沉积的银层，完成一次原版的制造。

（4）制造二次原版　先在一次原版表面进行化学处理，以获取钝化层（分离层）。然后在镍镀槽中再次电铸，使镍层厚 0.3～0.6mm，分离后获得二次原版。

（5）制造三～五次原版　继续用电铸的方法从二次原版制取三次原版，依次制取四次、五次原版。三次和五次原版可用作压制唱片的模版。

三、涂镀

1. 原理及特点

涂镀又称刷镀或无槽镀，是在金属工件表面局部快速电化学沉积金属的新技术，其原理如图 6-28 所示。涂镀时，工件接电源的负极，镀笔接电源的正极，浸满镀液的镀笔在零件表面上以一定的相对速度进行刷抹而使工作获得镀层。

涂镀加工的特点：

（1）设备特点　涂镀无需镀槽，设备简单，体积小，重量轻，便于现场使用，而且一套设备可以完成多种金属的涂镀。镀笔的材料主要采用高纯细石墨，是不溶阳极，其形状可根据需要制成各种样式。

（2）镀液特点　电涂镀的镀液大多是金属有机络合物水溶液，溶解度大且

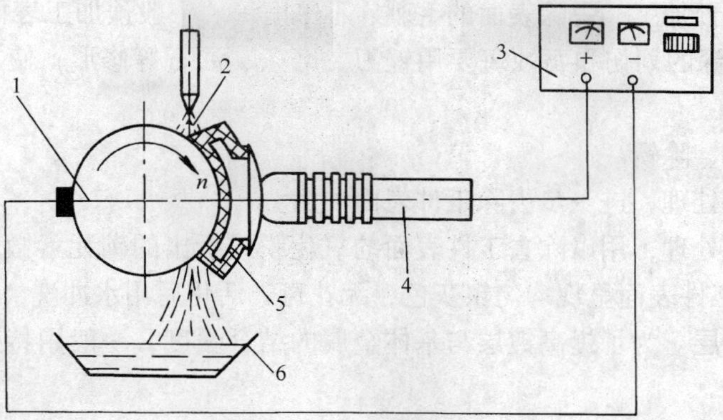

图 6-28 涂镀加工原理

1—工件 2—镀液 3—电源 4—镀笔 5—棉套 6—容器

稳定性好，因此镀液中金属离子含量通常比槽镀高几倍到几十倍，故涂镀比槽镀生产率高，在使用过程中，离子浓度不必调整，使用方便。

（3）工艺特点 涂镀区别于电镀的最大工艺特点便是镀笔与工件之间必须保持一定的相对运动速度，因此散热条件好，在使用大电流密度时不会产生过热现象，其镀层的形成是一个断续结晶过程，镀笔的移动限制了晶粒的长大和排列，因此镀层中存在大量的超细晶粒和高密度的位错，这会使镀层得以强化。涂镀使用手工操作，方便灵活，尤其对于复杂型面，凡是镀笔能触及的地方均可镀上，尤其适用于大设备不解体现场修理。

2. 涂镀的基本设备

涂镀设备包括电源、镀笔、镀液及泵、回转台等。

（1）电源 涂镀所用电源基本上与电镀相似，其电压在 0~30V 可调，电流在 30~100A 可调。特殊要求有：

1）应附有安培小时计或镀层厚度计，显示镀件所耗电量或镀层厚度，以保证镀层质量。

2）电源应带有正负极转换装置，以满足电镀、活化、电净等不同工艺的要求。

3）电源应设有过载保护和短路保护，以防止镀笔与工件偶尔短路时工件被烧伤报废。

（2）镀液 涂镀用的镀液，根据所镀金属和用途不同有很多种，由金属络合物水溶液及少量添加剂组成，比槽镀用的镀液有较高的离子浓度，一般可向专业厂订购。为了对被镀表面进行预处理，镀液中还包括电净液和活化液等。

小型零件表面、不规则工件表面涂镀时，用镀笔蘸浸镀液即可；对大型表面、回转体工件表面涂镀时，最好用小型离心泵把镀液浇注到镀笔和工件之间去。

3. 涂镀的工艺过程

1）表面预加工，去除表面的毛刺、不平度等。一般预加工表面粗糙度为 R_a <2.5μm，对深的划伤和腐蚀斑要用锉刀、磨条、油石等修形，使其露出其基体金属。

2）除油、除锈。

3）电净处理，进一步去除工件表面油污。

4）活化处理，用以除去工件表面的氧化膜或析出的碳元素微粒黑膜。活化好的标志是工件表面呈现均匀银灰色，无花斑。活化后用水冲洗。

5）镀底层。为了提高镀层与基体金属的结合强度，一般用特殊镍或碱铜作底层。

6）镀尺寸镀层和夹心镀层。当要求镀层尺寸较厚时，往往用几种镀层交替叠加，以达到既恢复尺寸快又保证镀层强度的目的。

7）镀工作层。工作镀层是表面最终镀层，其作用是满足表面物理、化学、机械性能等要求。要求耐磨时，镀镍-铝合金；要求光泽时，可镀半光亮镍。

8）镀后清洗。用自来水彻底冲刷已镀表面和邻近部位并吹干，涂上防锈油或防锈液。

4. 涂镀加工应用实例

大面积刷镀银在国家重点工程（30 万 t 乙烯工程）中的应用。

汇流铜排有 328 块纯铜板，宽 400mm，长度不等。最短的 1005mm，最长的 6570mm，以长的为多。厚度分别为 45mm、35mm、30mm、20mm 四种规格。要求在每块纯铜板的两端搭接部位（即 250mm×400mm 的面积）上镀上厚度为 15~20μm 银层。要求镀层致密、光滑，与基体结合良好。

为了确保工程质量，先进行了试验，总结了镀银的工艺特点。其主要工艺过程为：

1）去污蔗遮蔽。用丙酮擦拭，去油泥及灰尘，然后粘贴绝缘胶带，以区分刷镀表面与非刷镀表面。

2）电净。极性正接，电压 12V。

3）清洗。用水冲洗残留电净液。

4）活化。极性反接，电压 12V。由于工件材料是纯铜板，用 3 号活化液活化，以防过腐蚀。

5）清洗。用沸水冲洗掉残留活化液。

6）镀银。极性正接，电压 2~6V。镀笔运动速度为 6~10mm/s，刷镀时镀笔要用力压紧工件，并且一笔接一笔按顺序刷镀。

7）擦净烘干。用干净脱脂棉将刷镀表面擦干，然后吹干。

四、光电成形

1. 光电成形的原理

光电成形是利用照相和光致抗蚀作用，首先在金属基版上按图形形成电气绝缘膜，然后在基版的暴露部分镀上图形，再剥离金属基版而制成精细成品。其尺寸精度可达0.002mm。目前基版的材料多以铜、镍、铁和不锈钢为主，而镀件则以镍较多。

2. 工艺过程

光电成形的工艺过程由掩膜制备和电镀两部分组成。

（1）掩膜制备　首先将原图按一定比例放大描绘在纸上或刻在玻璃上，然后通过照相，按所需大小缩小在照相底片上，然后将其紧密贴合在已涂覆感光胶的金属基版上，通过紫外线照射，使金属基版上的感光胶膜按图像感光。照相底片上不透光部分，由于挡住了光线照射，胶膜不参与化学反应，仍是水溶性的；而透光的部分则形成了不溶于水的络合物。然后把未感光的胶膜用水冲洗掉，使胶膜呈现出清晰的图像。

（2）电镀　把已形成光致抗蚀的基体，放入电解脱脂液或氢氧化钠溶液中，进行短时间的阳极氧化处理。也可在铬酸钠或硫酸钠溶液中进行短时间浸渍，然后用水清洗，在表面形成剥离薄膜。将其作阴极，待镀材料作阳极进行电镀。当镀层达到10μm厚时停止。然后用水清洗、干燥并剥离电镀层，此层称为基底电镀。如果10μm厚的镀层已达到使用要求，即完成制品。但在大多数情况下，还需使镀层继续加厚。于是将基底镀层用框架展平后，再置于镀液中追加电镀，称为精镀或游离镀。当镀层增加后，模板上的抗蚀膜窗口的尺寸愈来愈小，当窗口达到所希望的尺寸后，将工件从镀液中取出进行水洗、干燥和检验，即完成光电成形的全过程。之所以把电镀过程分为两步进行，是为了避免在基板上沉积的金属太厚，剥离时使抗蚀膜受损伤。

思考题

1. 电化学加工从加工原理上共分为多少类？从原理、机理上来分析，电化学加工有无可能发展成为原子级的加工技术？

2. 电解加工中的阳极和阴极与蓄电池中的正、负极有何区别？二者的电流方向相同吗？

3. 请分析阳极钝化现象在电解加工中及在电化学机械加工中的优缺点，电化学机械加工与纯电化学加工及纯机械加工各有什么优缺点？

4. 某厂用氯化钠电解液在碳钢上加工50mm×40mm的方孔，孔深为30mm，设电流效率为100%，要求5min电解加工完一个零件，试求需用多大的电流？若有5000A容量的直流电源，则此时在深度方向上的进给速度是多少？加工完成一件工件需多长时间？

5. 对某一碳钢零件用固定式阴极进行扩孔加工，采用30℃、15%的氯化钠电解液，起始间隙为双边0.4mm，电压为12V，设电流效率为100%，求把双边间隙扩到2mm需要多长时间？起始加工速度与此时的加工速度之比是多少？

第七章 激光加工

激光是20世纪60年代发展起来的一项重大科技成果，它的出现深化了人们对光的认识，扩展了光为人类服务的领域。目前，激光加工已较为广泛地应用于切割、打孔、焊接、表面处理、切削加工、快速成形、电阻微调、基板划片和半导体处理等领域中。

激光加工几乎可以加工任何材料，加工热影响区小，光束方向性好，其光束斑点可以聚焦到波长级，可以进行选择性加工、精密加工，这是激光加工的特点和优越性。

第一节 激光加工的原理与特点

一、激光的产生及其特性

1. 激光的产生

光的产生与光源内部原子运动状态有关。原子内的原子核与核外电子间存在着吸引和排斥的矛盾。电子按一定半径的轨道围绕原子核运动，当原子吸收一定的外来能量或向外释放一定能量时，核外电子的运动轨道半径将发生变化，即产能级变化，并发出光。

激光是由处于激发状态的原子、离子或分子受激辐射而发出的光。

（1）自发与受激辐射　根据电子绕原子核转动距离的不同，可以把原子分成不同的能级。通常把原子处在最低的能级状态称为基态；能级比基态高的状态称为激发态。处于激发态的原子，在没有外界信号作用下，自发地跃迁到低能态时产生的光辐射，称之为自发辐射。其辐射出的光子频率由两个能级间的能量差来决定，即

$$h\nu_{21}=E_2-E_1 \tag{7-1}$$

式中　h——普朗克常数；

ν_{21}——跃迁产生的光波频率；

E_1、E_2——原子的低能级、高能级。

自发辐射的特点是：每个发生辐射原子都可以看作一个相互独立的发光单元，它们彼此毫无联系，因此它们发出的光是杂乱无章的。即光子在发射方向上、在频率(波长)和初始相位上都是不一致的，发出的光是四处散开的，这就是普通光。原子的自发辐射过程完全是一种随机过程。

根据式(7-1)知，处于激发态的原子，在频率为ν_{21}的外界入射信号作用下，从E_2能级跃迁到E_1能级上，在跃迁过程中，原子辐射出的光子能量为$h\nu_{21}$，该光子与外界输入信号处于同一状态，这一辐射过程称为受激辐射。

受激辐射的特点是：所辐射出来的光子在方向、频率、相位、偏振状态与原来“刺激”它的光子完全相同，这就是受激辐射光，简称激光。受激吸收与受激辐射实际上是同时存在的。如果要使受激辐射占优势，就必须使处于高能级上的原子数超过低能级上的原子数。

与此相反，处于低能级的原子在外界信号的作用下从低能级向高能级跃迁的过程称为受激吸收。由于受激吸收作用的存在，使处在高能级(激发态)的原子数目大于处于低能级(基态)的原子数目的现象，称为“粒子数反转”。

（2）激光的形成　以具有三能级的红宝石固体激光工作物质为例来说明激光的形成过程。红宝石的化学表达式为$Cr^{3+}:Al_2O_3$，激活离子是Cr^{3+}。图7-1所示为激光形成的原理示意图。

由图7-1可知，若入射光的频率ν_{31}满足式$h\nu_{31}=E_3-E_1$，则产生受激跃迁，使具有高能级E_3的原子数大大增加；由于E_3能级的寿命很短，很快会从自发辐射跃迁到寿命较长的亚稳态E_2，此时若有频率为ν_{21}的光子照射，便会产生受激辐射，形成频率为ν_{21}的激光。

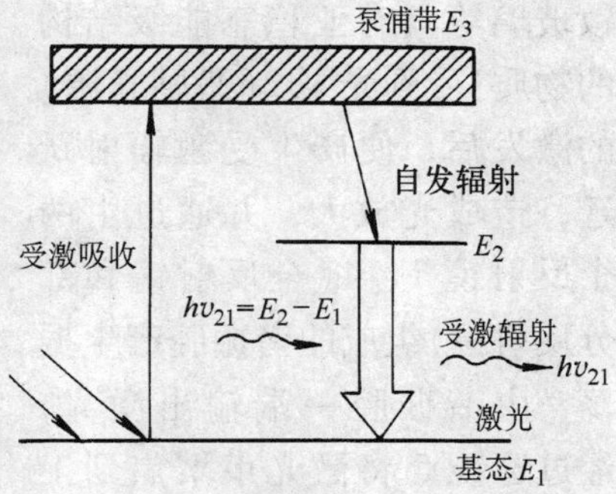

图7-1　激光形成的原理示意图

2. 激光的特性

激光除具有普通光的共性(如反射、折射、绕射和相干特性)外，还具有单色性好、相干性好、方向性好和能量密度高等特性。

（1）单色性　激光具有其他光源的光所难以达到的、极高的单色性。这是由于构成激光的谐振腔的反射镜具有波长选择性，并且利用原子固有能级跃迁的结果。激光是受激发射的，它的频率宽度很窄，比普通光源(如氖灯)的频率宽度要窄几个数量级。因此，激光单色性比普通光源单色性要好得多。

（2）方向性　激光束的方向性好，即光线的发散度小。这是因为从谐振腔发出的只能是反射镜多次反射后无法显著偏离谐振腔轴线的光波。由于不同激光器的工作物质类型和均匀性、光腔类型和腔长、激励方式以及激光器的工作状态不同，其方向性也不同。一般气体激光器由于工作物质有良好的均匀性，且腔长一般较大，所以有很好的方向性，发散角可以达到10^{-3}rad。固体激光器方向性较差，发散角一般在10^{-2}rad量级。

（3）相干性　相干性是区别激光与普通光源的重要特性。当两列振动方向相同、频率相同、相位固定的单色波叠加后，光的强度在叠加区域不是均匀分布的，而是在一些地方有极大值，一些地方有极小值。这种在叠加区域出现的强度稳定的强弱分布现象称为光的干涉现象，即这两列光波具有相干性。在普通光源中，各发光中心是自发辐射，彼此相互独立，基本上没有相位关系，因此很难有恒定的相位差，相干性很差；而激光是受激辐射占优势，加上谐振腔的作用，各发光中心是相互密切联系的，在较长时间内有恒定的相位差，能形成稳定的干涉条纹，所以激光的相干性好。

激光束的方向性和空间相干性对它的聚焦性能有重要影响。

(4) 能量密度高　激光束也和其他光束一样，可以通过凸镜或金属反射镜加以聚焦。经聚焦后，可以将激光的巨大能量聚焦到直径为光波波长量级的光斑上，形成极高的能量密度，例如可达到 $10^5 \sim 10^{13}$ W/cm^2 的功率密度。

二、激光加工的原理

图 7-2 所示为固体激光器加工的原理示意图。

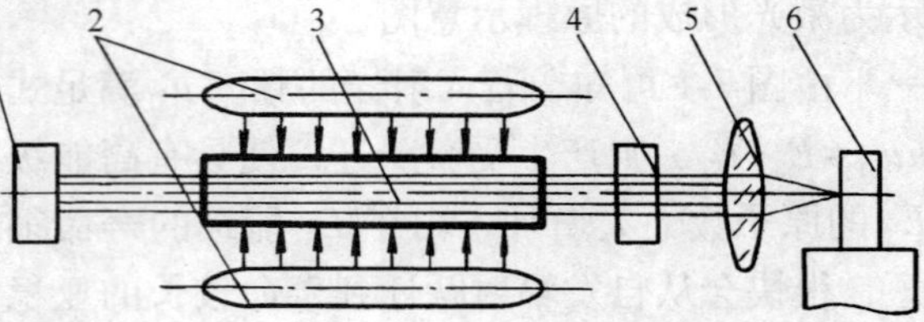

图 7-2　固体激光器加工原理示意图
1—全反射镜　2—光泵(激励脉冲氙灯)
3—激光工作物质　4—部分反射镜
5—透镜　6—工件

当工作物质 3(如红宝石、钕玻璃等具有亚稳态能级结构的物质)受到光泵 2(激励光源)的激发后，便产生受激辐射跃迁，造成光放大，并通过由两个反射镜 1、4(全反射镜和部分反射镜)组成的谐振腔产生振荡，由谐振腔一端输出激光，经过透镜 5 将激光束聚焦到工件 6 的待加工表面上。该聚焦光斑的直径仅有几微米到几十微米，而其能量密度可达 $10^8 \sim 10^{10}$ W/cm^2，温度可达 10000℃以上，因此能在千分之几秒甚至更短的时间内熔化、气化任何材料。在微细加工方面，它的蚀除速度可以说是其他任何加工方法无法相比的。

激光蚀除加工的物理过程大致可分为材料对激光的吸收和能量转换，材料的加热熔化、气化、蚀除产物的抛出等几个连续阶段。

1. 材料对激光的吸收和能量转换

激光入射到材料表面上的能量，一部分被材料吸收用于加工，另一部分能量被反射、透射等损失掉。材料对激光的吸收与波长、材料性质、温度、表面状况、偏振特性等因素有关。

材料吸收激光后首先产生的不是热，而是某些质点的过量能量——自由电子的动能、束缚电子的激发能，或者还有过量的声子。这些有序的原始激发能需经历两个步骤才转化为热能。第一步是受激粒子运动的空间和时间随机化。这个过程在粒子的碰撞时间内完成，这个时间比最短的激光脉冲宽度还短，甚至可短于光波周期。第二步是能量在各质点间的均布。这个过程包含有大量的碰撞和中间状态，而以非金属材料尤甚。其中可存在若干能量转换机制，每种转换又具有特定的时间常数。例如，金属中受激运动的自由电子通过与晶体点阵的碰撞将多余能量转化为晶体点阵的振动。对于一般激光加工，均可认为材料吸收的光能向热能的转换是瞬间发生的。在这个瞬间内，热能仅作用于材料的激光辐照区。随后通过热传导使热量由高温区流向低温区。

2. 材料的加热熔化、气化

材料吸收激光能，并转化为热能后，其受射区的温度迅速升高，首先引起材料的气化蚀除，然后才产生熔化蚀除。开始时，蒸气发生在大的立体角范围内，以后逐渐形成深的圆坑，一旦圆坑形成之后，蒸气便以一条较细的气流喷出，这时熔融材料也伴随着蒸气流溅出。开始阶段，圆坑不论在深度和直径上都在不断增大，但到一定时间之后，圆坑直径变化就很小了。这是因为圆坑侧壁的加热和破坏是受很多因素影响的，其中主要是激光束的散射随着深度的增加而增加；侧壁的温度随着深度的增加而逐渐降低。经过一段时间之后，整个加工区的加热速度有所降低。这是由于光束被蒸气和飞溅物所遮蔽，同时蒸气和飞溅物本身也在不断地吸收热量，但加工区的温度仍在增加，蒸气和熔融物也在不断地产生。当激光功率密度不再继续增加时(决定于激光脉冲波形)，则熔融的液相相对增加，熔化层的过程程度并不减弱。同时也会加剧小气泡的增长速度，最后导致液相从激光作用区抛出。

3. 蚀除产物的抛出

由于激光束照射加工区域内材料的瞬时急剧熔化、气化作用，加工区内的压力迅速增加，并产生爆炸冲击波，使金属蒸气和熔融产物高速地从加工区喷射出来，熔融产物高速喷射时所产生的反冲力，又在加工区形成强烈的冲击波，进一步加强了蚀除产物的抛出效果。

三、激光的加工特点

1）由于激光的功率密度高，加工的热作用时间很短，热影响区小，因此几乎可以加工任何材料，如各种金属材料、非金属材料(陶瓷、金刚石、立方氮化硼、石英等)。透明材料只要采取一些色化、打毛等措施，即可采用激光加工。

2）激光加工不需要工具，不存在工具损耗、更换和调整等问题，适于自动化连续操作。

3）激光束可聚焦到微米级，输出功率可以调节，且加工中没有机械力的作用，故适合于精密微细加工。

4）可以透过透明的物质(如空气、玻璃等)，故激光可以在任意透明的环境中操作，包括空气、惰性气体、真空甚至某些液体。

5）激光加工不受电磁干扰。与电子束加工相比，其优越性就在于可以在大气中进行，且加工装置较简单。

6）激光除可用于材料的蚀除加工外，还可以进行焊接、热处理、表面强化或涂敷、引发化学反应等加工。

第二节　激光加工设备

激光加工的基本设备包括激光器、电源、光学系统、冷却系统、机械系统、控制系统及安全系统等。激光加工设备的结构原理图如图 7-3 所示。

一、激光器

激光器是激光加工或处理的能源，由它实现电能至光能的转变。激光器主要包括工作物质、激励源、谐振腔三大部分。其中工作物质是其核心。按工作物质的种类不同，激光器可以分为固体和气体激光器；按激光器的工作方式，可分为脉冲激光器和连续脉冲激光器。

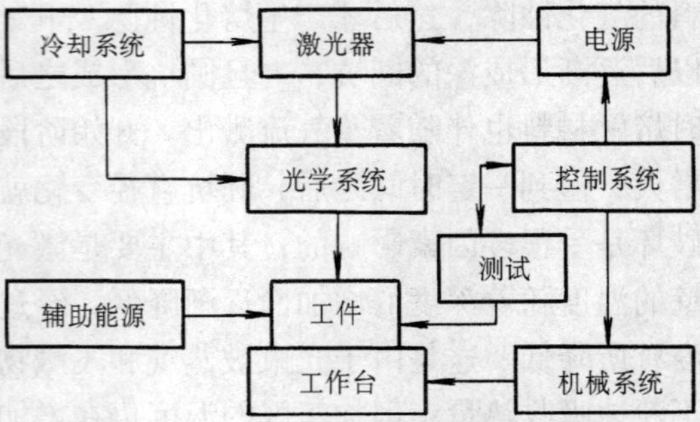

图 7-3　激光加工设备的结构原理示意图

1. 固体激光器

常用的固体激光器有红宝石激光器、掺钕钇铝石榴石晶体激光器和钕玻璃激光器三种。

（1）红宝石激光器　红宝石是含有 0.05%左右 Cr^{3+} 离子的 Al_2O_3 晶体，激活离子是 Cr^{3+}，它属于三能级的系统。在常温下，其吸收带为 410nm 的紫光和 550nm 的绿光，吸收带宽约 100nm 左右；发射光谱 694.3nm 的红光。

红宝石激光器的优点是：机械强度大，能承受高功率密度，能生长成大尺寸，亚稳态寿命长，可获得大能量输出，尤其是大能量单模输出。红宝石脉冲器件单脉冲能量已达数千焦耳。其输出光波长为 694.3nm，荧光谱线较窄，易被材料吸收。主要用于激光打孔。它的缺点是：阈值较高，输出性能受温度变化明显，所以只能作低重复率脉冲器件。

（2）掺钕钇铝石榴石晶体激光器　掺钕钇铝石榴石晶体的化学表达式为 Nd^{3+}：YAG，激活离子为 Nd^{3+}。常温下辐射 1.06μm 激光，属于四能级的系统。吸收带有五条，波长分别为 0.53μm、0.58μm、0.75μm、0.81μm 和 0.87μm。

该激光器的特点是：量子效率高，受激辐射截面大，阈值远低于红宝石和钕玻璃；具有良好的热稳定性，热导率高，热膨胀系数小，适于脉冲、连续、高重复频率等多种器件；连续与脉冲的 YAG 器件，其平均功率已超过 1000W，它可由多棒串接组成，或可由多级放大组成。

Nd^{3+}：YAG器件已广泛用于材料加工，例如打孔、焊接、热处理、打标记、书写、动平衡等。它还在微细加工领域中获得广泛应用，尤其是大规模集成电路的加工，已显示出它的优越性。

（3）钕玻璃激光器　钕玻璃激光器是发展较快、用量较大的固体激光器。工作物质由某种成分的光学玻璃中掺入适量的 Nd_2O_3 制备而成，激活离子也是 Nd^{3+}。吸收带与 Nd^{3+}：YAG相似，但带宽较宽，因而有利于激光吸收。发射光波长为1.06μm，它已广泛用于激光加工中，成为高峰值功率的主要器件之一。

钕玻璃激光器的特点是：制备工艺成熟，容易获得高透光性及光学均匀的激光玻璃。工作物质形状、尺寸有较大自由度。大的钕玻璃棒长达1~2m，直径0.03~0.1m，可制成特大能量的激光器；小的则可制成直径仅几微米的玻璃纤维，用于集成光路中的激光振荡。其次，钕玻璃荧光寿命长，易积累粒子数反转而获得大能量输出，且有宽的荧光谱线，特别适于制作高峰值功率、超短脉冲的锁模器件。使用的基质材料有多种，常用的有硅酸盐和磷酸盐玻璃。工作物质除了棒状的外，还可根据需要做成圆盘状、平板状、丝状等。目前，钕玻璃激光器输出能量已高达上万焦耳。

2. 气体激光器

气体激光器以气体或蒸气为工作物质，包括原子、分子、离子、准分子、金属原子蒸气等激光器。气体激光器跃迁谱线和相应的激光输出波长范围较宽，从真空紫外至红外区；而且由于气体的光子均匀性较好，使输出光束的质量，如单色性、相干性和光束稳定性较好，因而其应用很广泛。

（1）氦—氖激光器（原子激光器）　氦—氖（He—Ne）激光器是目前应用最广泛的典型原子激光器，它是以连续方式运转的气体激光器。它在可见和红外区有许多激光谱线，最重要的是0.6328μm、1.15μm和3.39μm三条谱线。在激光加工设备中，常作为红外激光器与导光系统的调整装置。

氦—氖激光器的特点是：频率稳定性好，寿命长，价格低，适用于全息照相、准直测量和激光干涉测量等。

（2）氩离子激光器（离子激光器）　氩离子激光器是目前可见光区连续功率最高的相干光光源，其最高连续功率已达到150W，效率可达0.6%，使用寿命超过1000h，频率稳定度 2×10^{-5}。

工作物质靠电离离子的跃迁工作。为了放电激励，必须要有很高的电流密度，达几个安培每平方毫米。常用的有 Ar^+ 和 Kr^+ 激光器。它们能从紫外到红外谱线内同时发射出很多条谱线，每条谱线达10W的功率。缺点是激光输出能级寿命较短，对能量存储不利，一般不能用Q开关方法来产生脉冲。因为它可产生很宽的谱线，所以在光谱学科领域得到广泛应用。随着激光加工技术的发展，被越来越多地应用于微细加工、激光全息及制作防伪标志等领域中。

（3）二氧化碳激光器（分子激光器） 二氧化碳激光器是应用最广的一种激光器，其连续输出功率为数十瓦至几十千瓦，最常用的是几百瓦至二千瓦，脉冲输出功率为数千瓦至10^5W。二氧化碳激光器总转换效率在15%～20%之间，比其他加工用的激光器的效率高得多。

二氧化碳激光器以CO_2、N_2、He等混合气体为工作介质，常用比例为1∶2∶10，视放电管直径而定，其均匀性比固体工作物质好，故CO_2激光器的模式较好，且较稳定。它发出的谱线是在10.6μm附近的红外区，比其他加工用激光的波长要长得多，非金属材料对其的吸收性能好。

CO_2激光器的转换效率仅为15%～20%。气体放电的大部分能量用来加热工作气体，而工作气体温度的升高将导致输出功率和光束质量的下降。工作气体的散热可通过放电管冷却管壁的热传导或更新被加热的气体实现。按气体冷却方式，CO_2激光器分为扩散式和对流式。前者包括直管密封式、折叠密封式、慢流动和多光束式CO_2激光器；后者包括横流式和快速轴流式CO_2激光器。

二、电源

电源为激光器提供所需的能量。大功率激光器一般用特殊负载的电源来激励工作物质（例如固体和气体工作物质）。在气体激光器中，电源直接激励气体放电管；在固体激光器中，激励工作物质的是泵浦灯。根据激光器的不同工作状态，电源可在连续或脉冲状态下运转。

图7-4所示为脉冲固体激光器电源的方框原理图。由图可知，脉冲固体激光电源由充电电路、贮能网络、预燃与触发电路、控制和操作回路等部分组成。

1. 充电电路

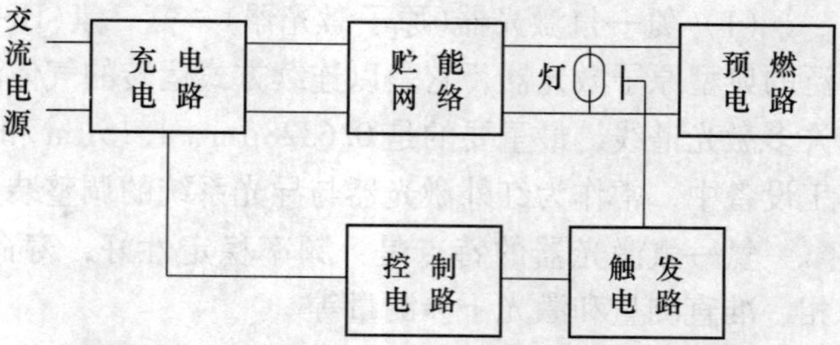

图7-4 脉冲固体激光器电源的方框原理图

充电电路将低压直流或交流变换为高压直流，并对贮能网络提供电能。由于贮能元件多为电容，电容负载在整个充电过程中不停地处于从短路到开路的运行状态。因此，充电电路既能在充电过程中保持电网电压稳定，又能保证贮能网络充电电压稳定和在脉冲放电时确保充电电路与灯放电路之间的隔离。常用的充电电路有：电阻限流充电电路、恒流充电电路、谐振充电电路和开关型充电电路等。

2. 贮能网络

贮能网络为脉冲氙灯放电瞬时提供足够大的能量，形成所需要的电压、电流波形。典型的贮能网络有单电容型、电感-电容型、仿真线网络三种。

3. 预燃与触发电路

预燃电路为脉冲氖灯提供预电离电流；触发电路供给氖灯触发高压和触发功率，使氖灯内气体开始电离，形成火花放电。泵浦灯正常工作电压远低于灯的自闪电压。为使灯产生电离，诱发贮能网络放电，必须另外给灯加上高达几十千伏的高压触发脉冲，使灯内气体击穿形成火花放电通道。根据触发高压加在灯上的方式不同，可分为内触发、外触发两种。

外触发时，触发电压加在灯管外的金属丝上，或在腔体上（腔体为金属）。因触发电压高达几万伏，故要求触发脉冲的引线、触发丝或腔体必须与机座良好绝缘，否则灯无法点燃。外触发方式结构简单，触发功率小，触发变压器体积小、重量轻，在有预燃装置的电路中常采用。

内触发时，把触发高压与贮能电容上的电压串联加到灯电极上，使灯内气体电离。其优点是触发效率高且可靠，多用于充气压较高的气体灯。但所需触发功率较大，干扰比较大。按工作方式不同，内触发又可分为火花隙放电电路及饱和脉冲变压器电路。

脉冲灯每次点燃均需加一高压触发脉冲。实践证明，触发脉冲会大大缩短氖灯寿命，并产生强烈的电磁干扰，泵浦光脉冲时间及幅度会抖动。为此，已广泛采用“预燃”工作方式。采用预燃方式可避免触发重复工作的弊病，灯寿命延长，放电脉冲稳定，减少了电磁干扰，泵浦效率提高，在重复率较高的脉冲激光电源中广泛采用。

预燃电源电压约为1~2kV，预燃电流为30~200mA。预燃电压高，预燃电流大，则预燃较稳定。但限流电阻上功耗大，故在保证预燃稳定前提下，宜选用较小的预燃电压与电流。

4. 控制电路

控制电路用于协调上述各部分能正常工作。

三、光学系统

光学系统是激光加工设备的主要组成部分之一，它由导光系统（包括折反镜、分光镜、光导纤维及耦合元件等）、观察系统及改善光束性能装置（如匀光系统）等部分组成。它的特性直接影响激光加工的性能。在加工系统中，它的作用是：

1）将激光束从激光器输出窗口引导至被加工工件的表面上，并在加工部位获得所需的光斑形状、尺寸及功率密度。

2）指示加工部位。由于大多数用于激光加工的激光器工作在红外波段，光束不可见。为便于激光束对准加工部位，多采用可见的氦—氖激光器或白炽灯光同轴对准，以指示激光加工位置，便于整个光路系统的调整。

3）观察加工过程及加工零件。尤其在微小型件的加工中是必不可少的。

为使整个激光加工系统能正常运行，光学系统元件的选用必须遵循下列原则：

1）光学元件应有高的传输效率。在透射式光学系统中，光学元件应对工作波段有良好的透过率；在反射式光学系统中，则应对工作波段有良好的反射率；如对于固体激光器，用于加工的激光器主要工作在近红外和可见光波段，因此可用各类玻璃做透镜；但在 CO_2 激光器中，玻璃为不透明介质，透镜多采用半导体材料，如砷化镓等。

2）光学系统和组成元件应力求简单，以减少元件的损耗和避免激光高度相干性所带来的能量分布变化及在高功率、大能量场合下元件的损伤。

3）由于大多数激光器的辐射往往以高斯光束传播，它既不同于普通的均匀平面波，也不同于普通的均匀球面波。因此，激光光学系统的参数应根据光学元件对高斯光束的变换特性确定，以满足前、后单元的最佳匹配条件。

四、机械系统

包括工件定位夹紧装置、机械运动系统、工件的上料下料装置等。它用来实现确定工件相对于加工系统的位置。

激光加工是一种微细精密加工，机床设计时要求机械传动链短，尽可能减小传动间隙；光路系统调整灵活方便，并牢靠锁紧；激光加工不存在明显的机械力，强度问题不必过多考虑，但机床刚度问题不可忽视；还要防止受环境温度影响而引起的变形；为保持工件表面及聚焦物镜的清洁，必须及时排除加工产物，因此机床上都设计有吹气或吸气装置。

激光加工中激光束与工件位置的控制，可用以下三种方式实现：

1）工件移动，而激光头和光束制导装置固定不动。

2）激光头和光束制导装置移动，工件固定不动。

3）光束制导装置移动，激光头和工件不动。

五、控制系统

控制系统用以控制激光光斑与工件间的相对运动。比之金属切削机床，激光加工机的运动速度快，精度要求也相当高，因而对数控系统的插补速度和分解度有更高的要求。此外，控制系统还应能随运动状态而自动调节激光功率、连续与脉冲运行方式，并对激光加工过程所需的气体、添加材料等进行控制。

第三节　激光打孔工艺

激光打孔是激光加工的主要领域之一。采用激光可以打小至几微米的微孔。目前激光打孔技术已广泛用于火箭发动机和柴油机的燃料喷嘴、宝石轴承、金刚石拉丝模、化纤喷丝头等微小孔的加工中。

一、激光打孔的方式

目前比较成熟的激光打孔方法有复制法和轮廓迂回法两种。

复制法是脉冲激光器广泛采用的打孔方法。它是采用与被加工孔形状相同的光点进行复制打孔的。被加工孔的形状和尺寸与光线的形状和尺寸有关。此外还与光学、机械等系统及工艺规范有关。

轮廓迂回法加工是用加工的孔以一定的位移量连续的彼此叠加而形成所需要轮廓的，在某种意义上说也是激光束的切割。加工工件的轮廓形状和尺寸同样取决于光学、机械等系统及其精度。

二、激光打孔工艺规律

1. 激光照射能量和照射时间

若激光照射能量大、照射时间长，工件表面所获得的能量多，则所加工的孔大而深。但是照射时间过长，由于热传导的关系，不仅热量损耗大，而且加工面积增大，加工区能量密度降低，液相增多，致使加工精度降低。照射时间过长还会使加工表面熔化层和热影响层增大，从而使表面质量恶化，故一般照射时间以 0.2～1μs 为宜。

2. 聚焦与发散角

发散角小的激光束，经短焦距聚焦以后，在焦面上可以获得很小的光斑及很高的功率密度，故对工件的穿透力大，打出的孔不仅深，而且锥度小。所以要设法尽可能地减少激光的发散角，并尽可能采用短焦距加工。但采用过短的焦距，由于光束的锥度大，不适于加工深孔。同时工作距离（即透镜到加工面的距离）过短，飞溅物会损伤透镜（必要时需用保护装置）。此外，因焦距过短，光束离开焦点时光的散射大，功率密度反而降低。因此，一般焦距在 20～39mm 为适宜，具体数值应根据加工要求而定。

3. 焦点的位置

图 7-5 所示为激光焦点的位置与打孔形状间关系的示意图。由图可知：不同焦点位置对孔的形状和深度都有很大的影响。在相同的辐射能量下，当焦点位置很低时，通过工件表面的光斑面积很大，此时孔呈锥形。若逐渐提高焦点位置，由于光斑直径逐渐减小，能量密度逐渐增加，孔的深度得到加深，直径也逐渐减小。如果焦点位置很高，则光过焦点后的散射增大，蚀除面积增加，光能密度减小，孔的深度反而减小，最后有可能会导致无法继续加工。由此可知，要想获得较好圆柱度的孔，焦点的位置应在工件的表面上或稍低于工件表面。

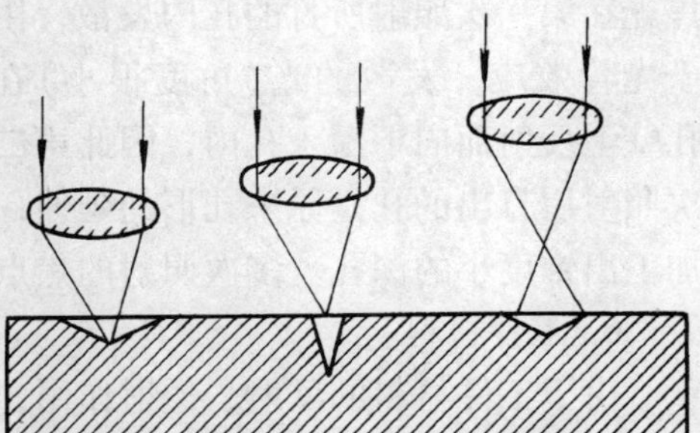

图 7-5　焦点位置对孔形状的影响

4. 光斑内能量的分布

激光束经聚焦后光斑内各部分的光强是不同的。若光强以焦点中心对称分

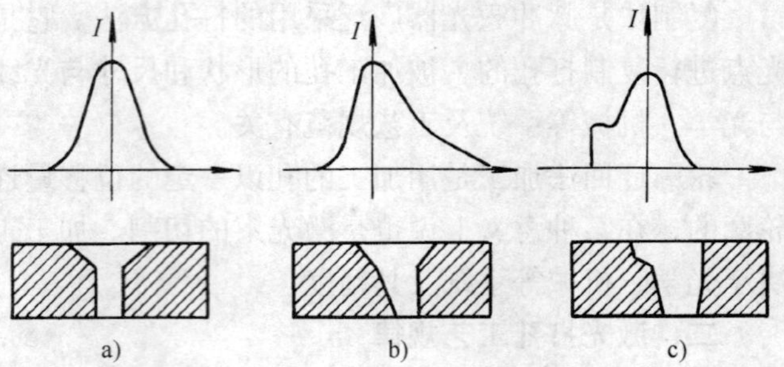

图 7-6 光斑能量分布对打孔质量的影响

布，称为基模光束，这时焦点中心的光强最大，基模光束用来打孔则打出的孔是圆形，如图 7-6a 所示。当激光受到工作物质的质量和光泵照射的不均匀性，以及光学系统质量等影响时，激光聚焦后，光斑内光强的分布不对称，这时加工出的孔不圆，如图 7-6b 所示。如果在焦点附近有两个光斑(即存在基模和高次模)，则打出的孔将发生畸变，如图 7-6c 所示。如果对孔的要求较高，就必须采取措施，提高激光器和光学系统的精度，使它能产生基模输出；同时这也是减小激光发放角的必要措施。

5. 激光照射次数

脉冲激光束照射工件表面一次，加工深度大约是孔径的五倍左右，但锥度较大。如采用多次照射加工，孔深可以大大增加(深径比接近 20∶1)，锥度可以减小，孔径几乎不变。孔深与照射次数并不成正比，当加工到一定深度之后，由于孔壁的反射、透射以及激光的散射或吸收等因素，使孔的前端能量密度减小，加工量逐渐减小，同时排屑更加困难，抛出力减弱，致使加工过程难以持续进行。

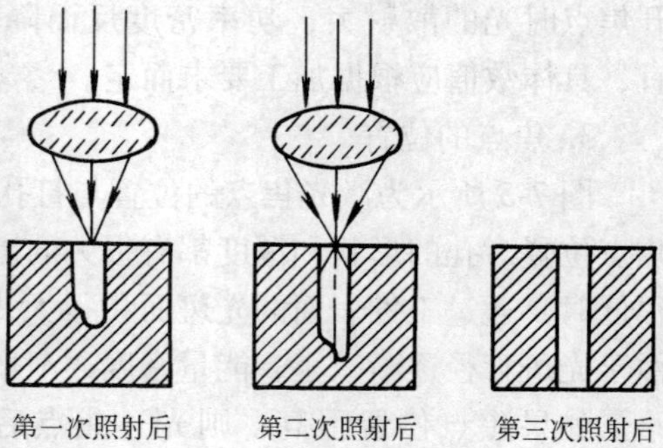

图 7-7 光管效应示意图

多次照射能在不扩大孔径的情况下将孔逐渐打深，这是由于除了单脉冲的脉宽窄、能量不稳定性减小而很少产生或不产生液相外，还由于多次打孔的光管效应的结果。图 7-7 所示为两次照射的光管效应示意图。第一次照射后打出一个带锥度的浅孔；第二次照射时，聚焦光在第一次照射所打的孔内发散，由于光管效应，发散的光(角度很小)在孔壁上反射而向下深入孔内，因此第二次照射后打出的孔是原来孔形的延伸，孔径基本上保持不变。所以，多次照射能加工出锥度小的深孔。多次照射的焦点位置宜固定在工件表面而不宜逐渐下移。

6. 工件材料

由于工件材料的反射、透射作用，使得激光照射到工件表面上的一部分能量损失掉。工件材料对激光能的吸收率与工件材料的吸收光谱及激光波长有关。此外，工件材料的热学物理常数对激光加工也有较大的影响，熔点、沸点、导热系数高的材料难于加工。生产中必须根据工件材料来选择不同的激光器。表 7-1 给出了金属在不同波长激光照射下的吸收率。

工件表面粗糙度对激光加工效果也有较大的影响。试验表明，工件表面粗糙度值愈小，其吸收率就愈低，所加工出的孔深度就愈浅。增大表面粗糙度值，吸收率就增加。但并不是表面粗糙度值愈大愈好。对于高反射率及透射率的材料应作适当处理，如打毛、黑化和加热氧化等，以提高其吸收率。

表 7-1　不同金属对几种激光波长的吸收率

金　属	吸收率(20℃)			
	Ar^+(0.5μm)	红宝石(0.7μm)	Na-YAG(1.06μm)	CO_2(10.6μm)
金	0.58	0.07		0.017
银	0.05	0.04	0.04	0.014
铜	0.56	0.17	0.10	0.015
铁	0.68	0.64		0.035
铝	0.09	0.11	0.08	0.019
钼	0.48	0.48	0.40	0.027
钨	0.55	0.50	0.41	0.026
镍	0.40	0.32	0.26	0.03

三、激光打孔的特点

激光打孔的特点是加工能力强，效率高，几乎所有的材料都能用激光打孔；打孔孔径范围大，从 10^{-2}mm 量级到任意大孔；激光打孔为非接触式加工，不存在工具磨损及更换问题；由于激光能量在时空内的高度集中，故打孔效率非常高；激光还可以打斜孔(不垂直于加工表面)；激光打孔不需要抽真空，能在大气或特殊成分气体中打孔，利用这一特点可向被加工表面渗入某种强化元素，实现打孔的同时对成孔表面的激光强化。

四、激光打孔的应用实例

激光打孔不需要加工工具；适合于自动化高速连续打孔。如对硬质合金、化学纤维用的喷丝板等打小孔。要在 ϕ100mm 的喷丝板上打 12000 多个直径为 60μm 的孔，如采用机械切削加工，则需 4~5 个熟练工人工作一星期；而采用数控激光加工，不到半天即可完成。

美国通用电器公司采用激光加工气冷却通气小孔，设备是把 YAG 及钕玻璃激光器和数控工作台匹配联接，打孔速度为(20~30)个孔/s。工艺稳定后又对设备作了改进，增加了打孔与孔径尺寸联机检验功能，而且实现了激光打孔自适应控制，能在气冷式涡轮叶片、外罩和燃烧室打出直径为 0.127~1.27mm、深度为

15.24mm 的小孔。据该公司介绍，激光打孔与其他方法相比，使每台航空发动机仅打孔一项加工费用节省 2500 美元。

第四节　激光束切割

一、激光切割的基本原理

激光切割是一种应用最为广泛的激光加工技术。激光切割可用于各种材料的切割，如可切割金属，以及玻璃、陶瓷、皮革等非金属材料。激光切割可分为气化切割、熔化切割和反应熔化切割三种。

激光切割是利用经聚焦的高功率密度激光束照射工件，在超过阈值功率密度的前提下，光束能量以及活性气体辅助切割过程附加的化学反应热能等被材料吸收，由此引起照射点材料的溶化或气化，形成孔洞；光束在工件上移动，便可形成切缝，切缝处的熔渣被一定压力的辅助气体吹除。其加工原理如图 7-8 所示。

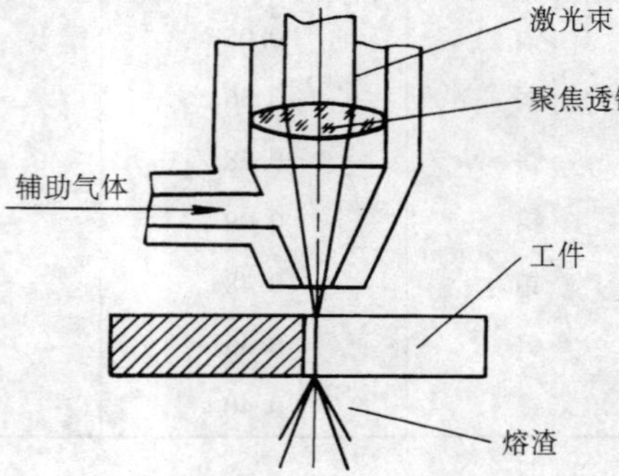

图 7-8　激光切割原理示意图

影响激光切割的主要因素有：激光功率、光束模式、聚焦光斑、光束偏振和材料性质等。

二、影响激光切割质量的因素

优质的激光切割质量应是割缝入口处轮廓清晰，割缝窄、割缝边的热影响层小，无切割粘渣，切割表面光洁等。影响激光切割质量的因素有：激光功率、激光振荡模式、焦点位置、辅助气体和切割速度等。

1. 激光功率

激光功率增加，其切割速度和工件的切割厚度增加，但切割效率降低。确定切割速度和切割厚度的主要参数是激光的功率和材料的性能。

切割质量与切割前沿温度有重要关系，而后者又是激光功率和切割速度的函数。对厚 3mm 的 304 不锈钢用 CO_2 激光器进行切割试验表明，在恒定切割速度（0.5m/min）下，激光功率从 600W 增加到 1300W，切割前沿的表温从 760℃升高到 1130℃，切缝宽度也从 0.4mm 扩大为 0.8mm。

2. 光束模式

光束模式与它的聚焦能力有关。最低阶模是基模（TEM_{00}），光斑内能量呈高斯分布，它几乎可把光束聚焦到理论上最小的尺寸，如百分之几毫米直径，并发出最陡、尖的高能量密度。而高阶或多模光束的能量分布较扩张，经聚焦的光斑较大而能量密度较低，用它来切割材料犹如一把钝刀。光束模式示意如图 7-9 所示。

光束模式涉及腔内激光沿着平行于腔轴一个或多个通道振荡的能力。基模激光是沿着腔轴发生的，在输出总功率相同情况下，基模光束焦点处的功率密度比多模光束高两个数量级。

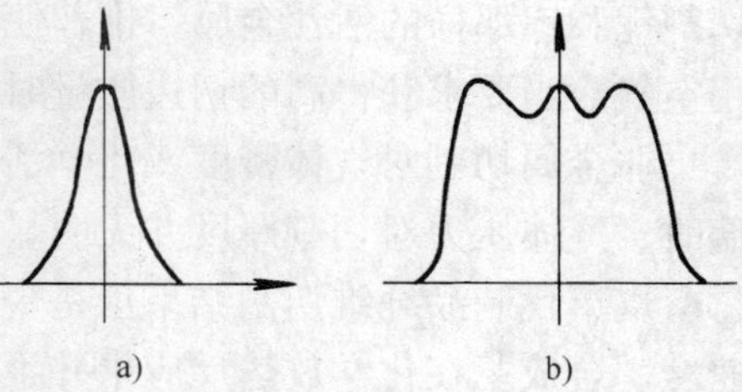

图 7-9　光束模式示意图
a）基模　b）多模

对切割来说，基模光束因可聚焦成较小光斑，而可获得高的功率密度，这比高阶模光束有利。用它来切割材料，可获得窄的切缝、平直的切边和小的热影响区，其切割区重熔层最薄，下侧粘渣程度最轻，甚至不粘渣。

当功率小时激光束模式一般为基模，功率超过 1. 5kW 时通常为多模。基模激光经透镜聚焦，可以切割 0. 1～0. 25mm 的窄缝，切割面整洁。多模激光聚焦光斑直径不可能很小，切缝宽度在 0. 8mm 以上。

3. 焦点位置

焦点位置对熔深和熔池形状的影响很大。这种影响对切割虽不像对焊接那样大，但无疑会影响切割质量。图 7-10 所示为采用激光切割 5mm 厚高合金钢板时的焦点位置与切割缝宽度的关系曲线。由图可知：在焦距位置距工件表面 1mm 处所得到的割缝最窄。透镜焦长小，光束聚焦后功率密度高，但焦深受到限制。它适用于薄件高速切割，此时应使焦距的位置维持恒定不变。长焦透镜的聚焦光斑功率密度低，但其焦深大，可用来切割厚材料。板材越厚，焦点位置的正常范围越窄。

4. 辅助气体

激光切割中辅助气体的作用是：

1）与金属产生放热化学反应，增加能量强度。

2）从切割区吹掉熔渣，清洁切缝。

3）冷却切缝邻近区域，减小热影响区尺寸。

4）保护聚焦透镜，防止燃烧产物沾污光学镜片。

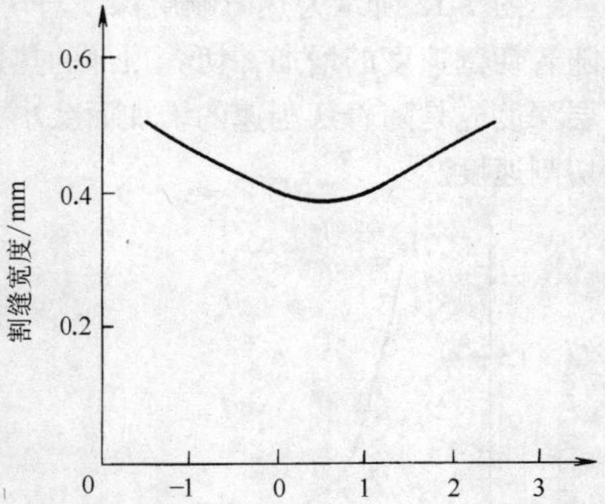

图 7-10　割缝宽度与焦距位置的关系曲线

使用什么样的辅助气体，牵涉到有多少热量附加到切割区的问题。如分别使用氧和氩作为辅助气体切割金属时，热效果就会出现很大的不同。氧助切割钢材时，来自激光束的能量仅占切割能量的 30%，而 70%来自氧与铁产生的放热化学反应能量；但有些材料的氧助切割化学反应太激烈，引起切边粗糙。所以，像切割铌和钽那样的活性金属，推荐使用20%~50%氧作辅助气体；或者，直接使用空气。当要求获得高的切边质量时，也可使用惰性气体，如切割钛。

非金属切割对气体密度或化学活性要求没有金属那样敏感，如当切割有机玻璃时，气体压力对切割厚度并无明显影响。

皮革代制品纤维切割结果也是令人感兴趣的，使用氮气比氧气更能提高切割速度。合成革在化学放热反应中并不燃烧，而是产生大量烟雾，会阻塞光路，所以，不同材料的切割，一定要根据各自的切割特性来选择辅助气体。

5. 切割速度

切割速度对切割质量有较大的影响。图7-11所示为采用功率为1500W的激光切割4mm低碳钢所得到的缝宽与切割速度的关系曲线。由图可知：切割速度过小，由于氧燃烧速度高于或等于激光束移动高度，切边明显被烧伤，且切缝宽，切边粗糙，其底部烧伤程度要比顶部厉害。随着切割速度提高，在相当一段区间里，激光束移动速度虽有变化，但切缝宽度基本恒定，切边平行度好，并呈细条纹状。在此区间，切缝宽主要受制于材料厚度和入射光斑尺寸。每个材料厚度有个最佳切缝宽度，以利于熔渣顺利被清除，这是最佳工作区间。超过这个区间，继续提高切割速度，由于缺少光束在切缝内部反射，材料不能被割穿。此时切边断面呈一定角度的斜条纹状，熔渣也不能从底部顺利排出，导致热影响区明显扩大，切缝平行边消失，代之以楔形边，以致最后熔渣在凝固前不能排出，导致切割完全失败。

图7-12所示为热影响层深度与切割速度之间的关系曲线。从图中可以看出，随着切割速度的增加，切缝顶部的热影响层深度逐渐减小，而切缝底部的热影响层深度先是随着切割速的增加而减小，而后增大，即存在最小值热影响层深度的切割速度。

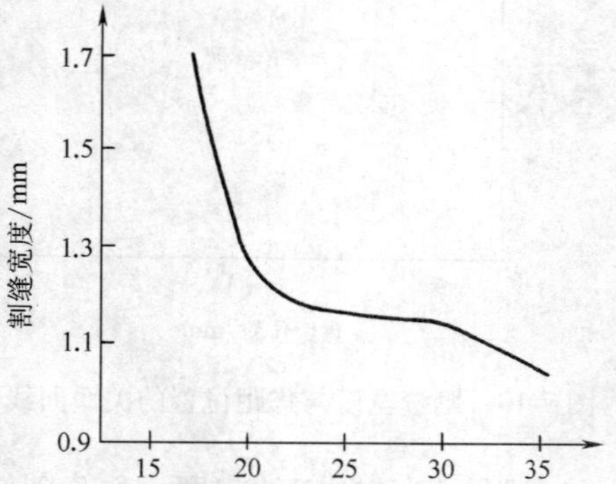

图7-11 割缝宽度与切割速度的关系

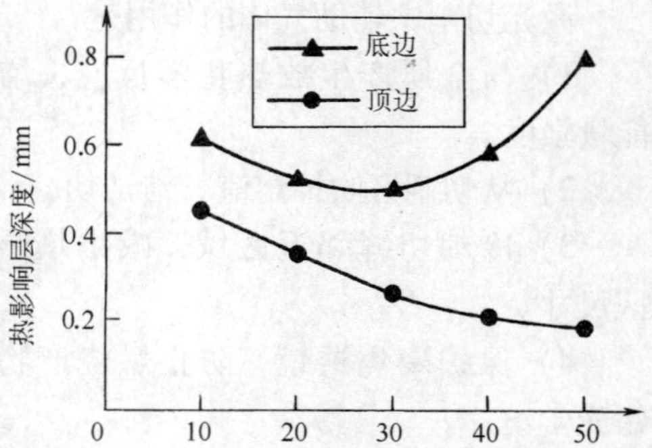

图7-12 热影响层与切割速度的关系

影响切割速度的因素有：

1）光束功率。功率高，切速快。

2）光束模式。单模比多模切速高。

3）光斑尺寸。光斑小，切速高。

4）材料开始气化所需能量。

5）材料密度。密度低的材料切速高。

6）材料厚度。厚度小，切速高。

三、激光切割的特点

1）切割速度快，热影响区小，工件被切部位的热影响层的深度为0.05～0.1mm，因而热畸变形小。

2）割缝窄，一般为0.1～1mm，割缝质量好，切口边缘平滑，无塌边，无切割残渣。对轮廓复杂和小曲率半径等外形均能达到微米级精度的切割。

3）切边无机械应力，工件变形极小。适宜于蜂窝结构与薄板等低刚度零件的切割。

4）无刀具磨损，没有接触能量损耗，也不需更换刀具，切割过程易于实现自动控制。

5）激光束聚焦后功率密度高，能够切割各种材料，如高熔点材料、硬脆材料等。

6）可在大气中或任意气体环境中进行切割，不需真空装置。

四、激光切割的应用实例

采用激光切割石英，虽然切缝附近有个浅热影响区，但切边质量好，无裂纹，切面光滑，不需再进行辅助清理。切割厚度可达10mm，切割速度比锯切加工高两个数量级，且工件不承受任何冲击力。在卤素灯制造业中已用激光切割代替金刚石锯切，切割时没有尘埃，切边封接性好，切缝窄。如激光切割外径8～13mm的石英管，切缝宽仅0.5mm，而机械切缝达1.5mm，从而可节省材料。

美国麦道公司用500W的CO_2激光器切割硼—环氧树脂制的F-15形状复杂的尾翼壁板，用作加强构件的厚4.23mm的200mm×762mm平面钢件，用带锯切割需20min，用激光切割仅需1min左右。与机械切割相比，用厚度6.35mm钛板制成的飞机襟翼和下舱门零件，用激光切割下料可节省35%，而且无切割毛刺。发动机机舱蒙皮是一块带有若干开口的0.092mm×22mm×2032mm的钛合金件，与化学方法相比，用激光切割，可减少工时58%。

第五节　激光焊接和表面处理

一、激光焊接

1. 激光焊接的原理与方法

焊接过程属传导焊接，即激光辐照加热工件表面，产生的热量通过热传导向内部传递。通过控制激光脉冲的宽度、能量、峰值功率和重复频率等参数，在工件上形成一定深度的熔池，而表面又无明显的气化。焊接所用激光的功率较低，输入的热量较小。它已经成功地应用于微电子器件等小型精密零部件的焊接，以及深熔焊接等。

按用于焊接的激光器的工作方式不同，可分为脉冲激光焊接与连续激光焊接。其中，脉冲输出的红宝石激光器和钕玻璃激光器适合于点焊；连续输出的二氧化碳激光器和 YAG 激光器适合于缝焊。

和其他焊接方法相比，激光焊接有其显著的特点、优点，也有其局限性。

高功率低阶模激光经聚焦后，其焦斑直径很小，功率密度达 $10^6\sim10^8$W/cm^2，比电弧焊高出几个数量级。几种主要焊接方法的功率密度对比如表 7-2 所示。

表 7-2　主要焊接方法功率密度对比

焊接方法	电弧焊	等离子体焊	激光或电子束焊
功率密度/W·cm^{-2}	$5\times10^2\sim10^4$	$5\times10^2\sim10^6$	$10^6\sim10^8$

由于功率密度大、功率大，激光焊接过程中，在金属材料上生成小孔，激光能量通过小孔往工件的深部传输，而较少横向扩散，因而在激光束的一次扫描过程中，材料熔合的深度大，焊接速度快，单位时间焊合的面积大。焊缝深而窄，深宽比大。传统熔焊焊缝呈半圆形，深宽比的典型值只为 0.5 左右。而激光焊缝的深宽比达 2~10，焊合单位表面所需能量(比能)小，热影响区小。各种焊接方法的比能如表 7-3 所示。

表 7-3　各种焊接方法的比能

焊接方法	氧乙炔焊	手工电弧焊	氩弧焊	埋弧焊	电子束焊	激光焊
比能/J·mm^{-2}	2000~5000	300~500	500~1200	100~250	30~50	40~70

由表 7-3 可知，激光焊接的比能比电弧焊差不多小一个数量级，这一点足以弥补激光器能量转换效率低的缺点，尽管 CO_2 激光器的总效率只有 15%左右，从能量利用的角度看，采用激光焊接仍然是经济的。

激光深熔焊接依赖于小孔效应。为形成小孔，被焊件不开坡口，并需尽量密合，因而一般不加填充金属，靠被焊件自身熔合。

2. 激光焊接的特点

激光焊接的主要优点：

1）激光能量密度高，这对高熔点、高热导率材料的焊接特别有利。而且还可以焊接不同种材料，如金属与金属、金属与非金属等间的焊接。

2）焊缝深宽比大，比能小，热影响区小，焊件变形小，故特别适于精密、热敏感部件的焊接，常可以免去焊后矫形、加工工艺。

3）一般不加填充金属。如用惰性气体充分保护，则焊缝不受大气污染。

4）激光可透过透明体进行焊接，以防杂质污染和腐蚀，适用于真空仪器元件的焊接。

5）焊接系统具有高度的柔性，易于实现自动化。

激光焊接存在的局限：

1）要求被焊件有高的装配精度，原始装配精度不能因焊接过程热变形而改变，且光斑应严格沿待焊缝隙扫描，而不能有显著的偏移。这是由于激光光斑小、焊缝窄、不加填充金属，如果装配精度差，光斑偏离待焊缝隙，将造成严重的焊接缺陷。焊件装配精度和光班移动精度均应达到0.1mm数量级，一般焊件不一定能满足这个要求，但对于具有圆柱配合的工件的环缝焊接，上述要求常常能够保证，因而应用较多。

2）激光器及其焊接系统的成本较高，一次投资较大。

3. 激光焊接的应用实例

激光焊接在很多方面与电子束焊接类似，其焊接质量略逊于电子束焊。但电子束焊接只能在真空进行，而激光焊接则在大气中进行，比较适合于工业应用。

美国工艺研究中心用1.28～6kW的CO_2激光器对厚为6.4mm、9.5mm、12.7mm的HY-130合金钢进行焊接，焊速为76.2～177cm/min，经各种试验和实际应用，均达到良好效果。

英帝国大学用2kW的CO_2激光器对各种厚度钛合金的各种焊速及所需激光功率等作了详细研究。对试件作了X射线、抗拉、疲劳、腐蚀、硬度及金相等检验，结果均合格，从而肯定激光焊接钛合金是一种很好的方法。

目前用钢制的小型军用钽电池，用每秒6个脉冲、光斑直径0.75mm的YAG激光器密封焊接，只需15s。此外还可以用于继电器、微型电子杆件和心脏起搏器等密封焊接。

二、激光表面处理

同激光切割、焊接相比，激光表面处理是一个研究工作比较活跃的领域，对激光束的模式和聚焦特性没有要求，可以采用多模光束。为了得到较大面积的均匀处理，激光表面处理通常采用矩形匀强光斑，可以简化光路。

激光表面处理工艺很多，包括相变硬化、涂敷、熔凝、合金化、刻网纹、化学气相沉积、物理气相沉积、增强电镀等。

1. 激光相变硬化（激光淬火）

（1）激光相变硬化的原理　激光相变硬化是利用激光束作热源照射待强化的工件表面，使工件表层材料产生相变甚至熔化，随着激光束离开工件表面，工件表面的热量迅速向内部传递而形成极高的冷却速度，使表面硬化，从而可提高零件表面的耐磨性、耐腐蚀性和疲劳强度。

激光相变硬化的金属学原理与传统热处理方法并无不同。所不同的是激光相变硬化加热时间仅为千分之几秒到十分之几秒，而加热速度极高（达到 5×10^3℃/s以上），加热区域很小，其面积就是激光扫描的面积，其深度从几十微米到几百微米，金属本身的热容量足以使被照面骤冷，其冷却速度很高，可达 10^4℃/s以上，故保证能完成马氏体相变，而且急冷可抑制碳化物的析出，从而减少脆性相的影响；同时激光硬化层表面能产生一定的残余压应力。加之激光相变硬化不需要淬火剂，它是靠热量由表及里的传导自动淬火。由于上述特点而使激光相变硬化的综合力学性能比普通热处理显著提高。零件处理后的变形很小（一般可忽略不计），且表面光洁，可以在零件精加工后作为最后一道工序或稍加研磨即可使用。由于光束控制自如，可以对形状复杂的零件或零件的局部进行处理。也可根据需要，在同一零件的不同部位进行不同的处理。

（2）激光相变硬化的影响因素　影响激光硬化处理的因素有：激光束的功率密度、扫描速度、光斑直径和零件的本身特征（零件的结构、成分、表面吸收率、表面粗糙度）等。一般情况下，硬化层深度与激光功率成正比。当功率一定时，硬化层深度随光束直径或扫描速度的减少而增加。对一个特定的零件，可通过调节激光功率、光斑尺寸和扫描速度得到所需要的表面温度和硬化层深度。

（3）激光相变硬化的特点

1）硬化层组织细化，硬度比常规淬火提高15%~20%，铸铁经激光相变硬化处理后耐磨性可提高3~4倍。

2）加热速度极快，工艺周期短，生产效率高，成本低，工艺过程易实现计算机控制或数控，自动化程度高。

3）对于槽壁（底）、小孔、盲孔、深孔以及腔筒内壁等特殊部位，只要是光束能照射到的部位，均可进行处理。

4）可进行大型零件局部表面的硬化及形状复杂零件的硬化处理。

5）硬化层深度可精确控制。

6）可以实现自冷淬火，不需要油或水等淬火介质。

（4）激光相变硬化的应用实例　西安内燃机配件厂生产的缸套原来是采用在铸铁中加入合金元素的办法来提高缸套的耐磨性，现采用激光热处理的技术使缸套内壁硬化。

工艺：采用的工艺参数是功率1400W、扫描速度为60mm/s，处理一个缸套的时间为2. 0~2. 5min。

效果：使用寿命比硼缸套提高25%，配合性好，使活塞环配合寿命提高30%，可延长两个大修期。

中国科学院北京大恒公司已研制并建立了发动机缸体激光热处理生产基地，专为进入大修期的进口小汽车进行修复工作，使缸体内部减少搪缸量，不需镶薄壁套，节约工时，提高了缸体的使用寿命，由过去只能跑$(3\sim4)\times10^4$km 提高到10×10^4km 以上。

汽车动力转向箱体内壁激光局部淬火是世界上最先实现激光淬火应用于工业大批量生产的例子。箱体的材料是可锻铸铁，内径为 ϕ89mm，长 125mm，精度要求高，内径公差±0.025mm，偏心不大于 0.005mm，有一个活塞在内孔中作往复运动，内表面易磨损。现采用 15 台激光器实现日产 30000 件的激光淬火生产线，使耐磨性提高了 10 倍。

2. 激光表面合金化

激光表面合金化领域的研究近年来相当活跃，其主要原因在于激光合金化层与基体之间的结合属于良好的冶金结合，其应用前景极为广阔；另一方面，激光合金化的冷却速度相当高，达到了$10^4\sim10^{11}$℃/s，以至产生了某些常规条件下难以获得的新相。例如，用激光制备 NiSiB 表面合金时，出现了两种未知结构的新相，一个是 γ'—Ni_3Si 超点阵结构，另一个是待定的长周期结构相。因此，激光合金化可作为材料科学基础研究的手段之一。

激光合金化是利用激光束的扫描照射作用，将一种或多种合金元素与基材表面快速熔凝，在基材表层形成一层具有特殊性能的表面合金层。往熔化区加入合金的方法很多，包括工件表面电镀、真空蒸镀、预置粉末层、放置厚膜、离子注入、喷粉、送丝和施加反应气体等。

影响激光合金化工艺的参数可以分成四类，它们分别为激光系统、基质材料、处理条件和合金化材料，其具体影响因素如下：

1）激光系统。光束模式、振荡方式、波长、输出功率的稳定性、模式的稳定性、发散度等。

2）基质材料。化学成分、几何尺寸、几何形状、表面状态、原始组织状态等。

3）处理条件。光束形状、扫描速度、光束直径、功率输出、各种气体、气流及流向、运动合成方式等。

美国 AVCO 公司把 Cr、Co、W 粉末涂于灰铸铁阀座内壁表面上，经激光合金化处理后获得了很好的效果。阀座经机加工后，采用 6.5kW 的 CO_2 激光，仅需 1 次就可获得 0.75mm 厚的合金层，既大大降低了生产成本，同时又延长了产品的使用寿命。

3. 激光涂敷

激光涂敷与表面合金化相似，都是在激光加热基体的同时，熔入其他合金材料。但控制过程参数，使基体表面上产生的极薄层的熔化同熔化的涂敷材料实现冶金结合，而涂层的化学成分基本上不变化，即基体成分几乎没有进入涂层内。与激光合金化相比，激光涂敷能更好地控制表层的成分和厚度，能得到完全不同于基体的表面合金层，以达到提高工件表面的耐蚀、耐磨、耐热等目的。但是，激光涂敷要实现涂层和基体的冶金结合，基体和涂层材料仅限于在具有可焊性的材料之间选取。

比之堆焊和等离子体喷涂等相似工艺，激光涂敷的主要优点是：在实现良好的冶金结合的同时，稀释度小(涂敷材料被基体材料的稀释小)；输入基体的能量和基体的热变形小；涂层尺寸可较准确地控制，且涂敷后的机械加工量小；高的冷却速度可得到具有特殊性能的合金涂层。尽管激光涂敷设备的一次性投资和运行费用较高，但由于上述优点，激光涂敷已应用于某些高附加值的工业加工中。

激光涂敷常用的涂层材料为合金粉末。也可以是不同金属、合金粉末的混合物，在涂敷过程中形成所要求的合金。合金粉末的供应方式有预置一层涂敷粉末于基体上和用惰性气体将涂层粉末直接喷到激光作用区两种。

应用实例：用喷丸处理将5mm厚的低碳钢表面清理干净后，再用电弧将铝合金粉末喷镀到钢的表面，形成20μm的喷镀层。在大气中用4kW的CO_2激光，以0.5m/min的扫描速度使喷镀层熔化，并使表层的铝氧化，结果在铝层表面形成了耐热、耐蚀的氧化铝层，同时消除了喷镀层中的气孔。

4. 激光熔凝

激光熔凝处理是用较高功率密度($10^4 \sim 10^6 W/cm^2$)的激光束，在金属表面扫描，使表层金属熔化，随后快速冷却凝固，冷却速度通常为$10^2 \sim 10^6 K/s$，从而得到细微的接近均匀的表层组织。比之未处理表面，通常具有较高的抗磨损和抗腐蚀性能。对于某些共晶合金，甚至可以得到非晶态表层，具有极好的抗腐蚀性能。

激光熔凝处理宜采用匀强光斑。但如果匀强光斑达不到要求的功率密度，也可采用聚焦光斑或离焦光斑。同相变硬化工艺不同，熔凝处理常不加增强激光吸收层。因为一旦表面熔化，吸收层将不复存在，而且吸收层的材料将不可避免地参加熔融金属的合金化。好在随着材料温度的升高以至熔化，表面对激光的反射率下降，有较高的吸收率。

激光熔凝处理尚未见工业应用，其原因是：首先激光熔凝和激光合金化的处理过程差不多。既然要将基体表层熔化，何不同时加进合金成分进行合金化处理，以提供更大的可能性来改善表面的硬度、耐磨性和耐腐蚀性等性能。其次，熔凝处理将破坏工件表面的几何完整性，处理后一般要进行表面机械加工。在这一点上，它又不如相变硬化处理。

思 考 题

1. 试述激光加工中材料蚀除的微观物理过程。

2. 激光与普通光相比有何特点？为什么激光可直接用于材料的蚀除加工，而普通光则不能？

3. 简述影响激光打孔质量的因素，并举例说明采用什么措施可以提高激光打孔的工艺质量？

4. 激光切割、激光焊接和激光热处理的原理有何不同？

5. 常用的激光器有哪些？各有何特点？并说明其各自的应用范围。

第八章　超声波加工

超声波加工不仅能加工硬质合金、淬火钢等硬脆金属材料，而且更适合于不导电的非金属硬脆材料(如半导体硅片、锗片以及陶瓷、玻璃等)的精密加工和成形加工。超声波还可以用于清洗、探伤和焊接等工作，在农业、国防、医疗等方面的用途十分广泛。

第一节　超声波加工的机理和特点

一、超声波加工的机理

声波是人耳能感受的一种纵波，它的频率在16~16000Hz范围内，而频率超过16000Hz就称为超声波。超声波具有波长短、能量大，传播过程中反射、折射、共振、损耗等现象显著的特点。

超声波加工是利用工具端面做超声频振动，通过磨料悬浮液加工脆性材料的一种成形加工方法，加工原理如图8-1所示。超声波发生器产生1.6万Hz以上高频交流电源，输送给超声换能器，产生超声波振动，并借助变幅杆将振幅放大到0.05~0.1mm左右，使变幅杆下端的工具产生强烈振动。含有水与磨料的悬浮液由工具带动也产生强烈振动，冲击工件表面。加工时，工具以很小的力压在工件上。为了冷却超声换能器，还需接通冷却水。工件表面受到磨料以很大速度和加速度的不断撞击，被粉碎成很细的微粒，从工件表面上脱落下来。虽然每次打击下来的材料很少，但由于每秒钟打击的次数多达1.6万次以上，所以仍能获得一定的加工速度。循环流动的悬浮液带走脱落下来的微粒，并使磨料不断更新。同时，悬浮液受工具端部的超声振动作用而产生的液压冲击和

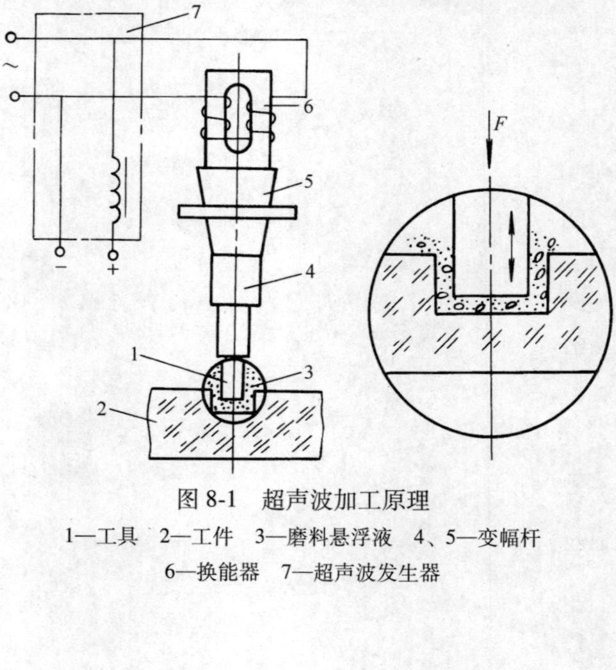

图8-1　超声波加工原理

1—工具　2—工件　3—磨料悬浮液　4、5—变幅杆　6—换能器　7—超声波发生器

空化现象，也加速了工件表面被机械破坏的效果。工具连续进给，加工持续进行，工具的形状便“复印”在工件上，直到达到要求的尺寸。

所谓空化作用，是指当工具端面以很大的加速度离开工件表面时，加工间隙内形成负压和局部真空，在工作液体内形成很多微空腔，促使工作液钻入被加工工件表面材料的微裂纹处。当工具端面以很大的加速度接近工件表面时，空腔闭合，引起极强的液压冲击波，加速了磨料对工件表面的破碎作用。

综上所述，超声波加工是磨料在超声振动作用下的机械撞击和抛磨作用与超声波空化作用的综合结果，其中磨粒的撞击作用是主要的。由此不难理解，超声波加工特别适合加工硬脆材料，而工具材料一般需选用韧性材料（如45钢、65Mn、40Cr）的原因。

二、超声波加工的特点

1）特别适合加工各种硬脆材料，尤其是电火花加工等无法加工的不导电非金属材料，如玻璃、陶瓷、人造宝石、半导体等。

2）加工精度高，加工表面质量好。尺寸精度可达0.01~0.02mm，表面粗糙度可达R_a0.63~0.08μm，加工表面也无组织改变、残余应力及烧伤等现象。

3）工件在加工过程中受力较小，对于加工薄壁、窄缝等低刚度工件非常有利。

4）加工出工件的形状与工具形状一致，只要将工具做成不同的形状和尺寸，就可以加工出各种复杂形状的型孔、型腔、成形表面，不需要使工具和工件做较复杂的相对运动。因此，超声波加工机床结构比较简单，操作维修方便。

5）与电火花加工、电解加工相比，采用超声波加工硬质金属材料的效率较低。

第二节　超声波加工的设备及构成

超声波加工设备包含超声波发生器、超声振动系统、超声加工机床本体、磨料悬浮液冷却及循环系统4个部分。

一、超声波发生器

超声波发生器的作用是将50Hz的交流电转变为一定功率的超声频电信号，以提供工具往复运动和去除被加工材料的能量。其基本要求：输出功率和频率在一定范围内连续可调，最好能具有对共振频率自动跟踪和微调功能，结构简单，工作可靠，价格低廉，体积小等。

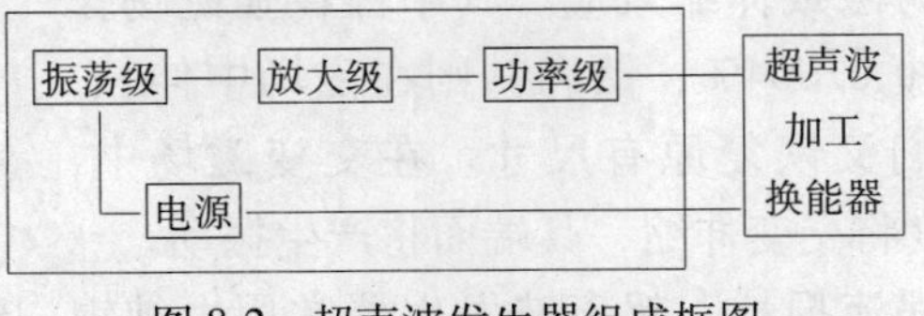

图8-2　超声波发生器组成框图

目前使用的超声波发生器功率为20~4000W。图8-2所示为超声波发生器组成框图，它由振荡级、电压放大级、功率放大级、电源四部分组成。

振荡级由三级管连接成电感反馈振荡电路。调节电路中的电容器可以改变输出频率。振荡级输出经耦合至电压放大级放大。控制电压放大级的增益可以改变超声波发生器输出功率。放大后的信号经变压器倒相送到末级功率放大管。功率级常用多管并联推挽输出，经输出变压器输出至超声波换能器。

二、超声波振动系统

超声波振动系统的作用是将高频振荡电能转变为机械振荡能。它主要包括超声换能器、变幅杆及工具三个部分。

1. 超声波换能器

超声波换能器的功能是将高频电能（16kHz以上的交流电）转变为高频率的机械振荡（超声波）。为了实现这种转换，目前有压电效应与磁致伸缩效应两种方法可利用：

（1）压电效应超声波换能器　石英晶体、钛酸钡（$BaTiO_3$）等物质在受到机械压缩或拉伸变形时，在其两对面上将产生电压；反之在它们两对面上加一定的电压，则产生机械变形。这一现象叫“压电效应”，如图8-3所示。若在石英晶体两对面加上16kHz的高频交流电压，该物质将发生16kHz的高频伸缩变形，使周围的介质作超声波振动。为了获得最大的超声波强度，应使晶体处于共振状态，故晶体片厚度应为声波半波长或其整数倍。

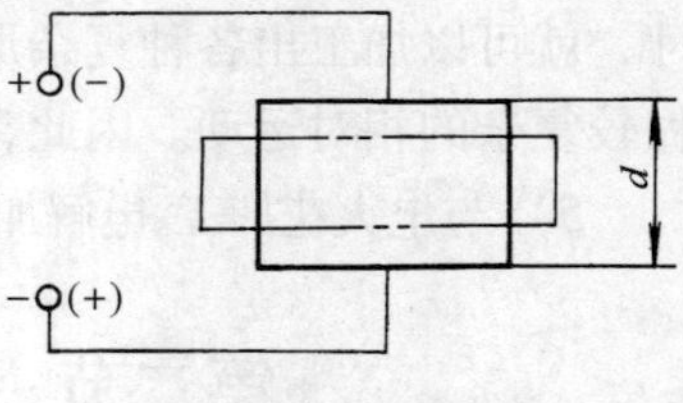

图8-3　压电效应

需要指出的是：石英晶体的压电效应较弱，3000V电压才产生小于0.01μm的变形。钛酸钡（$BaTiO_3$）的逆压电效应（伸缩量）为石英的20~30倍，但其效率及机械强度太差。锆钛酸铅（$ZrPbTiO_3$）则具有以上两者的优点，故应用较多。与金属磁致伸缩器相比，压电材料来源广、价格低，但机械强度、效率低，易老化，故目前多用于超声波清洗、探测和小功率超声波加工换能器。

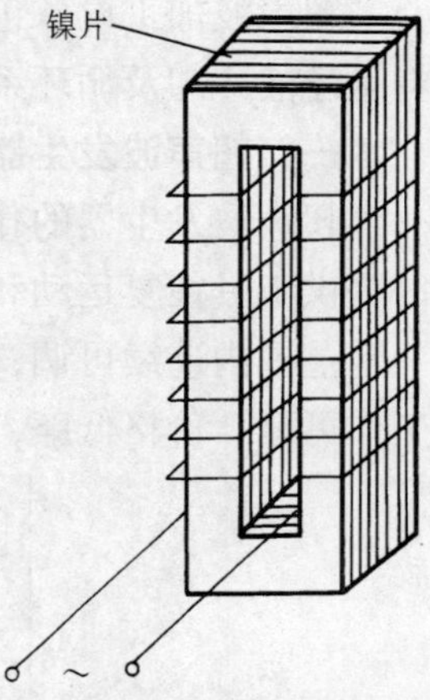

图8-4　磁致伸缩换能器

（2）磁致伸缩效应超声波换能器　铁、钴、镍及其合金的长度能随着所处的磁场强度变化而产生伸长或缩短的变形现象，称为磁致伸缩效应。其中镍在强磁场作用下，其长度可缩短0.004%；钛和钴则在磁场中伸长，当磁场消失时，它们又恢复原有尺寸。在交变磁场中，这种材料棒杆的长度将交变伸缩，其端面将产生振动。

为了减少高频涡流损耗，超声波发生器常用由纯镍片叠成封闭磁路的镍棒换能器，如图 8-4 所示。在两芯柱上同向绕以线圈，通入高频交流电源使之伸缩变形。它比压电式换能器有较高机械强度和较大输出功率，常用于中功率和大功率的超声波加工。其缺点是镍片的涡流发热损失较大，能量转换效率较低，故加工过程中需用风或水冷却。

为了扩大振幅，镍棒的长度应等于超声波半波长的整数倍，使之处于共振状态。但即使在共振条件下，振幅一般也不超过 0.005~0.01mm，不能直接用于加工(超声波加工需 0.01~0.1mm 的振幅)，必须通过一个上粗下细的变幅杆(振幅扩大棒)将振幅放大 5~20 倍。

2. 变幅杆(振幅扩大棒)

图 8-5 所示为三种振幅扩大棒。图 8-5a 所示圆锥形棒的扩大比为 5~10 倍，制造方便；图 8-5b 所示指数曲线形棒的扩大比为 10~20 倍，制造较困难；图8-5c所示阶梯形棒的扩大比为 20 倍以上，易于制造，但当它受负载阻力时振幅衰减严重，而且在其台阶处容易因应力集中而产生疲劳断裂。

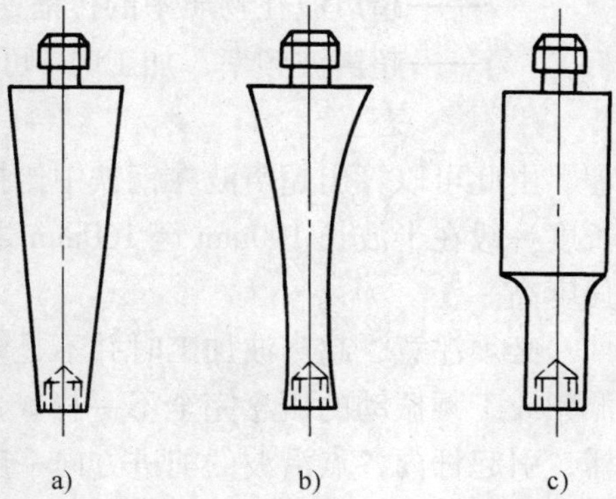

图 8-5　三种基本形式的变幅杆
a）圆锥形　b）指数曲线形　c）阶梯形

变幅杆之所以能扩大振幅，是由于通过它每一截面的振动能量是不变的(略去传播损耗)，截面小的地方能量密度变大，而能量密度 J 正比于振幅 A 的平方，即

$$J=\frac{1}{2}KA^2 \tag{8-1}$$

所以

$$A=\sqrt{\frac{2J}{K}} \tag{8-2}$$

式中 J——能量密度；

A——振动振幅；

K——系数，$K=\rho c\omega^2$；

ρ——弹性介质密度；

c——弹性介质的波速；

ω——圆频率，$\omega=2\pi f$；

f——振动频率。

由以上所述可见，截面面积越小，能量密度就越大，振动振幅也就越大。

为了获得较大的振幅，应使变幅杆的固有振动频率和外激振动频率相等，处于共振状态。为此，在设计、制造变幅杆时，应使其长度 L 等于超声波振动波的半波长或其整倍数。

由于波速 c 等于波长 λ 乘频率 f，即

$$c=\lambda f \tag{8-3}$$

故

$$\lambda=\frac{c}{f} \tag{8-4}$$

所以

$$L=\frac{\lambda}{2}=\frac{1}{2}\frac{c}{f} \tag{8-5}$$

式中 λ——超声波的波长；

c——超声波在物质中的传播速度（在钢中 $c=5050\text{m/s}$）；

f——超声波频率，加工时 f 可在 16000～25000Hz 内调节，以获得共振状态。

由此可以算出超声波在钢铁中传播的波长 $\lambda=0.31\sim0.2\text{m}$，故钢制变幅杆的长度一般在半波长 100mm 至 160mm 之间。制造变幅杆的材料要求声阻小、疲劳强度高。

必须注意，超声波加工时并不是整个变幅杆和工具都在作上下高频振动，和低频或工频振动的概念完全不一样。超声波在金属棒（杆）内主要以纵波形式传播，引起杆内各点沿波的前进方向一般按正弦规律在原地作往复振动，并以声速传导到工具端面，使工具端面作超声波振动。工具端面的瞬时位移量

$$S=A\sin\omega t \tag{8-6}$$

式中 A——位移的振幅；

ω——超声波的角频率，$\omega=2\pi f$；

f——超声波频率；

t——时间。

假设超声波振幅 $A=0.002\text{mm}$，频率 $f=20000\text{Hz}$，可以算出工具端面的最大速度 $v_{max}=\omega A=2\pi fA=251.3\text{mm/s}$，最大加速度 $a_{max}=\omega^2 A=31582880\text{mm/s}^2=31582.9\text{m/s}^2=3223g$，即是重力加速度 g 的 3000 余倍。由此可见，加速度是很大的。

3. 工具

超声波的机械振动经变幅杆放大后传递给工具，使磨料和工作液以一定的能量冲击工件，加工出需要的尺寸和形状。

工具的形状和尺寸取决于被加工表面的形状和尺寸，它们相差一个“加工间隙”（稍大于平均的磨粒直径）。当加工表面面积较小或生产数量较少时，工具和扩大棒做成一个整体，否则可将工具用焊接或螺纹联结等方法固定在扩大棒下端。当工具较轻时，可以忽略工具对振动的影响。但当工具较重时，会降低超声振动的共振频率。工具较长时，应对扩大棒进行修正，使其满足半个波长的共振条件。

换能器、变幅杆、工具三者应衔接紧密，否则超声波传递过程中将损失很大的能量。在螺纹联结处应涂以凡士林油作传递介质，绝对不可存在空气间隙，因为超声波通过空气时会很快衰减。

三、超声波加工机床本体

图 8-6 所示为 CSJ-2 型超声波加工机床的示意图。其结构比较简单。声学部件(图中件 4、5、6)安装在能上下移动的导轨 7 上。导轨由上下两组滚动导轮定位，使其灵活又精确地上下移动。工具的向下进给及施加压力靠声学部件本身的自重。为了能调节压力大小，在机床后部有可加可减的平衡重锤 2。

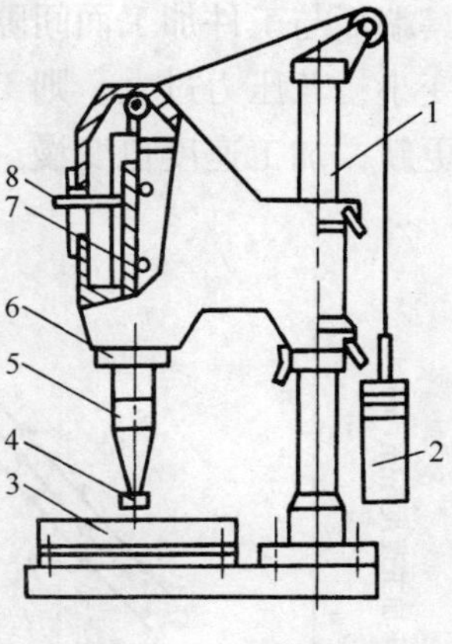

图 8-6　CSJ-2 型超声波加工机床

1—支架　2—平衡重锤　3—工作台　4—工具　5—变幅杆　6—换能器　7—导轨　8—标尺

四、磨粒悬浮液及冷却循环系统

小型超声波加工机床，磨粒悬浮液更换及输送一般都是用手工完成的。若用泵供给，则能使磨粒悬浮液在加工区良好循环。若工具及变幅杆较大，可以在工具与变幅杆中间开孔，从孔中输送悬浮液，以提高加工质量。

作为工作液，效果较好而又最常用的是水。为了提高表面质量，有时也用煤油或机油做工作液。磨粒一般采用碳化硅、氧化铝。但是加工硬质合金用碳化硼，加工金刚石则用金刚石粉。其粒度大小是根据加工生产率和精度要求选定的，颗粒大的生产率高，但加工精度及表面粗糙度则较差。

冷却水系统用于冷却换能器。一般常用流量为 0.5~2.5L/min 的冷却水，通过环状喷头向换能器周围喷水降温。

第三节　超声波加工工艺参数及应用

一、超声波加工工艺参数

超声波加工工艺参数主要是指影响加工速度、加工精度、表面质量、工具磨损因素。

1. 加工速度及其影响因素

加工速度是指单位时间内去除材料的多少，单位通常以 g/min 或 mm^3/min 表示。影响加工速度的主要因素有：工具振动的振幅和频率、工具对工件的静压力(即进给压力)、磨粒悬浮液、工件材料、加工面积及深度等。

(1) 工件振动的振幅和频率　一般的规律是：加工速度随工具振动振幅增加而线性增加，振动频率提高，在一定范围内亦可提高加工速度，如图 8-7 所示。但随频率及振幅提高，变幅杆和工具会承受较大的交变应力，从而会使它们发生疲劳，寿命缩短。同时，振幅及频率提高，会使变幅杆与工具及变幅杆与换能器间的能量损耗加大，故在超声波加工中，一般振幅为 0.01~0.1mm，频率为 16~25kHz 之间。

（2）工具对工件的静压力　一般规律是：工具对工件存在一个最佳压力值。在此压力下，可得到最大加工速度，如图 8-8 所示。其原因是：若压力过小，工具端面与工件加工面间隙大，令磨粒对工件撞击力及打击深度降低，加工速度亦变小；若压力过大，则工具末端与工件加工面间隙变小，磨料及悬浮液不能顺利更新，加工速度也变慢。

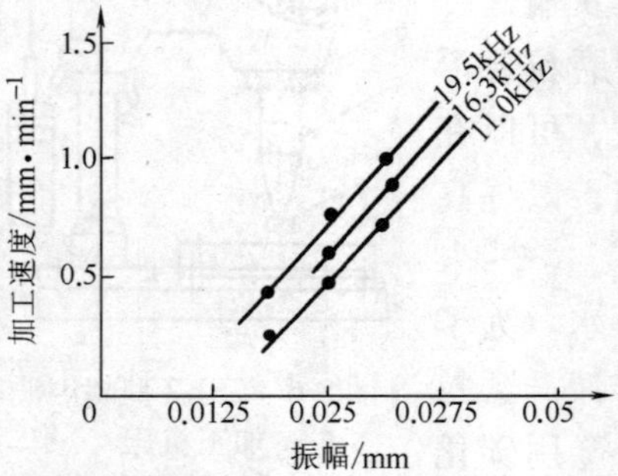

图 8-7　超声加工速度与振幅、频率的关系曲线

工具截面：ϕ6.35mm　被加工材料：玻璃

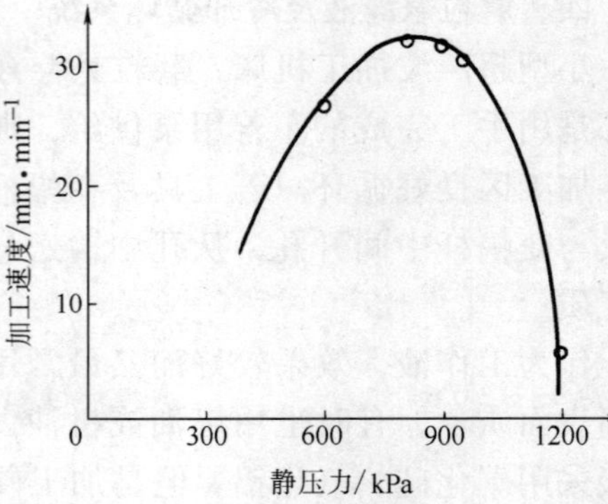

图 8-8　加工速度与静压力的关系

工具截面：ϕ15mm　被加工材料：玻璃

工具材料：相当于 T9

工具振幅：50μm　工作频率：20kHz

磨料：BC320　磨料对水的质量比：1∶4

磨料悬浮液供给方法：强制循环方式

（3）磨料悬浮液　磨料的种类、硬度、粒度，磨料和液体的比例及悬浮液的液体粘度等，对超声波加工速度均有影响。磨料硬度愈高，加工速度愈快。但要考虑价格成本，合理选用（表 8-1）。磨料粒度愈粗，加工速度愈快。但加工精度和表面质量则变差。

表 8-1　磨料选用

工　件	磨　料	工　作　液
硬质合金、淬火钢	碳化硼、碳化硅	水、煤油、汽油、酒精、机油、甘油等，磨料对水的质量比一般为 0.8~1
金刚石、宝石	金刚石磨料	
玻璃、石英、半导体材料	电刚玉（Al_2O_3）	

磨料悬浮液浓度低，加工间隙内磨粒少，特别在加工面积和深度较大时可能

造成加工区局部无磨粒的现象，从而使加工速度大大下降。随着悬浮液中磨粒浓度的增加，加工速度也增加。但浓度太高时，磨粒在加工区域的循环运动和对工件的撞击运动受到影响，又会导致加工速度降低。常用的浓度为磨粒与水的质量比约 0.5~1 左右。

悬浮液的液体类型对加工速度的影响如表 8-2 所示。由表 8-2 可见，水的相对生产率最高，其原因是水的粘度小，湿润性高且有冷却性，对超声波加工有利。

表 8-2　几种悬浮液的液体相对生产率

液　　体	相对生产率	液　　体	相对生产率
水	1	机器油	0.3
汽油、煤油	0.7	亚麻仁油和变压器油	0.28
酒精	0.57	甘油	0.03

（4）工件材料　超声波加工适于加工高脆性的材料，材料越脆，承受冲击载荷能力越差，在磨粒冲击下越易粉碎去除。材料脆度与超声波可加工性如表 8-3 所示。材料脆度 $t_X=\frac{\rho}{\sigma}$，ρ 为切应力，σ 为断裂应力。

表 8-3　材料脆度与超声波加工的可加工性

类别	材 料 名 称	脆度 t_X	可 加 工 性
Ⅰ	玻璃、石英、陶瓷、锗、硅、金刚石等	>2	易加工
Ⅱ	硬质合金、淬火钢、钛合金等	1~2	可加工
Ⅲ	铅、软钢、铜等	<1	难加工

2. 加工精度及其影响因素

超声波加工的精度，除受机床、夹具影响外，主要与工具精度、磨粒粒度、工具的横向振动及加工深度有关。

超声波加工的孔一般都有锥度，这与工具磨损及工具的横向振动有关，如图 8-9 所示。为了减小工具磨损对圆孔加工精度的影响，可将粗、精加工分开，并相应更换磨粒粒度，合理选择工具材料。工具及变幅杆的横向振动会引起磨粒对孔壁的二次加工，在孔深度方向上形成从进口端至出口端逐渐减小的锥度。

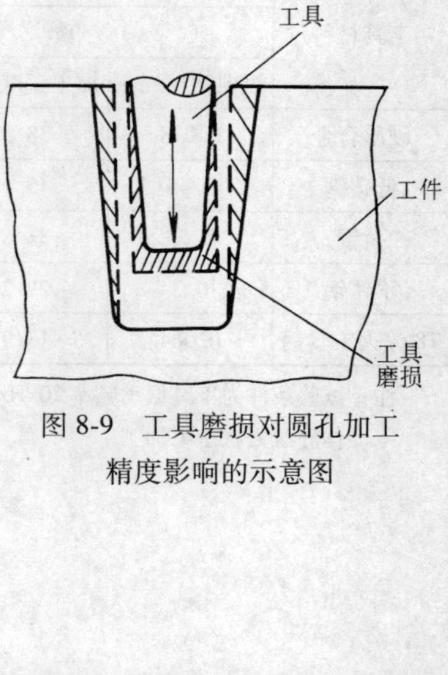

图 8-9　工具磨损对圆孔加工精度影响的示意图

超声波加工后孔径相对于工具尺寸有一个扩大量。加工圆孔的最小直径 D_{min} 等于工具直径 D

与磨料磨粒平均直径 d_0 的两倍之和。即

$$D_{min}=D+2d_0 \tag{8-7}$$

磨粒愈细，加工孔精度愈高。尤其在加工深孔时，细磨粒有利于减小孔的锥度。

在超声波加工过程中，磨料会由于冲击而逐渐磨钝并破碎，这些破碎和已钝化的磨粒会影响加工精度，而且即使新的磨料磨粒也不是完全均匀的。所以，选择均匀性好的磨料，经常(使用10~15h)更换磨料，对保证加工精度、提高加工速度是十分重要的。

3. 加工表面质量及其影响因素

超声波加工具有较好的表面质量，不会产生表面烧伤和表面变质层。加工表面的质量(表面粗糙度)主要与磨料粒度、被加工材料性质有关。超声波加工实验表明，被加工材料越脆，加工表面粗糙度值越大；磨料粒度尺寸越大，加工表面粗糙度值越大。如图 8-10 所示。

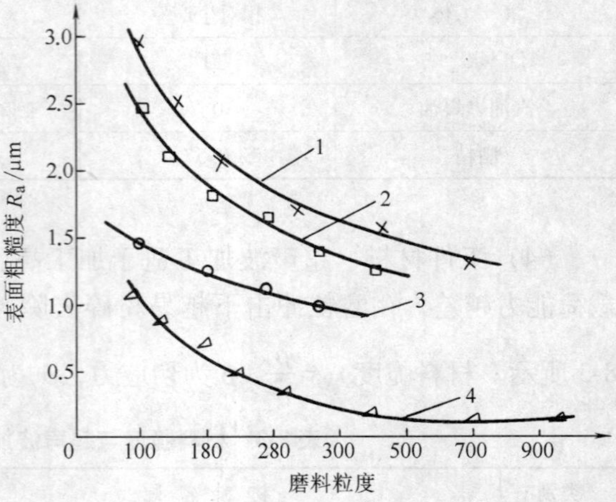

图 8-10　超声波加工表面粗糙度与磨料粒度的关系

1—玻璃　2—半导体材料(硅)

3—工业矿物陶瓷　4—硬质合金

4. 工具磨损

超声波加工过程中，工具也同时受到磨粒的冲击及空化作用而产生磨损。表 8-4 所示为不同材质的工具加工玻璃和硬质合金的磨损情况。

表 8-4　不同材质工具加工中的磨损情况

工具材料	被加工材料					
	玻　璃			硬 质 合 金		
	纵向磨损/mm	加工深度/mm	相对磨损(%)	纵向磨损/mm	加工深度/mm	相对磨损(%)
硬质合金	0.038	38.3	0.1	3.5	3.18	110
低碳钢	0.45	45.1	1.0	2.8	3.18	88
黄铜	0.53	31.8	1.68	4.45	3.18	140
不锈钢	0.2	29.2	0.7	0.4	1.14	35
T8 淬火工具钢	0.064	13.9	0.46	0.3	1.17	26

注：试验条件为工具振动频率 20kHz，工具双振幅 51μm，工具直径 φ6.4mm；磨料为碳化硼 100#；最佳静压力状态下加工。

由表 8-4 可见，用碳钢或不淬火工具钢制造工具，磨损较小，制造容易，疲劳强度高。

二、超声波加工的应用

超声波的应用范围很广，这里只叙述有关加工工业的部分应用。

1）超声波加工型腔、型孔，具有精度高、表面质量好的优点。加工某些冲模、型腔模、拉丝模时，先经过电火花、电解及激光加工（粗加工）后，再用超声波研磨抛光，以减小表面粗糙度值，提高表面质量。如拉伸模、拉丝模多用合金工具钢（如 CrWMn、5CrNiTi、Cr12、Cr12MoV 等）制造，若改用硬质合金，以超声波加工（电火花加工常会产生微裂纹），则模具寿命可提高 80~100 倍。

图 8-11 所示为硬质合金下料阴模的加工示意图。其工艺过程是：

a. 电火花加工出预制孔，孔壁大约 1mm 作为超声波加工余量。

b. 超声波粗加工，磨料粒度：$180^{\#}$~$240^{\#}$，工具直径：按比工件孔径最终尺寸小 0.5mm 设计，如图 8-11a 所示。由于超声波加工后孔有扩大量及锥度，故在入口端单面留有 0.15mm 加工余量，在出口端单面留有 0.21mm 加工余量，如图 8-11b 所示。

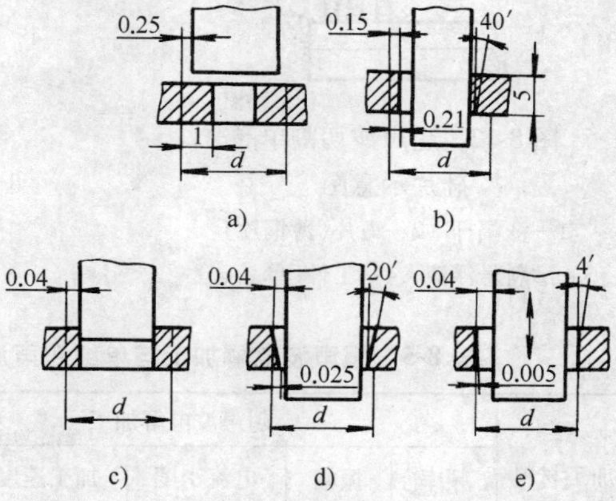

图 8-11　硬质合金下料阴模加工示意图

c. 超声波精加工，磨料粒度：W20~W10，工具直径：按比工件孔径最终尺寸减小 0.08mm 设计，如图 8-11c 所示。由于加工后的孔有扩大量及锥度，因此入口端已达到工件最终尺寸时，出口端单面仍留有 0.025mm 的加工余量，如图 8-11d 所示。

d. 用超声波加工研磨修整内孔，将原来约 40′锥度修正为 8′，如图 8-11e 所示。

2）用超声波切割脆硬的半导体材料。用普通机械加工切割脆硬的半导体材料是很困难的，采用超声波切割则较为有效。图 8-12 所示为用超声波切割单晶硅片。

3）复合加工

a. 超声波电解复合加工。单纯用超声波加工，工具损耗较大；单纯电解加工，加工速度又太慢。若二者结合起来，则不但可降低工具损耗，而且可提高加工速度。图 8-13 所示为超声波电解加工小孔示意图。工件 5 接电源 6 正极，工具 3（用钼丝、钨丝或铜丝）接负极，两者之间电压为 6~8V，在 NaCl 电解液中加入一定比例的磨料。加工时被加工表面在电解液的作用下，产生阳极溶解而生成阳极钝化膜，此钝化膜将在超声波振动的工具及磨料作用下被刮除。超声波电解加工与单纯超声波加工的加工速度及工具损耗比较如表 8-5 所示。

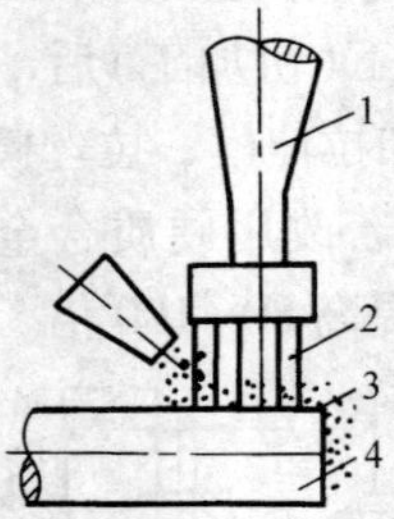

图 8-12 超声波切割单晶硅片示意图

1—变幅杆 2—刀片(薄钢片)
3—磨料悬浮液 4—工件(单晶硅)

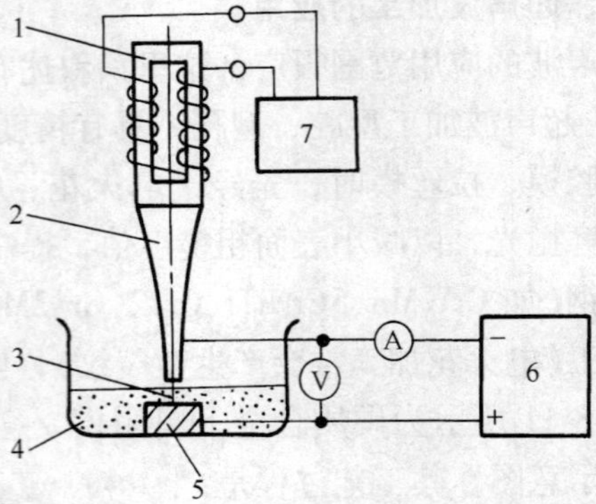

图 8-13 超声波电解复合加工小孔

1—换能器 2—变幅杆 3—工具(钢件)
4—电解液和磨料 5—工件
6—直流电源 7—超声波发生器

表 8-5 超声波电解加工与单纯超声波加工的加工速度及工具损耗比较

加工材料	超声波电解加工					超声波加工			
	频率 /kHz	振幅 /μm	电流密度 /A · cm^{-2}	加工速度 /mm · min^{-1}	工具损耗 (%)	频率 /kHz	振幅 /μm	加工速度 /mm · min^{-1}	工具损耗 (%)
5CrNiW 淬火钢	17.3	100	32	0.3	46	17.5	100	0.1	206
耐热合金	17.9	98	32	0.25	57	17.5	98	0.12	171
耐热合金	18.1	100	32	0.24	51	18.1	100	0.13	209
耐热合金	18.5	53	32	0.08	57	18.7	53	0.04	180
T15K6 硬质合金	18.8	53	30	0.2	50	18.8	53	0.08	100

注：实验条件：加工面积 22mm^2；磨料：240$^\#$碳化硼；静压力：68g/mm^2；磨料悬浮液的质量分数为 1.25；电解液：30%的食盐水溶液。

b. 超声波电火花复合加工。超声波与电火花复合加工小孔、窄缝及精微异形孔时，也可获得较好的加工效果。其方法是在普通电火花加工时引入超声波，使电极工具端面作超声振动。其装置与图 8-13 类似。超声声学部件夹固在电火花加工机床主轴头下部，电火花加工用的方波脉冲电源（*RC* 线路脉冲电源也可）加到工具和工件上（精加工时工件接正极）。加工时主轴作伺服进给，工具端面作超声振动。当不加超声振动时，电火花精加工的放电脉冲利用率为3%~5%；加上超声振动后，电火花精加工的有效放电脉冲利用率可提高到50%以上，从而提高生产率2~20倍。愈是小面积、小用量加工，生产率的提高倍数愈多。

c. 超声波切削复合加工。在车、钻、攻螺纹中引入超声波。超声波振动切削可用于切削难加工材料，能有效地降低切削力、降低表面粗糙度值、延长刀具使用寿命、提高生产率等。图8-14所示为超声波振动车削示意图。

4）超声波清洗。在清洗溶液（煤油、汽油、四氯化碳）中引入超声波，可使精微零件（如喷油嘴、微型轴承、手表机芯、印制电路板、集成电路微电子器件等）中的细小孔、窄缝、夹缝中的脏物加速溶解、扩散，清洗干净。图8-15所示为超声波清洗装置。

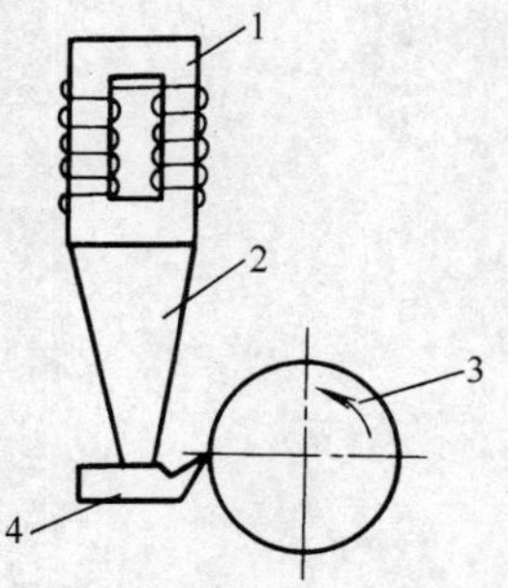

图8-14 超声波振动车削加工
1—换能器 2—变幅杆
3—工件 4—车刀

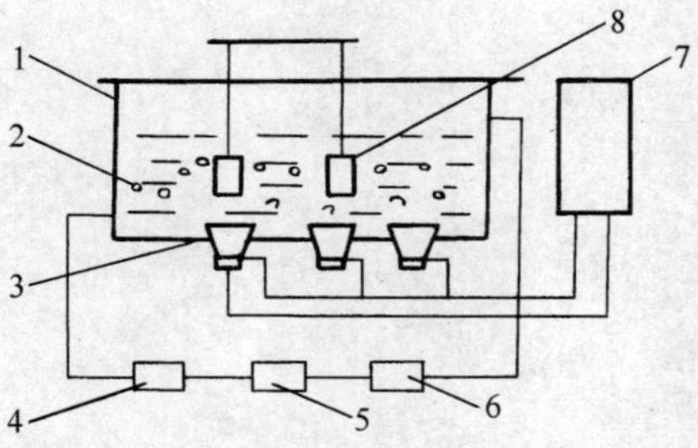

图8-15 超声波清洗装置示意图
1—清洗槽 2—空化泡 3—换能器
4—加热器 5—过滤器 6—泵
7—超声波发生器 8—工件

5）超声波焊接。超声波焊接原理是利用高频振动产生的撞击能量，去除工件表面的氧化膜杂质，露出新鲜的本体，在两个被焊工件表面分子的撞击下，亲和、熔化并粘结在一起。它可以焊接尼龙、塑料制品，特别是表面易产生氧化层的难焊接金属材料，例如铝制品等。由于在超声波焊接时时间短及薄表面层冷却快，因此获得的接头焊接区是细晶粒组成的连续层。图8-16所示为超声波焊接示意图。目前，超声波焊机有四种类型，即点焊机、连续缝焊机、直线焊机和环焊机，主要应用于焊接电子电器元件及集成电路的接引线、金属箔包装件的密封及食品、药品的包装等。

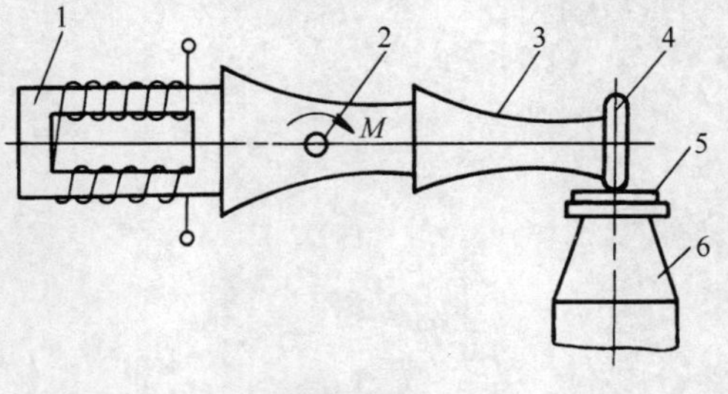

图8-16 超声波焊接示意图
1—换能器 2—固定轴 3—变幅杆
4—焊接工具头 5—被焊工件 6—反射体

此外，利用超声波化学镀工艺也可以在陶瓷等非金属表面挂锡、挂银及涂覆熔化的金属薄层。

思 考 题

1. 超声波加工设备的进给系统有何特点？
2. 超声波加工时，工具系统的振动有何特点？
3. 为什么超声波加工技术特别适合于加工硬脆材料？
4. 试举例说明超声波在工业、农业或其他行业中的应用情况。

第九章　电子束和离子束加工

第一节　电子束加工

一、电子束加工的基本原理和特点

1. 基本原理

电子束加工是在真空条件下，利用聚焦后能量密度极高的电子束，以极高的速度（当加速电压为50V时，电子速度可达1.6×10^5km/s）冲击到工件表面的极小面积上，在极短的时间（几分之一微秒）内，其能量的大部分转变为热能，使被冲击部分的工件材料达到几千摄氏度以上的高温，从而引起材料的局部熔化和气化，而实现加工的目的，如图9-1所示。这种利用电子束热效应的加工，称为电子束热加工。

电子束加工的另一种是利用电子束流的非热效应。功率密度较小的电子束流和电子胶相互作用，电能转化为化学能，产生辐射化学或物理效应，使电子胶的分子链被切断或重新组合而形成分子量的变化以实现电子束曝光。采用这种方法，可以实现材料表面微槽或其他几何形状的刻蚀加工。

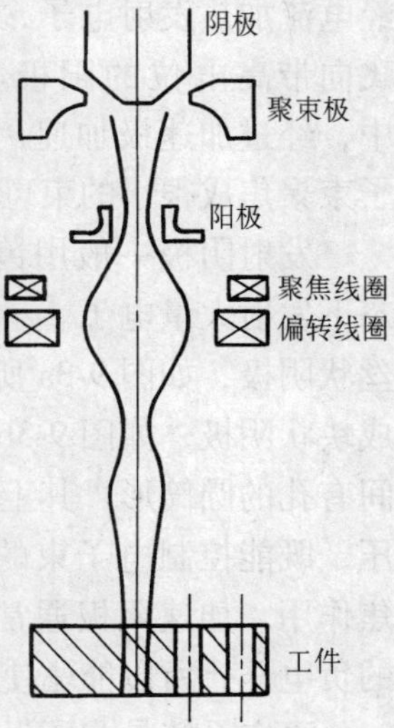

图9-1　电子束加工原理图

2. 特点

1）由于电子束能够极其微细地聚焦，甚至能聚焦到0.1μm，所以加工面积可以很小，是一种精密微细的加工方法。微型机械中的光刻技术可达到亚微米级宽度。

2）电子束能量密度很高，在极微小束斑上能达到$10^6\sim10^9$W/cm^2，使照射部分的温度超过材料的熔化和气化温度，去除材料主要靠瞬时蒸发，是一种非接触式加工。工件不受机械力作用，不产生宏观应力和变形。加工材料范围很广，可加工脆性、韧性、导体、非导体及半导体材料。

3）由于电子束的能量密度高，而且能量利用率可达90%以上，因而加工生产率很高。例如，每秒钟可以在2.5mm厚的钢板上钻50个直径为0.4mm的孔。厚度为200mm的钢板，电子束可以4mm/s的速度一次焊透。

4）可以通过磁场或电场对电子束的强度、位置、聚焦等进行直接控制，所以整个加工过程便于实现自动化。其位置精度能精确到 0. 1μm 左右，强度和束斑尺寸可达到 1%的控制精度。特别是在电子束曝光中，从加工位置找准到加工图形的扫描，都可实现自动化。在电子束打孔和切割时，可以通过电气控制加工异形孔，实现曲面弧形切割等。

5）由于电子束加工在真空中进行，因而污染少，加工表面不氧化，特别适用于加工易氧化的金属及合金材料，以及纯度要求极高的半导体材料。

6）电子束加工需要一套专用设备和真空系统，价格较贵，因而生产应用有一定局限性。

二、电子束加工设备

电子束加工设备的基本结构如图 9-2 所示，它主要由电子枪、真空系统、控制系统和电源等部分组成。

电子枪是获得电子束的装置，它包括电子发射阴极、控制栅极和加速阳极等。阴极经电流加热发射电子，带负电荷的电子高速飞向带高电位的阳极。在飞向阳极的过程中，经过加速极加速，又通过电磁透镜把电子束聚焦成很小的束斑。

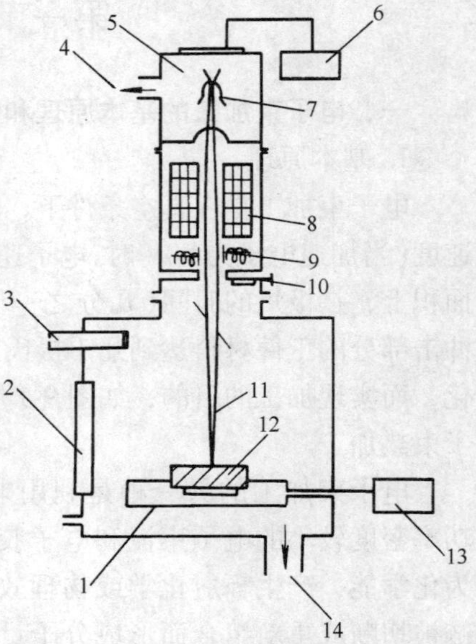

图 9-2　电子束加工设备结构示意图

1—移动工作台　2—带窗真空室门窗　3—观察筒　4—抽气　5—电子枪　6—加速电压控制　7—束流强度控制板　8—束流聚焦控制　9—束流位置控制　10—更换工件用截止阀　11—电子束　12—工件　13—驱动电动机　14—抽气

发射阴极一般用钨或钽制成，在加热状态下发射大量电子。小功率时用钨或钽做成丝状阴极，如图 9-3a 所示。大功率时用钽做成块状阴极，如图 9-3b 所示。控制栅极为中间有孔的圆筒形，其上加以较阴极为负的偏压，既能控制电子束的强弱，又有初步的聚焦作用。加速阳极通常接地，而阴极为很高的负电压，所以能驱使电子加速。

真空系统是为了保证在电子束加工时维持 $1.33\times10^{-2}\sim1.33\times10^{-4}$ Pa 的真空度，以避免电子与气体分子之间的碰撞，确保电子高速运动。此外，加工时的金属蒸汽会影响电子发射，产生不稳定现象。因此，也需要不断地把加工中产生的金属蒸汽抽出去。真空系统一般由机械旋转泵和油扩散泵或涡轮分子泵两级组成，先用机械旋转泵把真空室抽至 1. 4～0. 14Pa，然后由油扩散泵或涡轮分子泵抽至 0. 014～0. 00014Pa 的高真空度。

电子束加工装置的控制系统包括束流聚焦控制、束流位置控制、束流强度控制、工作台位移控制、束流通断时间控制、束流偏转控制以及电磁透镜控制等几个部分。

电子束加工装置对电源电压的稳定性要求较高，常用稳压设备，这是因为电子束聚焦以及阴极的发射强度与电压波动有密切关系。

三、电子束加工的应用

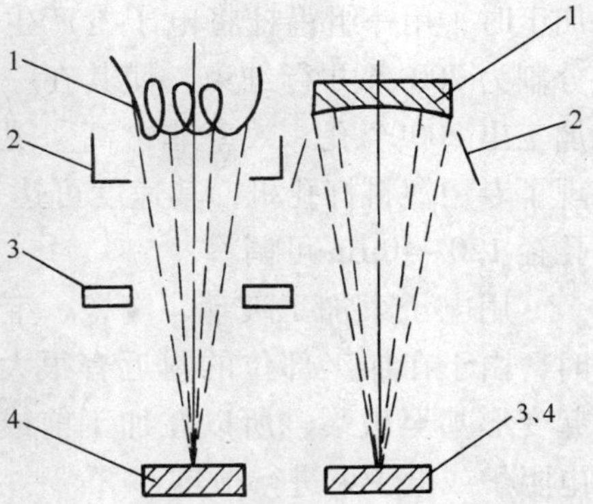

图 9-3　电子枪

1—发射电子的阴极　2—控制栅极

3—加速阳极　4—工件

电子束加工可用于打孔、切割、蚀刻、焊接、热处理和曝光加工等。图 9-4 所示为电子束加工的应用范围。

1. 打孔

电子束打孔已在航空航天、电子、化纤以及制革等工业生产中得到实际应用，目前最小直径可达 0.001mm 左右。孔径在 0.5～0.9mm 时，其最大孔深已超过 10mm，即孔的深径比大于 10∶1。在厚度为 0.3mm 的材料上加工出直径为 0.1mm 的孔，其孔径公差为 9μm。打孔的速度主要取决于板厚和孔径，孔的形状复杂时还取决于电子束扫描速度（或偏转速度）以及工件的移动速度。通常每秒可加工几十到几万个孔。例如喷气发动机套上的冷却孔，机翼的吸附屏上的孔，不仅孔的密度可以连续变化，孔数达数百万个，而且有时还可改变孔径，最宜用电子束高速打孔。高速打孔可在工件运动中进行，例如在 0.1mm 厚的不锈钢上加工直径为 0.2mm 的孔，速度为每秒 3000 孔。

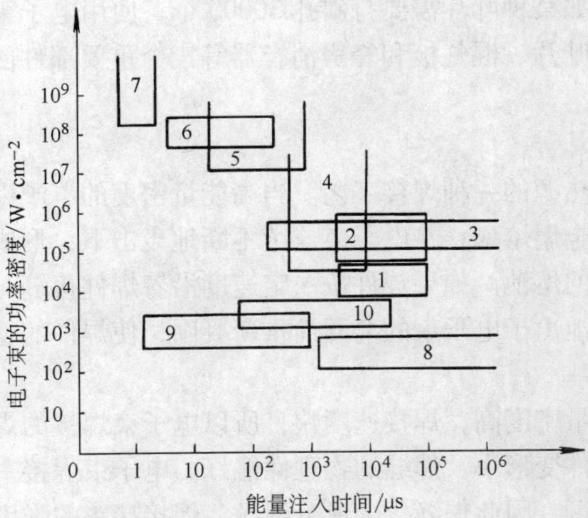

图 9-4　电子束加工的应用范围

1—淬火硬化　2—熔炼　3—焊接　4—打孔　5—钻、切割　6—刻蚀　7—升华　8—塑料聚合　9—电子抗蚀剂　10—塑料打孔

图 9-5 所示为电子束加工的喷丝头异型孔截面的一些实例。出丝口的窄缝宽度为 0.03～0.07mm，长度为 0.80mm，喷丝板厚度为 0.6mm。为了使人造纤维具有光泽、松软有弹性、透气性好，喷丝头的异型孔都是特殊形状的。用电子束切割的复杂型面，其切口宽度为 6～3μm，边缘表面粗糙度可控制在±0.5μm。

在人造革、塑料上用电子束打大量微孔，可使其具有如真皮革那样的透气性，而且电子束打孔成本比天然革成本低，可替代天然革。

加工时，用一组钨杆将电子枪产生的单个电子束分割为200条并行细束，使其在一个脉冲内同时加工出200个孔，效率非常高。现在生产上已出现了专用塑料打孔机，其速度可达每秒50000孔，孔径120～40μm可调。

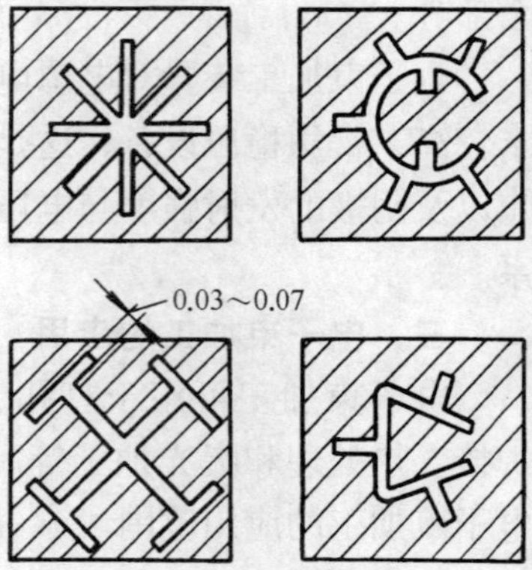

图9-5 电子束加工的喷丝头异型孔

用电子束加工玻璃、陶瓷、宝石等脆性材料时，由于在加工部位的附近有很大温差，容易引起变形甚至破裂，所以在加工前或加工时，需用电阻炉或电子束进行预热。

电子束不仅可以加工各种直的型孔（包括锥孔和斜孔）和型面，而且也可以加工弯孔和曲面。利用电子束在磁场中偏转的原理，使电子束在工件内部偏转，即可加工出斜孔。控制电子速度和磁场强度，即可控制曲率半径，加工出弯曲的孔。如果同时改变电子束和工件的相对位置，就可进行切割和开槽。

离心过滤机、造纸化工过滤设备中钢板上的小孔为锥孔（上小下大），这样可防止堵塞，并便于反冲清洗。用电子束在1mm厚的不锈钢板上打直径为0.13mm的锥孔，每秒可打400孔，在3mm厚的不锈钢板上打直径为1mm的锥形孔，每秒可打20孔。

燃烧室混气板及某些透平叶片需要大量的不同方向的斜孔，使叶片容易散热，从而提高发动机的输出功率。如某种叶片需要打斜孔30000个，使用电子束加工能廉价地实现。燃气轮机上的叶片、混气板和蜂房消音器等三个重要部件已用电子束打孔代替电火花打孔。

2. 焊接

电子束焊接是利用电子束作为热源的一种焊接工艺。当高能量密度的电子束轰击焊件表面时，使焊件接头处的金属熔融，在电子束连续不断地轰击下，形成一个被熔融金属环绕着的毛细管状的熔池。如果焊件按一定速度沿着焊件接缝与电子束作相对移动，则接缝上的熔池由于电子束的离开而重新凝固，使焊件的整个接缝形成一条焊缝。

由于电子束的束斑尺寸小，能量密度高，焊接速度快，所以电子束焊接的焊缝深而窄，焊件热影响区极小，工件变形小，焊缝的物理性能好。电子束焊接一般不用焊条，焊接过程在真空中进行，因此焊缝化学成分纯净，焊接接头的强度往往高于母材。

电子束可焊接的材料范围很广。它除了适合于焊接普通的碳钢、合金钢、不锈钢外，更有利于焊接高熔点金属（如钽、钼、钨、钛等及其合金）和活泼金属（如锆、钛、铌等），还可焊接异种金属材料、半导体材料以及陶瓷和石英材料等，如铜和不锈钢的焊接，钢和硬质合金的焊接等。

由于电子束焊接对焊件的热影响小、变形小，故可以在工件精加工后进行焊接。又由于它能够实现异种金属焊接，所以就有可能将复杂的工件分成几个零件。这些零件可以单独地使用最合适的材料，采用合适的方法来加工制造，最后利用电子束焊接成一个完整的零部件，从而可以获得理想的使用性能和显著的经济效益。例如，可变后掠翼飞机的中翼盒长达 6.7m，壁厚 12.7~57mm，钛合金小零件可以用电子束焊接制成，共 70 道焊缝，仅此一项工艺就减轻飞机重量 270kg。

大型涡轮风扇发动机的钛合金机匣，壁厚 1.8~69.8mm，外径 2.4m，是发动机中最大、加工最复杂、成本最高的部件。采用电子束焊接后，节约了材料和工时，成本降低 40%。

此外，登月仓的铍合金框架和制动引擎中的 64 个零部件也都采用了电子束焊接。

3. 热处理

电子束热处理是把电子束作为热源，并适当控制电子束的功率密度，使金属表面加热而不熔化，达到热处理的目的。电子束热处理的加热速度和冷却速度都很高，在相变过程中，奥氏体化时间很短，只有几分之一秒乃至千分之一秒，奥氏体晶粒来不及长大，从而能获得一种超细晶粒组织，可使工件获得用常规热处理不能达到的硬度。

与激光热处理相比，电子束的电热转换效率高达 90%，而激光的转换效率只有 7%~10%。电子束热处理在真空中进行，可以防止材料氧化，而且电子束设备的功率可以做得比激光功率大，所以电子束热处理工艺发展前景看好。

用电子束加热金属使之表面熔化后，可在熔化区内加入添加元素，使金属表面形成一层很薄的新的合金层，从而获得更好的物理力学性能。其中，铸铁的电子束熔化处理可以产生非常细的莱氏体组织，其优点是抗滑动磨损性能好。研究表明，铝、钛、镍的各种合金几乎均可进行添加元素处理，从而使其耐磨性能大大提高。

4. 电子束曝光

电子束曝光是先利用低功率密度的电子束照射称为电致抗蚀剂的高分子材料，由入射电子与高分子相碰撞，使分子链被切断或重新聚合而引起分子量的变化，这一步骤也称为电子束光刻。通常将它作为集成电路、微电子器件以及微型机械元器件的刻蚀前置工序。如图 9-6a 所示，如果按规定图形进行电子束曝光，就会在电致抗蚀剂中留下潜像。然后将它浸入适当的溶剂中，则由于分子量不同而溶解度不一样，就会使潜像显影出来，如图 9-6b 所示。将光刻与离子束刻蚀或蒸镀工艺结合，见图 9-6c、d，就能在金属掩模或材料表面上制作出图形来，见图 9-6e、f。

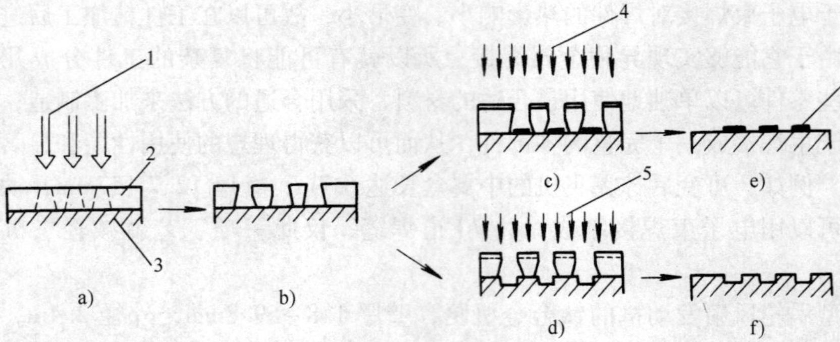

图 9-6　电子束曝光加工过程

a）电子束曝光　b）显影　c）蒸镀　d）离子刻蚀　e）、f）去掉抗蚀剂，留下图形

1—电子束　2—电致抗蚀剂　3—基板　4—金属蒸汽　5—离子束　6—金属

电子束曝光主要分为两类：扫描电子束曝光，又称电子束线曝光；投影电子束曝光，又称电子束面曝光。线曝光是将聚焦到小于 1μm 的电子束斑在大约 0.5~5mm 的范围内自动扫描，可曝光出任意形状的图形。早期的扫描电子束曝光采用圆形束斑。为提高生产率又研制出方形束斑，其曝光面积是圆形束斑的 25 倍。后来发展的可变成形束，其曝光速度比方形束又提高 2 倍以上。面曝光是使电子束先通过原版，这种原版是用别的方法制成的比加工目标大几倍的模板。再以 1/5~1/10 的比例缩小投影到电致抗蚀剂上进行大规模集成电路图形的曝光。它可以在几毫米见方的硅片上安排十万个晶体管或类似的元件。

第二节　离子束加工

一、离子束加工的基本原理和特点

1. 基本原理

离子束加工是利用离子束对材料进行成形或表面改性的加工方法。在真空条件下，将由离子源产生的离子经过电场加速，获得具有一定速度的离子投射到材料表面，产生溅射效应和注入效应。由于离子带正电荷，其质量比电子大数千、数万倍，所以离子束比电子束具有更大的撞击动能，它是靠微观的机械撞击能量来加工的。

离子束加工的物理基础是离子束射到材料表面时所发生的撞击效应、溅射效应和注入效应。具有一定动能的离子斜射到工件材料（靶材）表面时，可以将表面的原子撞击出来，这就是离子的撞击效应和溅射效应。如果将工件直接作为离子轰击的靶材，工件表面就会受到离子刻蚀。如果将工件放置在靶材附近，靶材原子就会溅射到工件表面而被溅射沉积吸附，使工件表面镀上一层靶材原子的薄膜。如果离子能量足够大并垂直工件表面撞击时，离子就会钻进工件表面，这就是离子的注入效应。图9-7所示为各类离子束加工的示意图。

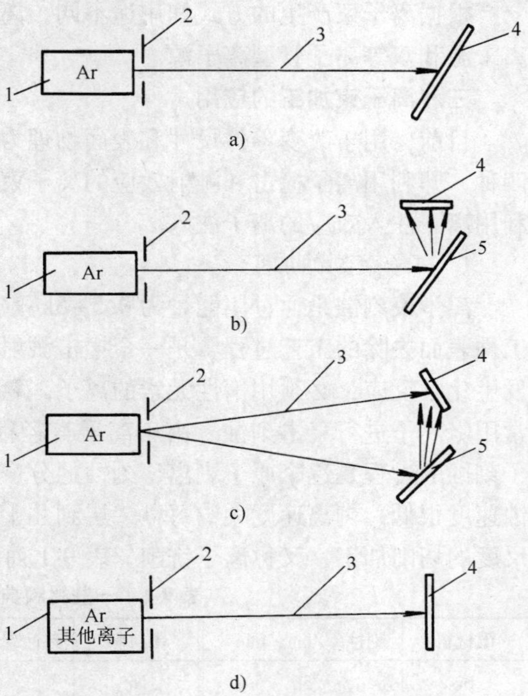

图 9-7　各类离子束加工示意图

a）离子刻蚀　b）溅射沉积

c）离子镀　d）离子注入

1—离子源　2—吸极（吸收电子，引出离子）

3—离子束　4—工件　5—靶材

2. 特点

1）加工精度高，易精确控制。离子束可以通过离子光学系统进行聚焦扫描，共聚焦光斑可达1μm以内，因而可以精确控制尺寸范围。离子束轰击材料是逐层去除原子，所以离子刻蚀可以达到毫微米(0.001μm)级的加工精度。离子镀膜可以控制在亚微米级精度，离子注入的深度和浓度也可极精确地控制。

2）污染少。离子束加工在高真空中进行，污染少，特别适合于加工易氧化的金属、合金及半导体材料。

3）加工应力、变形极小。离子束加工是一种原子级或分子级的微细加工，作为一种微观作用，其宏观压力很小，适合于各类材料的加工，而且加工表面质量高。

二、离子束加工设备

离子束加工设备与电子束加工设备相似，包括离子源、真空系统、控制系统和电源等四个部分。但对于不同的用途，离子束加工设备有所不同。

离子源又称离子枪，用以产生离子束流。其基本工作原理是将待电离气体注入电离室，然后使气态原子与电子发生碰撞而被电离，从而得到等离子体。等离子体是多种离子的集合体，其中有带电粒子和不带电粒子，在宏观上呈电中性。采用一个相对于等离子体为负电位的电极（吸极），将离子由等离子体中引出而形成离子束流，而后使其加速射向工件或靶材。对离子源的要求，首先是离子束有较大的有效工作区，以满足实际加工的需要。其次，离子源的中性损失要小。因为中性损失是指通向离子源的中性气体未经电离而损失的那部分流量，它将直接给真空系统增加负担。此外，还要求离子源的放电损失小，结构简单，运行可靠等。

根据离子束产生的方式和用途不同，离子源有很多形式。常用的有考夫曼型离子源和双等离子管型离子源。

三、离子束加工的应用

目前，用于改变零件尺寸和表面物理力学性能的离子束加工技术主要有以下四种，即利用离子撞击和溅射效应的离子束刻蚀、离子溅射镀膜和离子镀，以及利用离子注入效应的离子注入。

1. 离子束刻蚀加工

离子束刻蚀是通过用能量为0.5~5keV的离子轰击工件，将工件材料原子从工件表面去除的工艺过程，是一个撞击溅射过程。为了避免入射离子与工件材料发生化学反应，必须用惰性元素的离子。氩气的原子序数高，价格便宜，所以通常用氩离子进行轰击刻蚀。由于离子直径很小(约十分之一纳米)，可以认为离子刻蚀的过程是逐个原子剥离，刻蚀的分辨率可达微米级甚至是亚微米级。但刻蚀速度很低，剥离速度大约每秒一层到几十层原子。因此，离子刻蚀是一种原子尺度的切削加工，又称离子铣削。表9-1列出了一些材料典型的刻蚀率。

表9-1 一些材料典型的刻蚀率

靶材料	刻蚀率/$nm \cdot min^{-1}$	靶材料	刻蚀率/$nm \cdot min^{-1}$	靶材料	刻蚀率/$nm \cdot min^{-1}$
Si	36	Ni	54	Cr	20
AsGa	260	Al	55	Zr	32
Ag	200	Fe	32	Nb	30
Au	160	Mo	40		
Pt	120	Ti	10		

目前，离子束刻蚀在高精度加工、表面抛光、图形刻蚀、电镜试样制备、石英晶体振荡器以及各种传感器件的制作等方面应用较为广泛。离子束刻蚀加工可达到很高的分辨率，适于刻蚀精细图形，实现高精度加工。离子束刻蚀加工小孔的优点是孔壁光滑，邻近区域不产生应力和损伤，而且能加工出任意形状的小孔。

离子束刻蚀用于加工陀螺仪空气轴承和动压马达上的沟槽，分辨率高、精度高、重复性好，加工非球面透镜能达到其他方法不能达到的精度。

离子束刻蚀应用的另一个方面是图形刻蚀，如集成电路、声表面波器件、磁泡器件、光电器件和光集成器件等微电子学器件的亚微米图形。

用离子束轰击已被机械磨光的玻璃时，玻璃表面1μm左右被剥离并形成极光滑的表面。用离子束轰击厚度为0.2mm的玻璃，能改变其折射率分布，使之具有偏光作用。

磁泡存储器件依赖于局部磁畴(即磁泡)来存储信息。玻莫合金图形的刻蚀，是磁泡存储器的关键工艺。离子束刻出的图形，壁角陡直，线宽和间距皆在 1μm 以下。用离子束刻蚀只要保持入射角的角度，就能得到重复的壁角。离子束刻蚀玻莫合金时，能刻出 1μm 以下的线条，85°的壁角。目前已研制出线宽为 0. 2μm、深宽比为 2∶1 的磁泡存储器。

离子束刻蚀可用于减薄石英晶体振荡器和压电传感器等材料。减薄石英晶体时，用氩离子能量为 500eV、束流密度为 0. 7mA/cm^2、有效束径为 8cm 的离子束，35°的离子入射角，可以加工出 3. 3μm 厚的石英晶体薄片。

用离子束刻蚀可以减薄月球岩石样品，从 10μm 减薄到 10nm。离子束刻蚀还能在 10nm 厚的 Au-Pa 膜上刻出 8nm 的线条。

2. 离子镀膜加工

离子镀膜加工包括溅射镀膜和离子镀两种方式。

(1) 离子溅射镀膜　离子溅射镀膜是基于离子溅射效应的一种镀膜工艺，不同的溅射技术所采用的放电方式是不同的。如直流二极溅射利用直流辉光放电，三极溅射是利用热阴极支持的辉光放电，而磁控溅射则是利用环状磁场控制下的辉光放电。其中，直流二极溅射和三极溅射两种方式，由于生产率低、等离子体区不均匀等原因，难以在实际生产中大量应用。而磁控溅射具有高速、低温、低损耗等优点，镀膜速度快，基片温升小，没有高能电子轰击基片所造成的损伤，故其实际应用更为广泛。

离子溅射镀膜工艺适用于合金膜和化合物膜等的镀制。在各种镀膜技术中，溅射沉积最适合于镀制合金膜。具体方法有三种：多靶溅射、镶嵌靶溅射和合金靶溅射。这些方法均采用直流溅射，且只适合于导电的靶材。化合物膜通常是指由金属元素的化合物镀成薄膜，镀膜方法包括直流溅射、射频溅射和反应溅射等三种。

离子溅射镀膜的应用举例如下：

用磁控溅射在高速钢刀具上镀氮化钛(TiN)硬质膜，可以显著提高刀具的寿命。由于氮化钛具有良好的导电性，可以采用直流溅射，直流磁控溅射的镀膜速率可达 300nm/min。镀膜过程中，氮化钛膜的色泽逐渐由金属光泽变成明亮的金黄色。

在齿轮的齿面和轴承上可以采用离子溅射镀制二硫化钼(MoS_2)润滑膜，其厚度 0. 2~0. 6μm，摩擦因数 0. 04。溅射时，采用直流溅射或射频溅射，靶材是用二硫化钼粉末压制成形。但为得到晶态薄膜，必须严格控制工艺参数。

离子溅射还可用以制造薄壁零件，其最大特点是不受材料限制，可以制成陶瓷和多元合金的薄壁零件。例如某零件是直径为 15mm 的管件，壁厚 63. 5μm，材料为 10 元合金，其成分(质量分数)为 Fe-Ni42%-Cr5. 4%-Ti2. 4%-Al0. 65%-

Si0.5%-Mn0.4%-Cu0.05%-C0.02%-S0.008%。先用铝棒车成芯轴，而后镀膜。镀膜后，用氢氧化钠的水溶液将铝芯全部溶蚀，即可取下零件。或用不锈钢芯轴表面加以氧化，溅射成膜后，用喷丸方法或者液态冷却方法使之与芯轴脱离。

（2）离子镀　离子镀是在真空蒸镀和溅射镀膜的基础上发展起来的一种镀膜技术。离子镀时，工件不仅接受靶材溅射来的原子，还同时接受离子的轰击。这种离子流的组成可以是离子，也可以是通过能量交换而形成的高能中性离子。这种轰击使界面和膜层的性质发生某些变化，如膜层对基片的附着力、覆盖情况、密度以及内应力等，从而使离子镀具有许多优点。

离子镀膜附着力强、膜层不易脱落。这首先是由于镀膜前离子以足够高的动能冲击基体表面，清洗掉表面的玷污和氧化物，从而提高了工件表面的附着力。其次是镀膜刚开始时，由工件表面溅射出来的基材原子，有一部分会与工件周围气氛中的原子和离子发生碰撞而返回工件。这些返回工件的原子与镀膜的膜材原子同时到达工件表面，形成了膜材原子和基材原子的共混膜层。而后，随膜层的增厚，逐渐过渡到单纯由膜材原子构成的膜层。混合过渡层的存在，可以减少由于膜材与基材两者膨胀系数不同而产生的热应力，增强了两者的结合力，使膜层不易脱落，镀层组织致密，针孔气泡少。此外，由于离子镀的附着性好，使原来在蒸镀中不能匹配的基片材料和镀料，可以用离子镀完成。

离子镀比真空镀的绕镀性好。离子镀时蒸发的镀料离子，要与气体分子多次碰撞才能到达基片，导致非面对蒸发源的基片上也有镀料离子沉积，从而使基片上的所有暴露表面均能被镀覆。同时，带正电荷的镀料离子会向加有负偏压的基片各处运动而沉积下来，这也是其绕镀性好的原因之一。

离子镀的可镀材料相当广泛，可在金属或非金属表面上镀制金属或非金属材料，各种合金、化合物、某些合成材料、半导体材料、高熔点材料均可镀覆。目前，离子镀技术已用于镀制耐磨膜、耐热膜、耐蚀膜、润滑膜和装饰膜等。

用离子镀方法在切削工具表面镀氮化钛、碳化钛等硬质材料，可以提高刀具的耐用度。试验表明，在高速钢刀具上用离子镀镀氮化钛，刀具耐用度可提高1~2倍。镀碳化钛后，刀具耐用度提高3~8倍。而硬质合金刀具用离子镀镀上一层氮化钛或碳化钛，刀具耐用度可提高2~10倍。

离子镀可以得到钨、钼、钽、铌、铍以及氧化铝等的耐热膜。如在不锈钢上镀一层氧化铝，可提高基体在980℃介质中的抗热循环和抗蚀能力。在适当的基体上镀一层ADT-1合金（35%~41%Cr、10%~12%Al、0.25%Y和少量Ni），有良好的抗高温氧化和抗蚀性能。这种膜可用作航空涡轮叶片型面、榫头和叶冠等部位的保护层。

此外，由于离子镀所得到的TiN、TaN、TaC、VN等膜层都具有与黄金相似的色泽，但价格只有黄金的1/60，再加上良好的耐磨性和耐蚀性，人们将其作为装饰层。目前，手表带、表壳、装饰品、餐具等金黄色镀膜装饰已完全商品化。

离子镀的种类有很多，常用的离子镀是以蒸发镀膜为基础的，即在真空中使被蒸发物质气化，在气体离子或被蒸发物质离子冲击作用的同时，把蒸发物蒸镀在基体上。空心阴极离子镀(HCD)具有较多的优越性。图 9-8 所示为空心阴极放电离子镀装置示意图。它是一种镀膜效率高、膜层质量好的方法，目前已用于工业生产。

3. 离子注入加工

离子注入是将工件放在离子注入机的真空靶中，在几十至几百千伏的电压下，把所需元素的离子注入工件表面。离子注入工艺比较简单。它不受热力学限制，可以注入任何离子，而且注入量可以精确控制。注入的离子固溶于工件材料中，含量可达 10%~40%，注入深度可达 1μm 甚至更深。

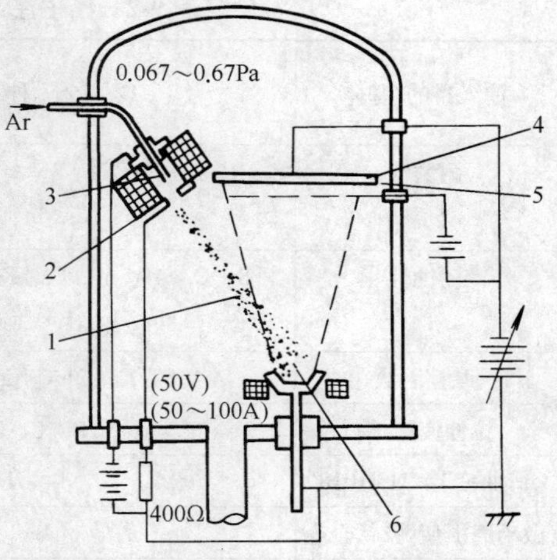

图 9-8　空心阴极放电离子镀装置示意图

1—电子束　2—电子枪　3—空心阴极

4—基板台　5—基板　6—蒸发物

由于离子注入本身是一种非平衡技术，它能在材料表面注入互不相溶的杂质而形成一般冶金工艺所无法制得的一些新的合金。不管基体性能如何，它可在不牺牲材料整体性能的前提下，使其表面性能优化，而且不产生任何显著的尺寸变化。但是，离子注入的局限性在于它是一个直线轰击表面的过程，不适合处理复杂的凹入的表面样品。

除了常规的离子注入工艺之外，近年来又发展了几种新的工艺方法，如反冲注入法、轰击扩散镀层法、动态反冲法以及离子束混合法等，从而使得离子注入加工技术的应用更为广泛。

离子注入在半导体方面的应用，目前已很普遍。它是将硼、磷等“杂质”离子注入半导体，从而改变导电型式(P 型或 N 型)，以制造一些通常用热扩散难以获得的各种特殊要求的半导体器件。由于离子注入的浓度、深度和注入区域均可精确控制，所以成为制作半导体器件和大面积集成电路的重要手段。

离子注入表面改性是离子注入加工技术应用的另一个重要领域。离子注入可用以改变金属表面的物理化学性能，可以制得新的合金，从而改善金属表面的耐磨性能、耐腐蚀性能、抗疲劳性能和润滑性能等，如表 9-2 所示。

离子注入可以改善金属材料的耐磨性能。如在低碳钢中注入 N、B、Mo 等元素以后，在磨损过程中，材料表面局部温升形成温度梯度，使注入离子向衬底扩散。这样不断在表面形成硬化层，提高了材料的耐磨性能。

离子注入可以提高金属材料的硬度。这是因为注入离子及其凝聚物将引起材料晶格畸变、缺陷增多的缘故。如在纯铁中注入 B，其显微硬度可提高 20%。将硅注入铁，可形成马氏体结构的强化层。

离子注入可以提高材料的耐腐蚀性能。如将 Cr 注入 Cu，能得到一种新的亚稳态的表面相，从而改善材料的耐腐蚀性能。

表 9-2　离子注入表面改性的应用举例

注入目的/基体	离子种类	能量 /keV	剂量 /离子·cm^{-2}	效果 (最大提高,%)
耐磨性	B、C、Ne、N、S、Ar、Co、Cu、Kr、Mo、Ag、In、Sn、Pb	20~100	$>10^{17}$	
耐蚀性	B、C、Al、Ar、Cr、Fe、Ni、Zn、Ga、Mo、In、Eu、Ce、Ta、Ir	20~100	$>10^{17}$	
摩擦因数	Ar、S、Kr、Mo、Ag、In、Sn、Pb	20~100	$>10^{17}$	
拉伸疲劳/镍	B、C、N	30~60	10^{16}~10^{19}	127
弯曲疲劳/AISI1018	B、N	400~550	2×10^{17}	250
微动磨损疲劳/钛合金	Ba		10^{16}	提高显著
高温疲劳/钛合金	C	150	$(1\sim2)\times10^{16}$	提高显著
腐蚀疲劳/AISI1018	N、Ti、Ta、Mo	30	10^{15}~10^{17}	降低

研究发现，对 Fe-13Cr-15Ni 试样进行离子注入处理，当同时注入 B 和 N 两种元素后，材料的疲劳寿命增幅较大。其原因在于强化的基体抑制了滑移带的形成，从而提高其疲劳寿命。

离子注入还可改善金属材料的润滑性能。离子注入表层后，在相对摩擦过程中，被注入的细粒起到了润滑作用，提高了材料的使用寿命。如把 C、N 注入碳化钨中，其工作寿命可大大延长。

但是，离子注入表面改性的生产效率低、成本高，目前尚处于研究阶段，还需要进一步的深入研究。

思 考 题

1. 何谓电子束加工？试说明电子束加工的分类、特点及应用范围。
2. 试述离子束加工的基本原理和应用范围，并比较它与电子束加工的优缺点。

第十章　超高压水射流切割

超高压水射流切割是20世纪70年代发展起来的一门高新技术，它是利用高压、高速的细径液流作为工作介质，对工件表面进行喷射，依靠液流产生的冲击作用去除材料，实现对工件的切割。稍微降低水压或增大靶距和流量，还可以进行高压清洗、破碎、表面毛化、去毛刺及强化处理。超高压水射流与激光、离子束、电子束一样，同属于高能束加工的技术范畴。

世界上第一台纯水高压水切割设备诞生于1974年，第一台磨料高压水切割设备诞生于1979年。自20世纪80年代末以来，我国依靠自己的力量，自主开发成功了各类超高压水射流切割设备，并开展了大量的工艺试验研究。目前，该项技术在国内外得到了广泛的应用，在机械、建材、建筑、国防、轻工、纺织等领域正发挥着日益重要的作用。

第一节　超高压水射流切割原理、分类和特点

一、超高压水射流切割的原理

中国自古有"滴水穿石"之说，如今利用超高压水射流技术切割石材和其他材料已成为现实。将过滤后的工业用水加压至100~400MPa，再经过直径$\phi0.08$~0.5mm的喷嘴孔口后，形成500~900m/s的超音速细径水柱，功率密度高达$10^6W/mm^2$，可以切割塑料、石棉、碳纤维等软质材料。在超高压水射流中混入磨料，磨料颗粒便被加速，形成磨料高压水射流，可以切割石材、金属等硬质材料。

图10-1所示为超高压水射流切割原理图。储存在水箱1中的水，经过过滤器2处理后，由水泵3抽出送至蓄能器4中。液压机构5驱动增压器6，使水压增高。高压水经控制器7、阀门8和喷嘴9喷射到工件10上的加工部位，进行切割。切割过程中产生的切屑和水混合在一起，排入水槽11。

超高压水射流本身具有较高的刚性，在与工件发生碰撞时，会产生极高的冲击动压和涡流。从微观上看，相对于射流平均速度存在着超高速区和低速区(有时可能为负值)，因而超高压水射流表面上虽为圆柱模型，而内部实际上存在刚性高和刚性低的部分。刚性高的部分产生的冲击动压使传播时间减少，增大了冲击强度，宏观上看起快速楔劈作用；而低刚度部分相对于高刚度部分形成了柔性空间，起吸屑、排屑作用。两者的结合，正好像使其在切割材料时犹如一把轴向

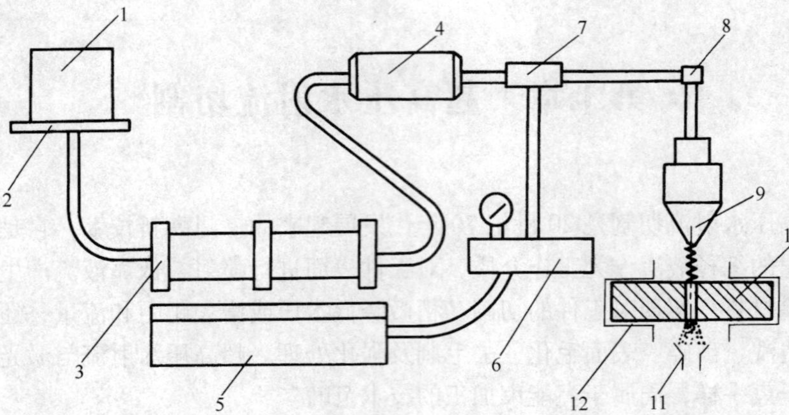

图 10-1　超高压水射流切割原理图

1—水箱　2—过滤器　3—水泵　4—蓄能器　5—液压机构　6—增压器

7—控制器　8—阀门　9—喷嘴　10—工件　11—水槽　12—夹具

“锯刀”加工一样。

超高压水射流破坏材料的过程是一个动态断裂过程。对于脆性材料(如石材),主要是以裂纹破坏及扩散为主；而对于塑性材料(如钢板)，遵循最大的拉应力瞬时断裂准则，即一旦材料中某点的法向拉应力达到或超过某一临界值时，该点即发生断裂。根据弹塑性力学，动态断裂强度与静态断裂强度相比，要高出一个数量级左右。主要原因是动态应力作用时间短，材料中裂纹来不及发展，因而动态断裂不仅与应力水平有关，而且还与拉应力作用的时间长短相关。

二、超高压水射流切割的分类

根据高压射流工作介质的不同，超高压水射流切割技术可分为两类：纯水高压水切割 WJ(Water-Jet Cutting)；磨料高压水切割 AWJ(Abrasive Water-Jet Cutting)。

纯水高压水切割使用经过处理的工业用水作为工作介质，经过精细过滤，不掺杂任何固体颗粒物料，用于切割软质材料，如纸张、纸板、玻璃纤维制品、食品等。磨料高压水切割则是在液流中掺加了一定比例的细粒度磨料，磨料比例最高可达20%(质量)，目的在于增加射流的能量密度，提高切割效率，用于切割硬脆材料，如各种金属材料、石材、玻璃、塑料、陶瓷等。

三、超高压水射流切割的特点

超高压水射流使用廉价的水作为工作介质，是一种冷态切割新工艺，属于绿色加工范畴，是目前世界上先进的切割工艺方法之一。它可以切割各种金属、非金属材料，各种硬、脆、韧性材料，在石材加工等领域，具有其他工艺方法无法比拟的技术优势。

与传统的火焰切割工艺相比，超高压水射流切割具有切缝窄(0.8~1.2mm)，切口平整，无热变形，无边缘毛刺，切割速度快，效率高，加工成本低，无尘，无味，无毒，无火花，振动小，噪声低等特点，尤其适合于恶劣的工作环境和有防爆要求的危险环境下加工。与机械切削(如锯切、铣削等)相比，可以方便地获得复杂形状的二维切割轨迹，并且高压射流永不变钝，无刀具损耗。与冲压工艺相比，加工柔性高，可节省模具设计及制造的费用。

目前，超高压水射流切割存在的主要问题是：喷嘴的成本较高，使用寿命、切割速度和精度仍有待进一步提高。

第二节　超高压水射流切割设备

超高压水射流切割设备可用于切割各类材料，被形象地称为“水刀”，其组成部分主要有：超高压水发生装置、喷嘴、超高压管路系统、执行机构、电气控制系统等，如图 10-2 所示。

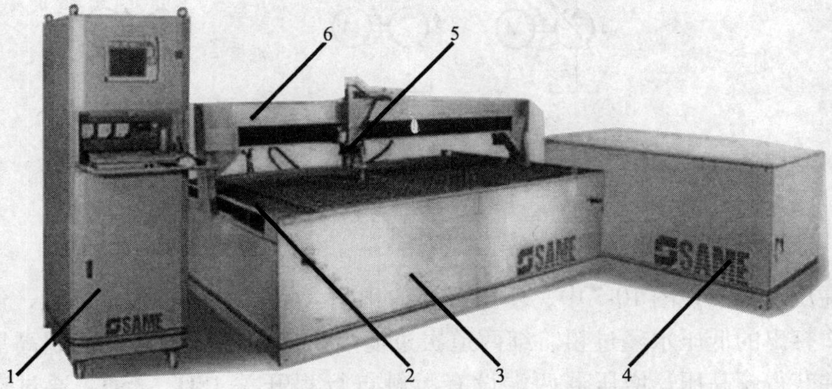

图 10-2　超高压水射流切割设备(水刀)

1—电气控制系统　2—Y轴　3—工作台(水槽)

4—超高压水发生装置　5—切割头及Z轴　6—横梁(X轴)

超高压水射流切割设备的液压原理如图 10-3 所示。工件 12 放置在工作台(水槽)13 之上。工作台内设有箱式接收器，用于吸收切穿工件后高速水柱的剩余能量，并且防溅，降低噪声。喷嘴 11 安装在切割头上，在数控系统的控制下可实现二轴平面联动，从而切割出复杂形状的工件。喷嘴距工件 12 表面有 1~2mm 的距离(靶距)。打开液控单向阀 10，高压射流便从喷嘴 11 中射出，开始切割工件。为了切割较大面积的工件，设备的工作台尺寸通常应大于 1000mm×1000mm。

一、超高压水发生装置

超高压水发生装置是“水刀”设备的核心，多采用往复式增压器，也可采

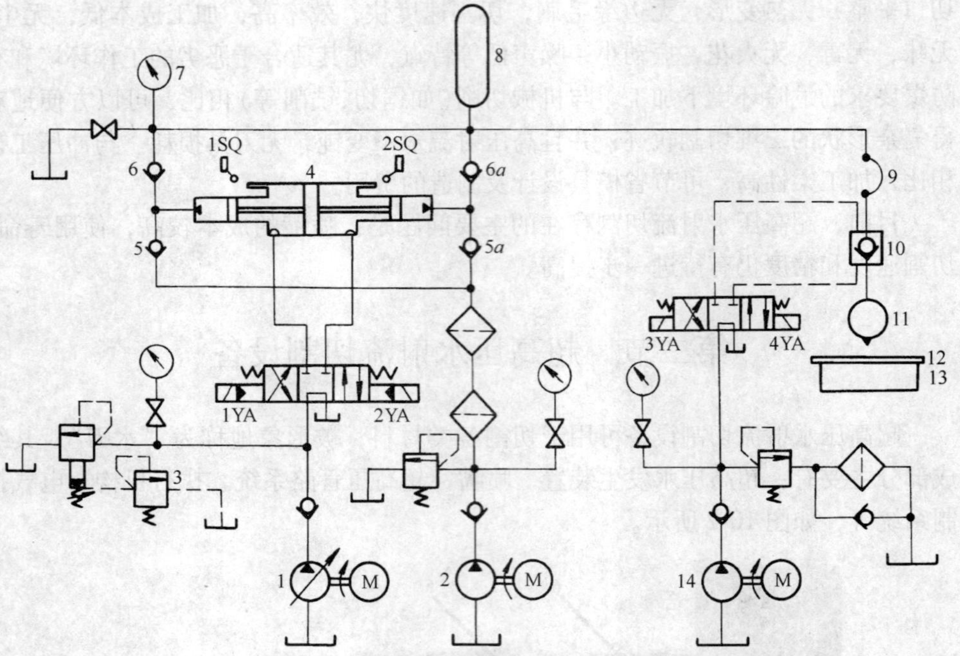

图 10-3　超高压水射流切割设备液压原理图

1—液压泵　2—低压供水泵　3—远程调压阀　4—往复式增压器　5—超高压单向阀　6—单向阀　7—超高压压力表　8—超高压蓄能器　9—超高压柔性钢管　10—液控单向阀　11—喷嘴　12—工件　13—工作台（水槽）　14—控制液压泵

用超高压水泵。在图 10-3 中，增压器 4 的中间大活塞由液压泵 1 驱动，低压供水泵 2 打出的低压水经过粗、细两道次过滤后，进入增压器两侧的超高压水缸内，并获得超高压。增压器两端设有无触点行程开关 1SQ、2SQ，通过交替发信，可实现三位四通电液换向阀的换向。

当三位四通电液换向阀两侧的电磁铁 1YA、2YA 均不通电时，液压泵 1 空负荷运行。准备切割时，1YA 通电，液压泵 1 排出的压力油进入增压器大活塞的右侧腔体，驱动活塞向左移动，通过水缸中的小柱塞将左侧水缸中的水增压，增压后的高压水一方面关闭超高压单向阀 5，另一方面顶开单向阀 6 进入超高压蓄能器 8 及管系中。在此过程中，单向阀 6a 及阀 10 关闭，系统水压逐步升高。当增压器大活塞左行至行程终点时，行程开关 1SQ 发信，致使 1YA 失电，2YA 通电，电液换向阀换向。此时，液压泵 1 排出的压力油进入增压器大活塞的左侧腔体，驱动活塞向右移动，通过水缸中的小柱塞将右侧水缸中的水增压，增压后的高压水一方面关闭超高压单向阀 5a，另一方面顶开单向阀 6a 进入超高压蓄能器 8 及管系中。当增压器大活塞右行至行程终点时，行程开关 2SQ 发信，致使 2YA 失电，1YA 通电，电液换向阀换向，并重复前述动作。至此，便完成了一个完整的工作循环。

增压器交替往复运动，不断输出超高压水，直至达到切割工艺要求的水压，即可开始加工。此时，开动控制液压泵 14，使三位四通电液换向阀 3YA 通电，控制油顶开液控单向阀 10，超高压水经喷嘴 11 喷出，开始切割。当完成切割后，电气控制系统发出指令，电液换向阀 3YA 失电，4YA 通电，控制油使液控单向阀 10 迅速关闭。

往复式增压器的结构如图 10-4 所示。切割时输出水压的高低取决于增压器大、小活塞的截面积之比（增压比），以及液压泵的输出工作油压。通常，液压泵的输出油压为 10~30MPa；增压比的范围为 10∶1~25∶1，切割水压高达 100~400MPa。在增压器结构（增压比）已经确定的情况下，通过远程调压阀 3 可以调节液压泵的油压，并最终实现对水压的调节。切割时水压的高低可由超高压压力表 7 显示。

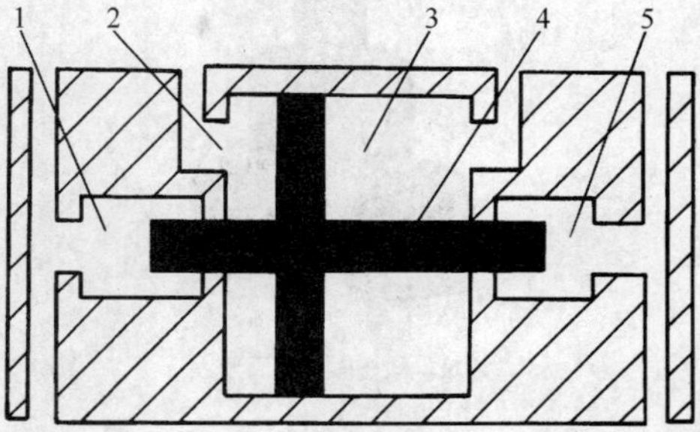

图 10-4　往复式增压器结构示意图

1—左侧水缸　2—左侧液压缸

3—右侧液压缸　4—大、小活塞

5—右侧水缸

通过调节变量泵的输出油量，即可调节增压器的往复行程次数，从而改变其输出超高压水的流量。在增压器行程终点的换向瞬间，在短时间内会发生供水停顿现象。设置超高压蓄能器 8 的目的，就是为了减少增压器换向时的水压波动，稳定切割时的工作压力，保证工件的切割质量。通常，应将水压波动幅度控制在 ±5% 以内。蓄能器的容量可根据增压器的换向时间和切割时的耗水量确定。耗水量则与喷嘴的孔径及水压有关。试验结果表明，耗水量与孔径的平方成正比，与水压的平方根成正比。

往复式增压器 4 是超高压水发生装置中的关键、核心部件之一。由于切割水压高达 100~400MPa，而且水压脉动频率在 60 次/min 以上，缸体受到高水平脉动应力的作用，并且存在着水蚀，因此，内筒的缸体材料通常选用高强度不锈钢，外层由多层预紧筒压合或采用自增强预应力钢丝缠绕而成。

采用缠绕结构的超高压水缸内筒在外部钢丝缠绕层施加的径向预紧力作用下，在最高工作水压时，其内表面仍处于压应力状态。在切割工作过程中，内筒始终处于压应力状态下的脉动循环，从而明显提高了筒体材料的疲劳强度。缠绕钢丝层是由几十层及至数千圈高强度钢丝组成的，水压升高时钢丝内部拉应力增加的幅度很小，钢丝同样具有较高的疲劳强度。因此，钢丝缠绕结构的增压器以其性能优良、成本低等优势，在实际生产中得到了较为广泛的应用。

二、喷嘴

喷嘴是切割系统中的重要部件之一，其结构、工作性能和使用寿命直接影响到工件切割质量和生产成本。根据切割工艺的不同，喷嘴可分为纯水切割喷嘴和磨料切割喷嘴两种，其内部结构分别如图 10-5、图 10-6 所示。

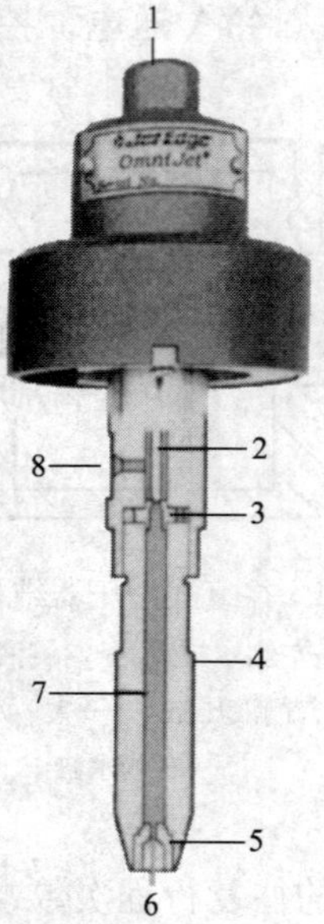

图 10-5　纯水切割喷嘴

1—空气入口　2—针　3—座　4—水嘴体　5—水嘴　6—水柱　7—水室　8—入水口

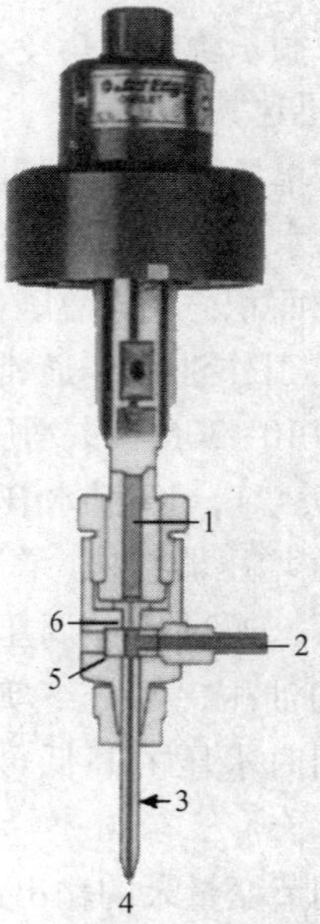

图 10-6　磨料切割喷嘴

1—水室　2—砂入口　3—喷嘴　4—砂柱　5—混合室　6—孔口固定

纯水切割喷嘴用于切割密度较小、硬度较低的非金属软质材料，喷嘴内孔的直径范围为 ϕ0. 08~0. 5mm。

磨料切割喷嘴用于切割密度较大、硬度较高的硬质材料。超高压水从喷嘴孔中高速喷射时，将形成负压真空，在负压的作用下，磨料通过砂入口 2 被吸入喷嘴，在混合室 5 中与高压水混合之后，形成砂射流。根据使用的磨料种类和粒度不同，喷嘴孔的直径范围为 ϕ0. 5~1. 65mm。

在切割工件时，喷嘴受到极大的液体内压力，以及磨料的高速磨削作用(采用磨料高压水切割)，要求制造喷嘴的材料应具有优良的耐磨性、耐腐蚀性和较高的综合力学性能。目前，通常采用蓝宝石、红宝石、硬质合金和金刚石等材料。考虑到成本及制造方面的因素，以宝石材料应用最为广泛。

影响喷嘴使用寿命的因素较多，除了喷嘴结构、材料、制造、装配、水压、磨料种类以外，提高水介质的过滤精度和处理质量，将有助于提高喷嘴寿命。通常，水的 pH 值为 6~8，并精滤到 0. 1μm 以下。另外，选择合适的磨料种类和粒度，对提高喷嘴的使用寿命也是至关重要的。

三、超高压管路系统及水密封

超高压水射流切割时的水压高达100～400MPa，高出普通液压传动装置液体工作压力的10倍以上，超高压系统中的水密封及管路系统是否可靠，对保障切割过程的稳定、安全、可靠具有重要意义。

超高压水密封分为静密封(如蓄能器的连接处)和动密封(如往复式增压器的大小活塞处)两种，在设备调试时，均需经受超出工作压力一倍以上的超压试验而无渗漏现象。

管路中的超高压水管采用高强度不锈钢厚壁无缝管或双层不锈钢管，管接头多采用金属弹性密封结构。为了方便喷嘴移动，在喷嘴与固定水管之间设置了超高压柔性钢管。

四、机身及运动机构

超高压水射流切割设备通常采用龙门式或悬臂式机架结构。图10-2所示为龙门式机身结构。喷嘴安装在切割头5上，通过丝杠、导轨系统，切割头在机身横梁6上沿*X*轴作直线运动。同时，横梁还可沿*Y*轴2在工作台3上作直线运动。切割时,工件固定在工作台(水槽)上,切割头在横梁6上沿*X*轴作直线运动;横梁沿*Y*轴2作直线运动。*X*轴、*Y*轴均采用滚珠丝杠驱动装置和线性导轨,具有较高的运动精度,在数控系统的程序控制下,可实现任意形状的平面曲线切割。为了调节喷嘴与工件之间的距离(靶距),切割头5上通常需要配备*Z*轴方向的直线驱动装置。为了提高切割效率,还可以在同一个切割头上配置多个喷嘴,进行多件同时切割。

由于超高压水射流属于点切割，即在其切割范围内可以到达任何一点，故在计算机控制下，可以切割出任意复杂的图形，重复定位精度可小于±0.05mm。在进行石材拼花切割时，由于计算机可以方便地实现间隙补偿，因此，能够做到零件形状配合的严丝合缝。

为了切割三维复杂形状零件，切割头可以安装在关节式机器人的手臂上，进行五轴联动，从而可实现多自由度的空间切割。1994年，中国科学院沈阳自动化研究所研制成功了我国第一台五自由度高压水切割机器人。

五、磨料及输送系统

在磨料高压水切割设备中，配备有磨料供给系统，包括料仓、磨料、流量阀和输送管。料仓形状和料仓内的网筛要保证磨料的供给通畅，不至于堵塞。流量阀用于控制磨料流量的通断和大小。通常，磨料消耗量随水压的升高而增加。常用的磨料有刚玉、石英砂、石榴石、碳化硅等,分为人造和天然两种,粒度在0.1～0.8mm之间。

六、水介质处理与过滤

在进行超高压水射流切割时，对工业用水进行必要的处理和过滤具有重要意义。提高水介质的过滤精度，可以有效延长增压器密封装置、宝石喷嘴等的寿命，提高切割质量，提高设备的运行可靠性。通常，应将水介质的过滤精度控制在 0.1μm 以下。为此，可采取多级过滤的方法。另外，还应对工业用水进行软化处理，以减小对设备的锈蚀程度。

第三节　超高压水射流切割工艺和应用

一、切割深度和切割速度

影响超高压水射流切割深度的工艺因素较多，包括射流的工作介质；喷射的压力、作用面积；切割时间；工件的材质；以及喷嘴离工件表面的距离(靶距)等。如果不考虑加工时间和切口断面质量，超高压水射流的切割厚度可以达到 200mm。实践证明，切割 25mm 以下的厚度时，效率较高，而且可以保证切口断面光滑。

切割速度与被加工的材料性质有关，并与射流的功率或压力成正比，与切割速度和工件厚度成反比。图 10-7 给出了加工胶质玻璃时，切割深度、切割速度与水压三者之间的关系，此时，喷嘴内孔直径为 ϕ0.127mm。

提高水压，将有利于提高切割深度和切割速度。但会增加超高压水发生装置及超高压密封的技术难度，增加设备成本。目前，商用超高压水射流切割设备的最高压力一般控制在 400MPa 以内。

通常，将喷嘴下端面至工件表面之间的距离称为靶距。图 10-8 给出了切割锻钢、铸铁和济南青花岗岩时切割深度与靶距之间的关系，相应的切割工艺参数为：水压 189MPa，磨料喷嘴直径 ϕ0.3mm，水耗量 2.15L/min，60 目天然磨料，磨料消耗量 0.265kg/min，切割速度 100mm/min。

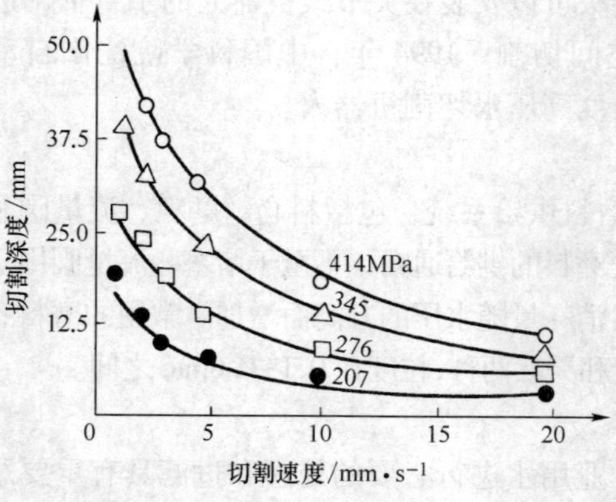

图 10-7　加工胶质玻璃时，切割深度、切割速度与水压之间的关系

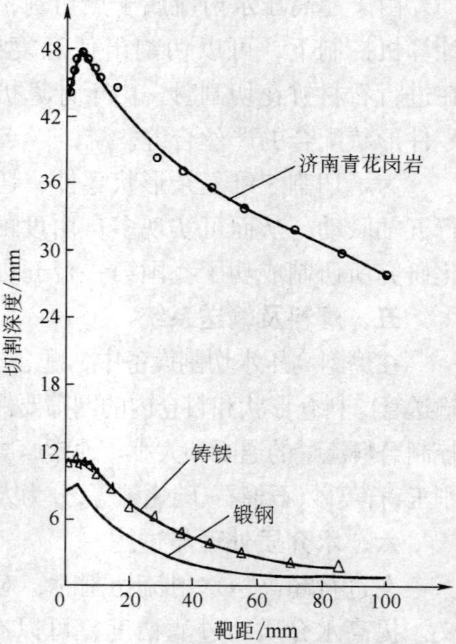

图 10-8　切割深度与靶距之间的关系

表 10-1 给出了可进行超高压水射流切割的部分材料种类以及相应的工艺参数。

表 10-1　超高压水射流切割材料种类及工艺参数

材　料	厚度/mm	切割速度/mm · min^{-1}	水压/MPa	切割方式
大理石	20	400	240	磨料切割
大理石	30	300	240	磨料切割
花岗岩	20	250	240	磨料切割
花岗岩	30	200	240	磨料切割
玻化砖		800	240	磨料切割
玻璃	5	1200	240	磨料切割
玻璃	10	500	240	磨料切割
玻璃	20	350	240	磨料切割
玻璃	80	30	240	磨料切割
加胶玻璃	10	450	240	磨料切割
发泡玻璃	50	2500	240	磨料切割
海绵	50	5000	240	纯水切割
泡沫	50	5000	240	纯水切割
木板	10	1000	240	磨料切割
木板	50	200	240	磨料切割
钢板	10	180	240	磨料切割
钢板	20	80	240	磨料切割
钢板	30	20	240	磨料切割
钢板	40	12	240	磨料切割
层压板	10	1500	240	磨料切割
铜板	5	350	240	磨料切割
铝板	5	550	240	磨料切割
玻璃钢	2	1200	240	磨料切割

二、切割质量

工件切割形状及尺寸精度主要受喷嘴运动轨迹精度以及喷嘴内孔直径的影响。在采用了滚珠丝杠驱动装置、线性导轨和 CNC 数控系统之后，喷嘴运动精度可得到严格控制，工件尺寸精度可控制在±0.1mm 以内。

切缝宽度与喷嘴内孔直径有关，直径越小，加工精度越高，切缝宽度约比喷嘴的孔径大0.025mm。此外，在水中加入添加剂，能改善切割性能，减小切缝宽度。

切缝质量受材料性质的影响很大。软质材料可以获得光滑表面。塑性好的材料可以切割出高质量的切边。水压过低，会降低切边质量，尤其对复合材料，容易引起材料离层或起鳞。采用磨料高压水切割大厚度工件时，断面质量随切割深度发生变化。在靠近喷嘴的上部10~50mm范围内，断面平整、光洁，质量好；中间过渡区域存在较浅的波纹；在断面的下部，由于磨料水射流的扩散，切割能量降低，形成较深的弯曲波纹。

三、超高压水射流切割的应用

超高压水射流切割技术在国内外许多工业部门得到了广泛应用。例如在建材工业及建筑装璜业，具有其他切割技术缺少的技术优势，可用于切割大理石、花岗岩、陶瓷、玻璃纤维、石棉等材料，可切割出复杂形状的石材拼花，切割尺寸精确，无粉尘污染，使陶瓷地砖一改过去的单调呆板，呈现出五彩缤纷的装饰效果，使破损的陶瓷地砖、石材边角料经过深加工升值数十倍，成为精美的花鸟虫鱼、生肖艺术拼花图案而进入千家万户。图10-9所示为两款石材拼花的图案。

在汽车制造业，用于切割仪表盘、内饰及外饰件、门板、车窗玻璃，不需要模具，可提高生产线的加工柔性。

图10-9　石材拼花

在航空航天工业，用于切割硼纤维、碳纤维等复合材料，切割时不产生分层，无热聚集，工件切割边缘质量高。切割铝合金、不锈钢、钛合金、耐热合金等金属材料时，无金相变化，无热影响区，无热应力，切缝窄，切口质量高，材料利用率高。

在食品工业，用于切割松脆食品、菜、肉等，可减少细胞组织的损坏，增加存放期。

在造纸工业，用于牛皮纸、波纹箱板等的分卷切条，无粉尘污染，切速高达1828m/min。

在电子工业，用于印制电路板的轮廓切割。

在纺织工业，用于切割多层布料，可提高切割效率，减少边端损伤。

总之，超高压水射流切割技术的应用范围在日益扩展，潜力巨大。随着设备成本的不断降低，其应用的普遍程度将进一步得到提高。

思 考 题

1. 试述超高压水射流切割技术的原理和特点。
2. 试述纯水高压水切割与磨料高压水切割之间的异同及应用。
3. 试述往复式增压器的工作原理。
4. 试述影响超高压水射流切割速度、切割精度的因素。

第十一章　其他精密与特种加工技术

第一节　等离子体加工

一、基本原理

等离子体加工又称为等离子弧加工（Plasma Arc Machining，缩写为 PAM），是利用电弧放电使气体电离成过热的等离子气体流束，靠局部熔化及气化来去除工件材料。

等离子体被称为物质存在的第四种状态。物质存在的通常三种状态是气、液、固三态。等离子体是高温电离的气体，它由气体原子或分子在高温下获得能量电离之后，离解成带正电荷的离子和带负电荷的自由电子所组成，整体的正负离子数目和正负电荷数值仍相等，因此称为等离子体。

图 11-1 所示为等离子体加工的原理示意图。由直流电源供电，钨电极 6 接阴极，工件 10 接阳极，利用高频振荡或瞬时短路引弧的方法，使钨电极与工件之间形成电弧。电弧的温度很高，使工质气体 7 的原子或分子在高温中获得很高的能量，其电子冲破了带正电原子核的束缚，成为自由的负电子，而原来的呈中性的原子失去电子后成为正离子。这种电离化的气体，正负电荷的数量仍然相等，整体上呈电中性，称之为等离子体电弧。在电弧外围不断送入工质气体，回旋的工质气流还形成与电弧柱相应的气体鞘，压缩电弧，使其电流密度和温度大大提高。采用的工质气体有氮、氩、氦、氢，或者是这些气体的混合体。

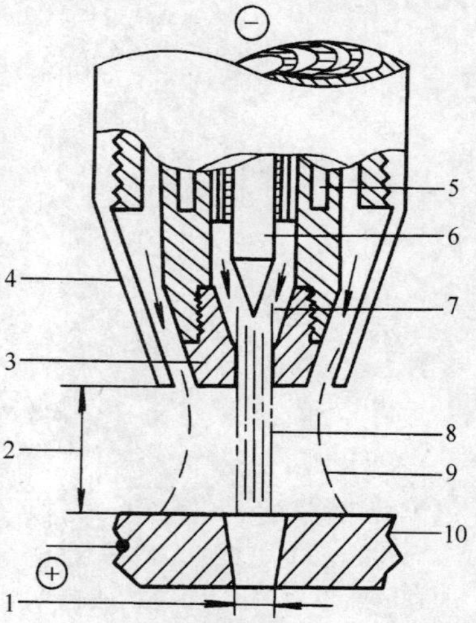

图 11-1　等离子体加工的原理图
1—切缝　2—距离
3—喷嘴　4—保护罩
5—冷却水　6—钨电极
7—工质气体　8—等离子体电弧　9—保护气体屏　10—工件

等离子体具有极高的能量密度，其原因有以下三个方面：

（1）机械压缩效应　电弧在被迫通过喷嘴通道喷出时，通道对电弧产生机械压缩作用。喷嘴通道的直径和长度对机械压缩效应的影响很大。

（2）热收缩效应　喷嘴的内部通入冷却水，使喷嘴内壁受到冷却，温度降低，靠近内壁的气体电离度急剧下降，导电性差，电弧中心导电性好，电离度高，电弧电流被迫在电弧中心的高温区通过，使电弧的有效截面缩小，电流密度大大增加。这种因冷却而形成的电弧截面缩小的作用，就是热收缩效应。高速等离子气体流量越大，压力越大，冷却愈充分，热收缩效应愈强烈。

（3）磁收缩效应　由于电弧电流周围磁场的作用，迫使电弧产生强烈的收缩作用，使电弧变得更细，电弧区中心的电流密度更大，使电弧更稳定。

在上述三种压缩效应的综合作用下，等离子体的能量高度集中，电流密度、等离子体电弧的温度都很高，达到 11000~28000℃（普通电弧的温度仅为 5000~8000℃），气体的电离度也随着剧增，并以极高的速度（约为 800~2000m/s，比声速还高）从喷嘴喷出，具有很大的动能和冲击力，作用在金属工件的表面时，可以释放出大量的热能，加热和熔化金属工件，并将熔化了的部分金属去除，达到加工的目的。

等离子体加工有时称为等离子体电弧加工或等离子体电弧切割。

如果把图 11-1 中所示的喷嘴接直流电源的阳极，钨电极接阴极，使钨电极和阳极喷嘴的内壁之间发生电弧放电，吹入的工质气体受到电弧的作用加热膨胀从喷嘴喷出形成射流，称之为等离子体射流。等离子体射流主要用于各种材料的喷镀及热处理等方面；等离子电弧则用于金属材料的加工、切割以及焊接等。

等离子弧不但具有温度高、能量密度大的优点，而且其焰流可以控制。通过调节功率大小、气体类型、气体流量、进给速度、火焰角度、喷射距离等，可以利用一个电极加工不同厚度和多种工件材料。

二、材料去除速度和加工精度

等离子体切割加工的速度很高。例如，成形切割厚度为 25mm 的铝板时，切割速度为 760mm/min；切割厚度为 6.4mm 的钢板时，切割速度高达 4060mm/min。

等离子体切割加工的切边斜度一般为 2°~7°。通过控制工艺参数，切边斜度可以保持在 1°~2°。对于厚度小于 25mm 的金属材料，切缝宽度通常为 2.5~5mm；对于厚度达 150mm 的金属材料，切缝宽度一般为 10~20mm。

当钢板厚度为 4mm 时，等离子体切割加工的精度为±0.25mm；当钢板厚度为 35mm 时，等离子体切割加工的精度为±0.8mm。

等离子体切割加工后的表面粗糙度通常为 R_a1.6~3.2μm，热影响层分布的深度为 1~5mm，取决于工件材料的热学性质、加工速度、切割深度，以及所采用的加工工艺参数。

三、设备和工具

简单的等离子体加工装置有手持等离子体切割器和小型手提式装置；比较复杂的等离子体加工装置有程序控制和数字控制的设备、多喷嘴设备；还有采用光学跟踪的设备。工作台尺寸最大的有 13.4m×25m，切割速度为 50~6100mm/min。

直流电源的空载电压一般为300V左右。用氩气作为切割气体时，空载电压可以降低为100V左右。常用的电极材料为铈钨或钍钨。用压缩空气作为工质气体时，电极材料常使用金属锆或铪。

制造喷嘴的材料一般选用纯铜或锆铜。

四、实际应用

等离子体加工已广泛用于切割加工领域。各种金属材料，特别是不锈钢、铜、铝等的等离子体成形切割，已经获得了重要的工业应用。

等离子体可以快速而整齐地切割软钢、合金钢、钛、铸铁、钨、钼等。切割加工不锈钢、铝及其合金的厚度一般为3~100mm。

等离子体还用于金属材料的穿孔加工。

此外，等离子体还可用作热辅助加工。这是一种机械切削和等离子体弧的复合加工方法。在切削加工过程中，用等离子体弧对工件的待加工表面进行加热，使工件材料变软，强度降低，减小切削力，提高切削加工效率，延长刀具的使用寿命。

等离子体弧焊接已经得到了广泛的应用，使用的气体为氩气。使用直流电源可以焊接不锈钢和各种合金钢，焊接厚度一般在1~10mm。1mm以下的金属材料用微束等离子弧焊接。近代又发展了交流及脉冲等离子体弧焊接铝及其合金的新技术。等离子体弧还用于各种合金钢的熔炼，速度快，质量好。

等离子体表面加工技术近年来又有了很大的发展。日本已经试制成功一种很容易加工的超塑性高速钢，使用等离子体对钢材进行预热处理和再结晶处理，使钢材内部形成微细化的金属结晶微粒，具有超塑性能，加工时不易碎裂。

采用等离子体表面加工技术，还可以提高某些金属材料的硬度，例如，使钢板表面氮化可以大大提高钢材的硬度。在氧等离子体中，采用微波放电，可使硅、铝等进行氧化，制成超高纯度的氧化硅和氧化铝。在氮等离子体中，对钛、锆、铌等金属进行渗氮，可以制成氮化钛、氮化锆、氮化铌等化合物。由直流辉光放电发生的氩等离子体，使四氯化钛、氢气与甲烷发生反应，可在金属表面生成碳化钛，大大提高金属材料的强度和耐磨性能。

等离子体还可以用于人造器官的表面加工。采用氨和氢-氮等离子体，对人造心脏表面进行加工，使其表面形成一种氨基酸，人造心脏就不会受人体组织和血液的排斥，使人造心脏的植入手术更容易获得成功。

需要指出的是，等离子体加工时会产生噪声、烟雾和强光，其工作地点要求进行控制和防护。通常采用的方法就是高速流动的水屏，使高速流动的水通过一个围绕在等离子体切削头上的环喷出，这样就形成了一个水的屏幕或防护罩，大大减少等离子体加工过程中产生的光、烟和噪声等不良影响。在水中混入相应的染料，可以降低电弧的照射强度。

第二节　挤 压 珩 磨

挤压珩磨也称为磨料流动加工（Abrasive Flow Machining 简写为 AFM），是 20 世纪 70 年代发展起来的一项表面加工的新技术，最初主要用于去除零件内部通道或隐蔽部分的毛刺而显示出优越性，现在已经扩大应用到零件表面的抛光。

一、基本原理

挤压珩磨是利用一种含磨料的半流动状态的粘性磨料介质，在一定压力下强迫通过被加工表面，由磨料颗粒的刮削作用去除工件表面微观不平材料的工艺方法。图 11-2 所示为挤压珩磨加工过程的示意图。工件安装并压紧在夹具中，夹具与上、下磨料室相连，磨料室内充以粘性磨料，由活塞对粘性磨料施加压力，并作往复挤压运动，使粘性磨料在一定压力作用下反复在工件待加工表面上滑移通过，从而达到表面抛光或去毛刺的目的。

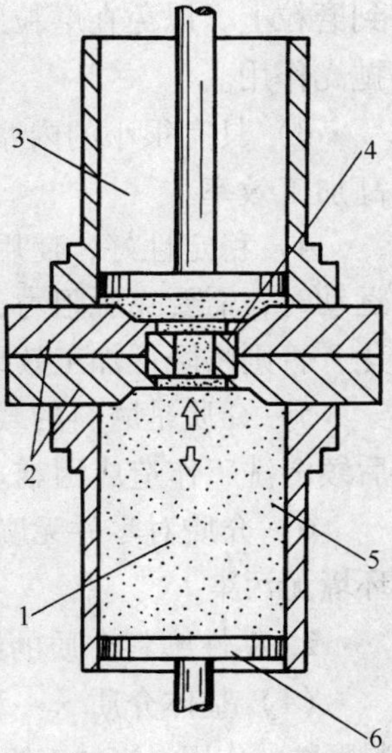

图 11-2　挤压珩磨加工过程示意图
1—粘性磨料　2—夹具
3—上部磨料室　4—工件
5—下部磨料室　6—活塞

二、挤压珩磨的工艺特点

（1）适用范围　由于粘性磨料是一种半流动状态的粘弹性材料，可以适应各种复杂表面的抛光和去毛刺，如各种型孔、型面等等，适用范围很广，而且几乎能加工所有的金属材料，同时也能加工陶瓷、硬塑料等。

（2）加工效果　加工后的表面粗糙度与原始状态和磨料粒度等有关，一般可以达到原始表面粗糙度值的 1/10，最小的表面粗糙度值可以达到 R_a0.025μm 的镜面。磨料流动加工可以去除在 0.025mm 深度的表面残余应力，可以去除前面工序（例如电火花加工、激光加工等）形成的表面变质层和其他表面微观缺陷。

（3）加工效率　挤压珩磨的材料去除量一般为 0.01~0.1mm，加工时间通常为 1~5min，最多十几分钟即可完成。与手工作业相比，加工时间可以减少 90%以上。对一些小型零件，可以多件同时加工，效率大大提高。对于可以多件装夹的小型零件，每小时可以加工 1000 件以上。

（4）加工精度　挤压珩磨是一种表面加工技术，不能修正零件的形状误差。切削均匀性可以保持在被切削量的 10%以内，因此，也不至于破坏零件原有的形状精度。由于去除量很少，故可以达到较高的尺寸精度，一般尺寸精度可以控制在微米的数量级。

三、粘性磨料介质

粘性磨料介质由特殊的基体介质、添加剂、磨料颗粒均匀混合而成，其作用相当于切削加工中的刀具，是实现挤压珩磨的最关键因素，其性能直接影响到加工效果。

1. 粘性磨料介质应具备的性能

1）具有一定的流动性和粘弹性，以适应不同工件表面的加工，通过工件的孔时，使磨料对工件孔壁产生足够的切削力。

2）磨料颗粒在介质中分散均匀，并要求介质有很强的内聚力。介质不能粘到磨粒上，以免在磨粒上形成一层膜，包住磨粒的切削刃，使它不能起到很好的抛光作用。

3）具有很小的内摩擦力，使磨粒顺利通过工件表面进行往复切削运动，提高加工效率。

4）稳定性好，使用寿命长。粘性磨料在上、下磨料室内和工件表面上往复运动时，需要克服阻力，必然会产生热量。要求粘性磨料介质不会因为温升而软化，否则将降低加工效果。

5）介质是磨料的载体，能与磨粒均匀混合，与工件不发生粘附，否则会给后续清洗工作造成困难。

6）介质对零件无腐蚀作用，不应有刺激气味或引起操作工人皮肤过敏、对环境无污染。

2. 粘性磨料介质的组成

（1）基体介质　一种半固体、半流动状态的高分子聚合物，主要起着粘结磨料颗粒的作用。当加工的孔径较大或孔形比较简单时，一般使用较粘稠的基体介质；当加工小孔和长弯曲孔或细孔、窄缝时，应使用低粘度或较易流动的基体介质。

（2）添加剂　为了使粘性磨料介质获得理想的粘性、稠性、稳定性而加入到基体介质中的成分，包括增稠剂、减粘剂、润滑剂等。

（3）磨料　一般使用氧化铝、碳化硼、碳化硅等。当加工硬质合金等坚硬的工件材料时，可以使用金刚石粉。磨料的粒度范围是80#～1200#；含量范围是10%～60%。应根据不同的加工对象确定具体的磨料种类、粒度、含量。粗磨料可以获得较高的加工效率；细磨料可以获得较好的加工表面粗糙度。一般抛光时都使用细磨料，去毛刺时使用粗磨料。对微小孔的抛光应使用更细的磨料。此外，还可利用细磨料作为添加剂来调配基体介质的稠度。在工程实际中，常常是几种粒度的磨料混合使用，以获得较好的性能。

四、夹具

夹具是挤压珩磨加工设备的重要组成部分，也是加工中比较灵活的因素，需要根据具体的工件形状、尺寸和加工要求进行设计。但有时需要通过试验加以确定。

夹具的主要作用是用来安装、夹紧零件、容纳介质并引导它通过零件，更重要的是要控制介质的流程。因为粘性磨料介质和其他流体的流动一样，最容易通过那些路程最短、截面最大、阻力最小的途径。为了引导介质到所需的零件部分进行切削，可以对夹具进行特殊的设计。例如增加挡板、芯块等，在合适的部位进行阻挡、拐弯、干扰，迫使粘性磨料通过工件上需要加工的部位，达到理想的加工效果。夹具内部的密封必须可靠，微小的泄漏都将引起夹具或工件的磨损，并影响加工效果。

模具的凹模型面分为通孔、阶梯孔、型腔、凸模型面四种类型。表 11-1 列出了四种类型的型面和夹具及其挤压珩磨加工的原理图。

表 11-1　挤压珩磨加工机构分类

	加 工 机 构	模具种类		加 工 机 构	模具种类
通孔	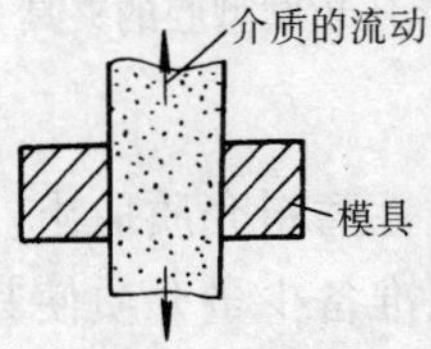	粉末冶金模具 挤压模 拉丝模 冲压模具 塑料模具	凹模型腔	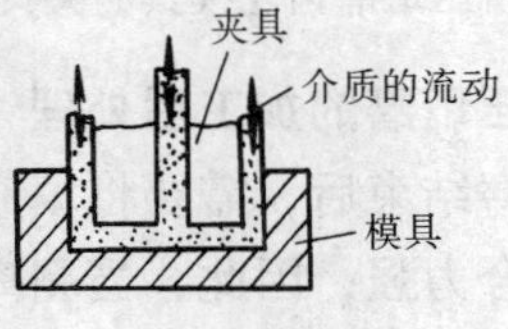	冲压模具 塑料模具 钢 铸 模 玻 璃 模
阶梯孔	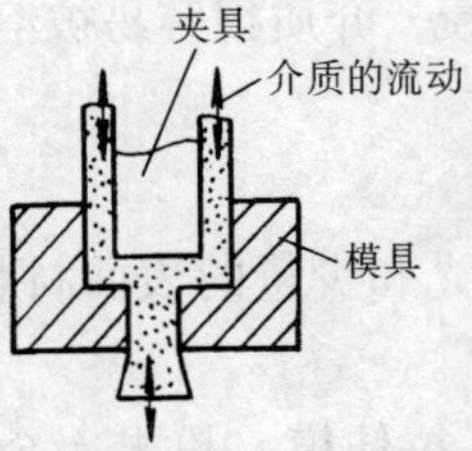	锻　模 压 形 模 冲压模具 塑料模具	凸模或型芯	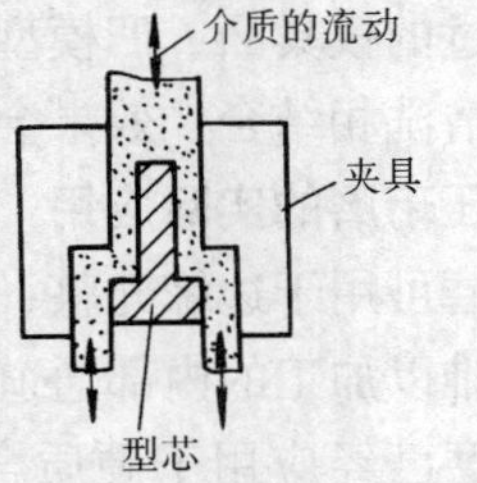	冲压模具 塑料模具 锻　模

在对阶梯孔的抛光过程中，由于粘性磨料介质流经大小孔径时的阻力不同，若不设置如图 11-3 所示的型芯夹具，则 *A* 和 *B* 的部位就难以产生研磨压力，*A* 和 *B* 的交点角附近的流动粘性磨料介质也减少，只有 *C* 部能达到较好的研磨效果。因此，需要放置如图 11-3 所示的型芯夹具对粘性磨料介质通过的截面进行调整，以达到研磨压力均匀、改善加工效果的目的。

图 11-4 所示的齿轮模具，为了对图示中 *A* 处的齿形面进行挤压珩磨，应配备型芯夹具形成合理的粘性磨料介质通道。

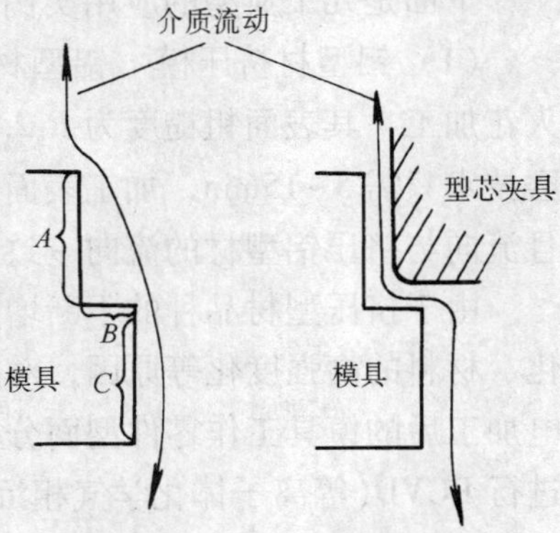

图 11-3　介质的流动情况

图 11-5 所示为挤压珩磨型腔的夹具。

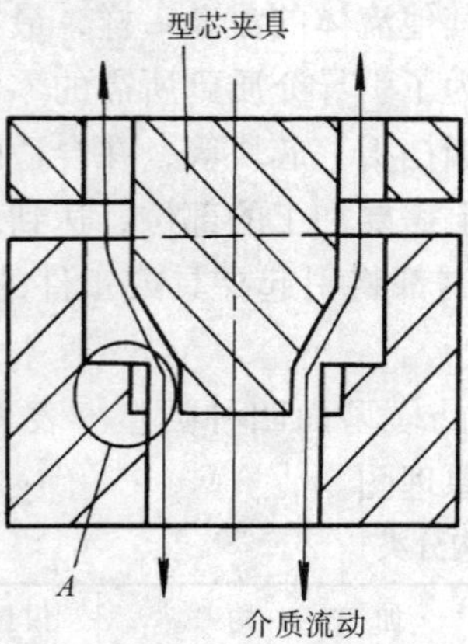

图 11-4　挤压珩磨齿轮模具的夹具

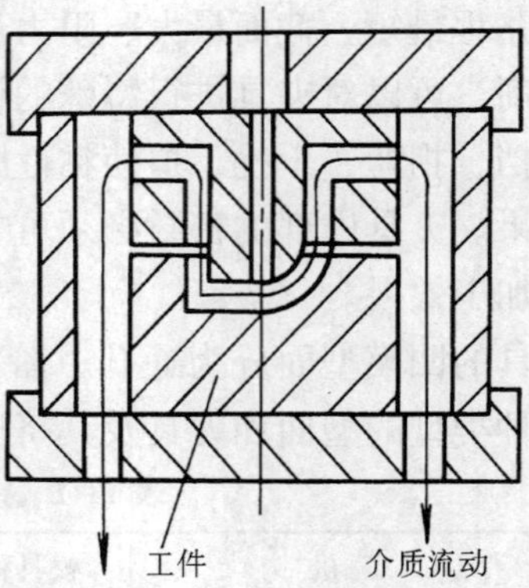

图 11-5　挤压珩磨型腔的夹具

五、挤压珩磨的加工后处理

挤压珩磨结束后，需要将填充在工件和夹具中的粘性磨料介质取出。由于介质本身的结合力强，因此，当剥离介质有困难时，可以准备少量介质使其与工件上的介质相互结合而简单地引出。用手接触不到之处可以用压缩空气清洗。将经压缩空气吹过的模具凸、凹模型面放入有机溶液中浸渍，介质很容易被溶解。如果与超声波清洗相结合，效果会更好。

六、挤压珩磨的实际应用

挤压珩磨可用于边缘光整、倒圆角、去毛刺、抛光和少量的表面材料去除，特别适用于难以加工的内部通道抛光和去毛刺。

挤压珩磨已经应用于硬质合金拉丝模、挤压模、拉伸模、粉末冶金模、叶轮、齿轮、燃料旋流器等的抛光和去毛刺，还用于去除电火花加工、激光加工等产生的热影响层。

下面是几个典型的应用实例。

（1）铝型材挤压模　铝型材挤压模的凹模型腔复杂，精度要求高，经过电火花加工，其表面粗糙度为 $R_a 2.5\mu m$，通常手工研磨需要 1~4h，而采用挤压珩磨技术只需 5~15min，加工表面粗糙度约为 $R_a 0.25\mu m$，加工表面质量均匀，而且流向与挤压铝型材的流向一致，有助于提高产品质量。

由于挤压型材品种的不断增加和规格的大型化、形状的复杂化、尺寸的精密化、材料的高强度化等原因，对挤压模的制造和寿命提出了更高的要求。将经过电加工后的模具工作零件型面分别采取手工研磨和挤压珩磨加超声波清洗，然后进行 PCVD(等离子体化学气相沉积)表面强化，结果表明，经过挤压珩磨加超声波清洗的模具，TiN 涂层更致密，并且涂层与基体结合牢固，性能明显优于手工研磨后的 TiN 涂层，模具的使用寿命提高 3 倍左右。挤压珩磨与超声波清洗相结合的精密研磨工艺能有效地改善表面性质，为模具工作零件型面表面强化提供了优良的表面状态。

图 11-6 所示为麻花钻头挤压凹模，材料为镍铬高温耐热钢。内型面为精铸原始表面，表面粗糙度为 R_a2~2.5μm。粘性磨料介质的挤压压力为 10MPa，挤压时间为 7min，挤压珩磨后表面粗糙度达到 R_a0.4~0.5μm。采用挤压珩磨方法解决了型腔研磨抛光的难题，而且型腔研磨抛光均匀，加工效率和加工质量都得到提高。

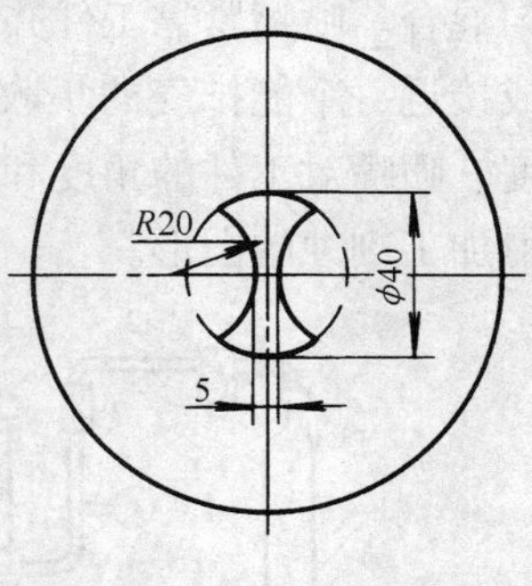

图 11-6 麻花钻头挤压凹模

（2）合金钢落料模 图 11-7 所示为落料凹模，材料为 12CrMoV，硬度为 62HRC。内腔用快速走丝线切割加工成形，线切割加工后的表面粗糙度为 R_a3.2μm。粘性磨料介质的挤压压力为 10MPa，挤压时间为 8min，挤压珩磨后表面粗糙度达到 R_a0.4μm，单边研磨量为 0.015~0.03mm。

（3）硬质合金落料模 图 11-8 所示的凹模材料为硬质合金。内腔用慢走丝线切割加工成形，线切割加工后的表面粗糙度为 R_a1.6μm。粘性磨料介质的挤压压力为 10MPa，挤压时间为 15min，挤压珩磨后表面粗糙度达到 R_a0.2μm，单边研磨量为 0.015~0.03mm。

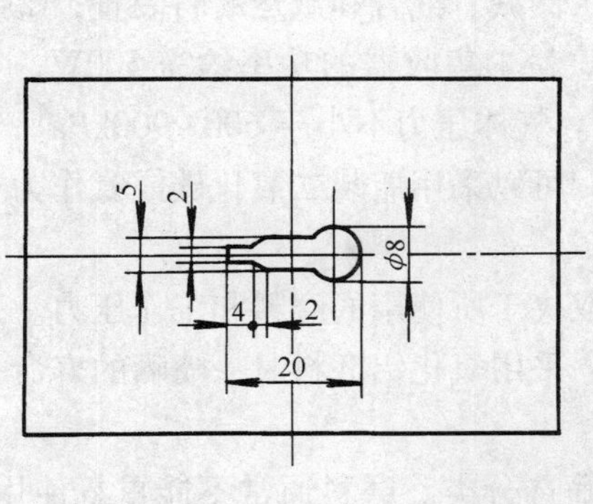

图 11-7 落料凹模

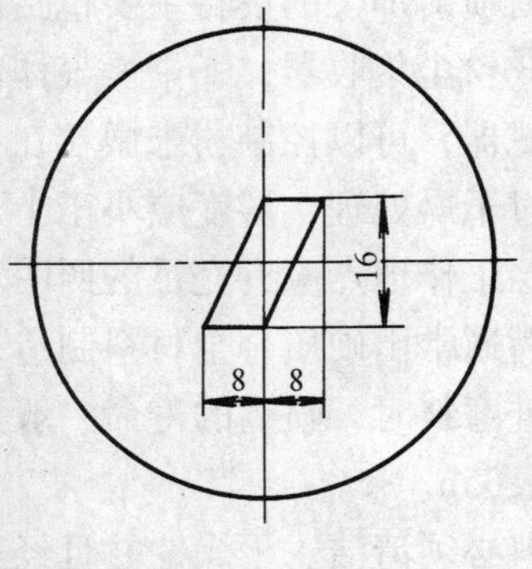

图 11-8 硬质合金凹模

第三节 磨料喷射加工

一、基本原理

磨料喷射加工（Abrasive Jet Machining，简称 AJM）是利用磨料与压缩气体混合后经过喷嘴形成的高速束流，通过对工件的高速冲击和抛磨作用来去除工件上多余的材料，达到加工的目的。

图 11-9 所示为磨料喷射加工过程的示意图。气源供应的气体必须干燥、清净，并具有适度的压力。磨料室混合腔往往利用一个振动器进行激励，使磨料均匀混合。喷嘴紧靠工件并具有一个很小的角度。操作过程应封闭在一个防尘罩中或接近一个能排气的集收器。影响加工过程的有磨料、气体压力、磨料流动速度、喷嘴对工件的角度和接近程度等。利用铜、玻璃或橡胶面罩可以控制磨料喷射加工刻蚀的图形。

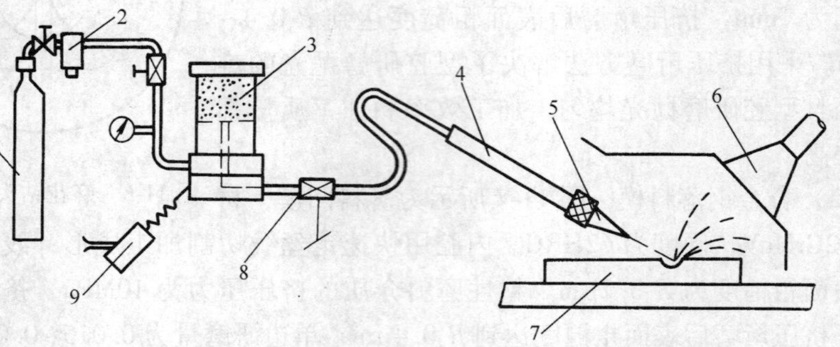

图 11-9　磨料喷射加工示意图

1—气源　2—过滤器　3—磨料室　4—手柄

5—喷嘴　6—集收器　7—工件　8—控制阀　9—振动器

二、设备和工具

磨料喷射加工的设备主要包括四部分：①储藏、混合和载运磨料装置；②工作室；③粉尘集收器；④干燥气体供应装置。粉尘集收器的功率约需 500W，它带有过滤器，可以控制粉末微粒在 1μm 以内。气体压力不小于 600~900kPa。气体应经过干燥处理，湿度应小于十万分之五。可以采用瓶装二氧化碳或氮作为干燥气体。工作地点应有充足的照明。

喷嘴通常由硬质合金材料制造，其寿命取决于所使用的磨料和工作压力。采用碳化硅磨料时，喷嘴的寿命一般为 8~15h；采用氧化铝磨料时，喷嘴的寿命一般为 20~35h。

磨料必须清洁、干燥，并且经过仔细的筛选分类。磨料通常不能重复使用。因为磨损的或混杂的磨料会使加工性能降低。用于磨料喷射加工的磨料必须是无毒的，并且需要安装和使用完善的粉尘控制装置。因为在磨料喷射加工过程中有可能产生硅尘，对健康有害。工厂中的压缩空气如果没有经过充分的过滤以去除湿气和油，不能作为运载气体。氧气不能用作运载气体，这是因为氧气与工件材料碎屑或磨料混合可能产生强烈的化学反应。

三、实际应用

磨料喷射加工可用于玻璃、陶瓷或脆硬金属的切割、去毛刺、清理和刻蚀。还可以应用于小型精密零件，例如液压阀、航空发动机的燃料系统零件、医疗器械上的交叉孔、窄槽以及螺纹的去毛刺等。由尼龙、特氟隆(聚四氯乙烯)和狄尔林(乙缩醛树酯)制成的零件也可以采用磨料喷射加工来去除毛刺。磨料束流可以跟随工件的轮廓形状，可以清理不规则的工件表面，例如螺纹孔等。磨料喷射加工一般不能用于在金属材料上钻孔，因为孔壁会有很大的锥度，而且加工速度较慢。

实际操作时，通常采用手动喷嘴、缩放仪或自动夹具等。可以在玻璃上切割加工直径小于 1.6mm 的圆盘，厚度达 6.35mm，并且不会产生表面缺陷。

磨料喷射加工技术还成功地用于剥离绝缘层和清理导线，但不会影响到导体。也应用于微小截面，例如皮下注射针头的去毛刺。常常用于加工磨砂玻璃、微调电路板以及硅、镓等的表面清理。在电子工业中，常用于制造混合电路电阻器和微调电容。

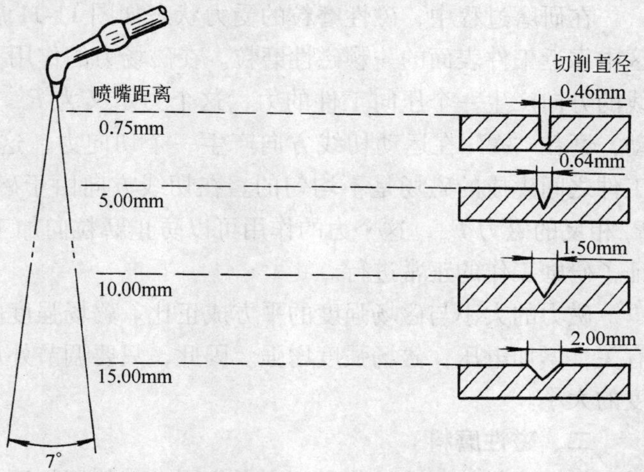

图 11-10　喷嘴与工件之间的距离对加工效果的影响

图 11-10 所示为使用直径 ϕ0.46mm 的喷嘴时，喷嘴与工件距离的大小对加工效果的影响情况。

第四节　磁性磨料研磨加工

磁性磨料研磨加工(Magnetic Abrasive Machining,简称 MAM)是近十年来发展起来的新型光整加工技术。将磁性研磨材料放入磁场中，磨料在磁场力的作用下将沿磁力线方向有序地排列形成磁力刷，这种磁力刷具有很好的抛磨抛光性能，同时还具有很好的可塑性。当切削阻力大于磁场的作用力时，磨料会产生滚动或滑动，不会对工件产生严重的划伤。适用于对精密零件进行抛光和去毛刺，在精密仪器仪表制造业中得到日益广泛的应用。

磁性磨料研磨加工按磨粒的状态分为干性研磨和湿性研磨两种。

干性研磨使用的磨料是干性磨料；湿性研磨是将磨料与不同的液体混合。这两种方式都能进行抛光、去毛刺和棱边倒圆。这里主要介绍干性磁力研磨。

一、加工原理

干性磁力研磨的示意图如图 11-11 所示。把磁性磨料放入磁场中，磁性磨料在磁场中将沿着磁力线的方向有序地排列成磁力刷。把工件放入 N-S 磁极中间，并使工件相对 N 极和 S 极保持一定的距离，当工件相对磁极作相对运动时，磁性磨料将对工件表面进行研磨加工。

磁性磨粒在工件表面上的运动状态通常有滑动、滚动、切削三种形式。当磁性磨粒受到的磁场力大于切削力时，磁性磨粒处于正常的切削状态。当磁性磨粒受到的磁场力小于切削力时，磁性磨粒就会产生滑动或滚动。

在研磨过程中，磁性磨粒的受力状态如图 11-11 所示。磨粒“A”是在加工区中靠近工件表面的一颗磁性磨粒。在磁场力的作用下，磨粒“A”就会沿磁力线的方向产生一个压向工件的力，这个力定义为 P_x。同时，由于工件的旋转运动，磨粒“A”在运动切线方向产生一个切向力，这个力称为 P_y。因为磁极和工件之间生成的磁场是不均匀的。在切线方向由于磁力强度梯度产生了一个与 P_y 相反的磁力 F_m，这个力的作用可以防止磨粒向加工区域以外流动，这样就保证了研磨工作的正常进行。

磁力的大小与磁场强度的平方成正比。磁场强度的大小又与直流电源的电压有关，增加电压，磁场强度增强。因此，只要调节外加电压，就可以调节磁场强度的大小。

二、磁性磨料

磁性磨料的制造工艺虽不完全相同，但使用的原材料是基本相同的。常用的原料是铁加普通磨料(例如 Al_2O_3、SiC 等)。

一般的制造方法是将一定粒度的 Al_2O_3 或 SiC 与铁粉混合、烧结，然后粉碎、筛选，制成一定尺寸的磁性磨料，如图 11-12 所示。

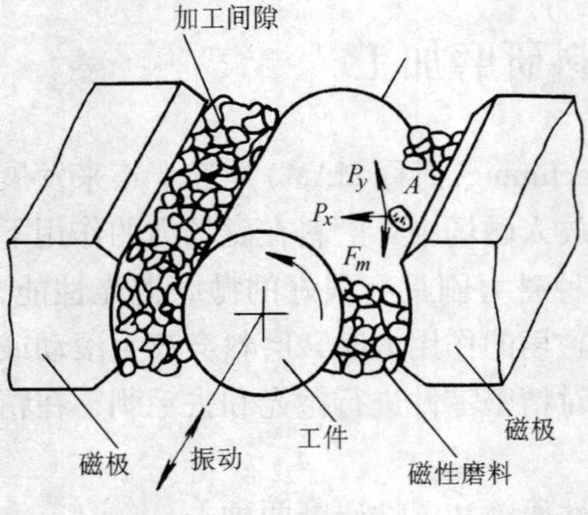

图 11-11　干性磁力研磨示意图

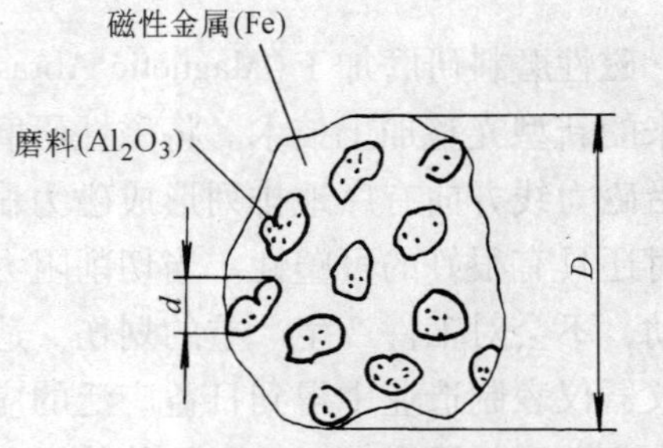

图 11-12　磁性磨料结构示意图

在制造磁性磨料前，应对普通磨料(例如 Al_2O_3、SiC 等)的粒度进行选择。对于不同的工件材质和加工要求，要选择不同粒度的 Al_2O_3 或 SiC 磨料粉，因为它们的粒度大小直接影响工件的研磨抛光质量和加工表面粗糙度。

磁性磨粒的尺寸较大时，其受到磁场的作用力大，研磨抛光加工效率高；磁性磨粒的尺寸较小时，研磨过程容易控制，易于保证工件的加工表面质量，但加工效率较低。

三、加工工艺参数对加工质量的影响

1. 磁场强度的影响

加工间隙中的磁感应强度大小可以通过改变励磁电压的大小来控制。当励磁电压一定时，磁性磨料受到的作用力与磁感应强度的平方成正比。增大加工间隙中的磁感应强度，就能有效地提高研磨抛光效率，因此，要正确选用励磁电压。应根据工件的尺寸、工件材质、工件加工表面粗糙度的要求等合理选择电压值。一般粗加工时应选用较大的磁场强度。

2. 加工间隙的影响

当磁性磨料、工件转速、励磁电压一定时，应正确选择加工间隙的大小。试验结果和理论分析都证明：加工间隙增大，磁感应强度会减小；加工间隙小，则磁感应强度大。在粗加工时，加工间隙要尽量选小；精加工时，加工间隙要选大。加工间隙大小的值应根据具体的加工要求而定。

3. 磁极形状的影响

为了有效和可靠地工作，必须正确设计磁极的形状。若磁极的中央部分是圆弧，中央部分不容易保存磁性磨粒，中央部分就没有研磨作用，降低了磁极的利用率。若在磁极圆弧的中央开槽，则磁性磨料的受力状态改变，使中央部分集中了磁性磨粒，使磁极利用率提高。同时，磁极形状的设计应使磁性磨料在加工间隙中受到更大的磁场力，从而提高磁力研磨的加工效率。

四、应用实例

（1）利用回转磁极研磨球面(图 11-13) 工具磁极的端面为球面，两个工具磁极绕同一轴线转动，转动方向相反。研磨时，工件不但转动，而且摆动，但球心始终不动。

利用这种方法研磨，可以在几分钟内将球面从 R_{amax} 6μm 研磨抛光成为 R_a 0.1μm。

（2）磁力研磨阶梯形零件(图 11-14)

利用磁力研磨方法抛光圆柱阶梯形零件，可以将棱边上 20~30μm 高度的毛刺在几分钟内去除，研磨成的棱边圆角半径为 0.01mm，这是其他方法无法或者很难实现的，在精密偶合件中用来抛光和去毛刺十分有效。

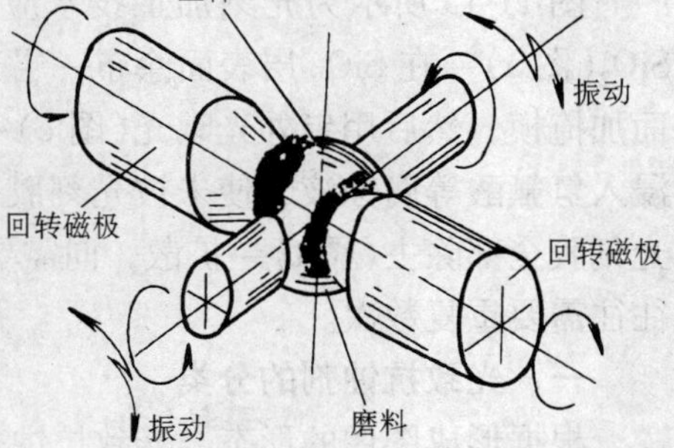

图 11-13 球面的磁力研磨

磁性磨料研磨加工技术主要用于精密

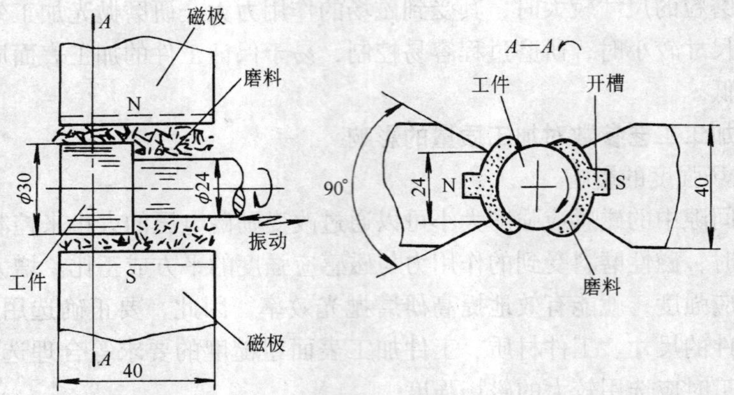

图 11-14　阶梯形零件的磁力研磨

机械零件的表面精整和去毛刺。去毛刺的高度不能超过 0.1mm。通常用于液压元件的阀体内腔抛光及去毛刺，效率高、质量好，棱边倒角可以控制在 0.01mm 以下，这是其他加工方法难以实现的。

磁性磨料研磨加工技术还可以用于油泵齿轮、轴瓦、轴承、异形螺纹滚子等的研磨抛光。

第五节　光刻加工

光刻加工技术是用照相复印的方法将光刻掩模上的图形印制在涂有光致抗蚀剂的薄膜或基材表面，然后进行选择性腐蚀，刻蚀出规定的图形。光刻加工技术使用的基材有各种金属、半导体和介质材料。光刻抗蚀剂俗称光刻胶或感光胶，是一类经光照后能发生交联、分解或聚合等光化学反应的高分子溶液。

光刻加工技术的基本过程通常包括涂胶、曝光、显影、坚模、腐蚀、去胶等步骤。在制造大规模、超大规模集成电路等场合，需采用计算机辅助设计技术，把集成电路的设计和制版结合起来，进行自动制版。

图 11-15 所示为光刻加工技术应用的一个实例：硅片氧化，表面形成一层 SiO_2(图 a)→在 SiO_2 层表面涂布一层光致抗蚀剂即光刻胶(图 b)→在光刻胶层上面加掩模，然后用紫外光曝光(图 c)→曝光部分通过显影而被溶解除去(图 d)→浸入氢氟酸等腐蚀液，使未被光刻胶覆盖的 SiO_2 部分腐蚀掉(图 e)→再显影使光刻胶全部除去(图 f)→扩散，向需要杂质的部分扩散杂质(图 g)。这样的过程往往需要重复数次。

一、光致抗蚀剂的分类

根据形成图像的形态，光致抗蚀剂可分为两大类：

(1) 正型抗蚀剂　在光照后发生光分解、光降解反应，使溶解性增大。这类抗蚀剂以邻重氮萘醌感光剂—酚醛树脂型为主。

（2）负型抗蚀剂　在光照后发生交联、光聚合，使溶解性减小。这类抗蚀剂以环化橡胶—双叠氮化合物、聚乙烯醇肉桂酸酯及其衍生物等为主。

目前使用较为广泛的光致抗蚀剂是上述的负型抗蚀剂，它与衬底材料（特别是金属）粘附性较好，并且具有较好的耐腐蚀性能。但是，每种抗蚀剂都有一定的优缺点，要根据产品的要求进行合理选择。同时，为了保证刻蚀出来的图像重叠精度高、清晰，没有钻蚀、毛刺、针孔和小岛等缺陷，必须严格按照工艺要求进行操作。

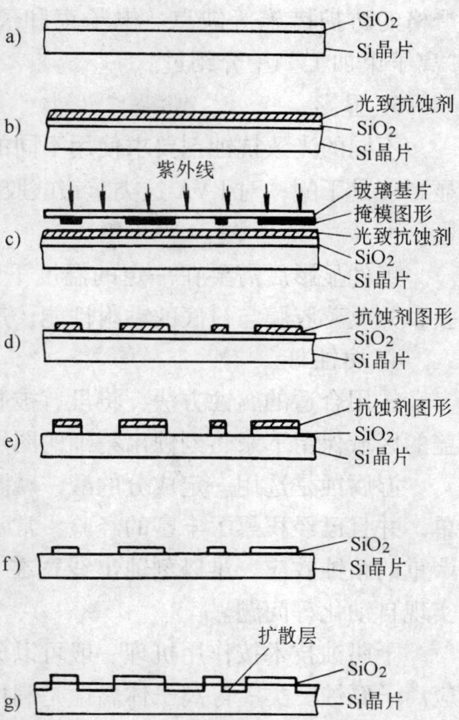

图 11-15　光刻加工实例

a）硅片氧化　b）涂敷光致抗蚀剂膜　c）曝光　d）显影　e）SiO_2 的腐蚀　f）除去光致抗蚀剂　g）扩散

二、光刻加工工艺

为了提高分辨率和灵敏度，新的光致抗蚀剂和相关的工艺技术正在不断地进行研究开发。现将各基本工序简述如下：

1. 涂胶

一般是在涂胶机上用旋转法涂敷，其他方法有刷涂、浸渍和喷涂等，厚度约为5μm。光刻的分辨率约为胶膜厚度的5～8倍，因此，在精密图形的光刻中，胶膜厚度一般选择在1μm左右。涂敷后需要在一定的温度下烘烤，使胶膜中残存的溶剂充分逸出。

2. 曝光

掩模与胶膜贴紧曝光的方法称为接触式曝光，其分辨率较高，图形畸变小。但胶膜容易受到磨损，因而产生了掩模不与胶膜接触的其他曝光方式，例如投影曝光。投影曝光可以放大和缩小，其复印精度取决于所采用的光学系统。曝光通常采用能提供丰富紫外光的高压汞灯，紫外光波长约为0.35～0.45μm。在掩模—抗蚀剂—衬底界面存在光的衍射、反射和干涉作用，使加工极限难以突破0.4μm左右。为了超过这个极限，研究开发了0.2～0.35μm波长范围的深紫外线曝光技术，后来又研究开发了准分子激光光刻技术。另外，X射线曝光也是一种高精度的复印方式，其波长约为零点几纳米，可以忽视光的衍射、反射和干涉作用，得到的线宽可达0.1μm。但X射线曝光技术存在位置对准困难和需要较严格的防护措施等缺点。电子束和离子束曝光已经在前面“电子束加工”和“离子束加工”中介绍过。

3. 显影

不同的光致抗蚀剂要求使用不同的显影液。例如，对于 PVAC 胶最常使用的显影液是丁酮；对 PVA 这类重铬酸胶质光刻胶，通常只用 40℃或 50℃的温水显影。

工件显影后需要在一定的温度下焙烘，使胶膜中残存的溶剂或水分彻底除去，并改善胶膜与衬底的粘附性能。这个工序称为“坚膜”。

4. 腐蚀

选用合适的腐蚀方法，将没有被胶膜覆盖的衬底部分腐蚀掉，而将有胶膜覆盖的区域保留下来，刻蚀出精细的图形。腐蚀方法可以分为湿腐蚀和干腐蚀。

湿腐蚀是选用一定成分的酸、碱溶液作为腐蚀液。这种方法和所需的设备简单，并且已经积累了丰富的经验，常常用于图形要求不太精细的场合。湿腐蚀有严重的粘蚀效应，难以刻蚀出线宽在 3μm 以下的图形，同时还存在污染和难以实现自动化等问题。

干腐蚀技术按作用机理一般可以分为等离子体腐蚀、离子束和溅射腐蚀、反应离子腐蚀三类。等离子体腐蚀是利用气体辉光放电中等离子体所引起的化学反应来达到腐蚀的一种技术，需要选择合适的放电气体，以便使要除去的材料在辉光放电中形成挥发性的生成物。离子束腐蚀与溅射腐蚀合称为离子腐蚀，都是利用具有一定动能的惰性气体(如氩气等)的离子轰击基底表面产生刻蚀，基本上是一种物理过程。反应离子腐蚀是将离子轰击的物理效应和活性粒子的化学效应两者结合起来，因而兼有前面两种腐蚀方法的优点，不仅有高的腐蚀速度，而且有良好的方向性和选择比，能刻蚀出精细的图形。

5. 去胶

腐蚀结束后，光致抗蚀剂就完成了它的作用，此时要设法把这层无用的胶膜去掉。去胶的方法主要有溶剂去胶、氧化去胶和等离子去胶等。等离子去胶是在一定的反应室中，先抽真空到 10~1Pa，然后通入一定流量的氧气，在射频电场下激发形成氧等离子体，其中活化氧原子具有很强的氧化能力，与光刻胶发生氧化反应，形成可挥发性的 CO_2、H_2O 以及其他气体，被真空泵抽走。等离子去胶方法效率高，表面质量好，不用强酸和有机溶剂等有害物品，并且不依赖于光刻胶的种类，应用广泛。

光刻加工的质量除了与上述光致抗蚀剂的种类、光刻工艺等有密切的关系之外，还与掩模版的质量直接有关。常规的制版一般采用照相法。现在已经广泛采用计算机控制的自动制版技术。

第六节 纳米级加工技术

纳米技术是科学技术发展的一个新兴领域，它不仅仅将加工和测量精度从微米级提高到纳米级，而且将人类对自然的认识和改造从宏观领域引入物理的微观领域，深入到一个新的层次，即从微米层深入到分子、原子级的纳米层次。我们所面临的并非是几何上的“相似缩小”问题，而是一系列新的现象和新的规律。在纳米层次上，也就是原子尺寸级别的层次上，一些宏观的物理量，例如弹性模量、密度、温度等必须进行重新定义，我们在工程科学中已经习以为常的欧几米德几何、牛顿力学、宏观热物理学、电磁学等等已经不能正常地描述纳米级的工程现象和规律，而量子效应、物质的波动特性和微观涨落等已经是不可忽略的，甚至将成为主导的因素。

一、纳米级加工的物理实质

纳米级加工的物理实质和传统的切削、磨削加工有很大的不同，一些传统的切削、磨削方法和规律已经不能用在纳米级加工领域。

欲得到1nm的加工精度，加工的最小单位必然在亚微米级。由于原子间的距离为0.1~0.3nm，纳米级加工实际上已经到了加工精度的极限。纳米级加工中，试件表面的一个个原子或分子将成为直接加工对象。因此，纳米级加工的物理实质就是要切断原子间的结合，实现原子或分子的去除。各种物质是以共价键、金属键、离子键或分子结构的形式结合而组成，要切断原子或分子的结合，就要研究材料原子间结合的能量密度，切断原子间结合所需的能量，必然要求超过该物质的原子结合能，因此需要的能量密度是很大的。表11-2所示是几种材料的原子间结合能密度。在机械加工中，工具材料的原子间结合能必须大于被加工材料的原子间结合能。

表11-2 不同材料的原子间结合能密度

材料	结合能/$J\cdot cm^{-3}$	备注	材料	结合能/$J\cdot cm^{-3}$	备注
Fe	2.6×10^3	拉伸	SiC	7.5×10^5	拉伸
SiO_2	5×10^2	剪切	B_4C	2.09×10^6	拉伸
Al	3.34×10^2	剪切	CBN	2.26×10^8	拉伸
Al_2O_3	6.2×10^5	拉伸	金刚石	$5.64\times10^8\sim1.02\times10^7$	晶体的各向异性

在纳米级加工中需要切断原子间结合，需要很大的能量密度，约为$10^5\sim10^6J/cm^3$，或$10^{-21}\sim10^{-16}J/cm^3$原子。传统的切削、磨削加工消耗的能量密度较小，实际上是利用原子、分子或晶体间连接处的缺陷进行加工的。用传统的切削、磨削加工方法进行纳米级加工，要切断原子间的结合就相当困难。因此，直接利用光子、电子、离子等基本能子的加工，必然是纳米级加工的主要方向和主

要方法。但纳米级加工要求达到极高的精度，使用基本能子进行加工时，如何进行有效的控制以达到原子级的去除，是实现原子级加工的关键。

近年来，纳米级加工有了很大的突破。例如，用电子束光刻加工超大规模集成电路时，已实现0.1μm线宽的加工；离子刻蚀已实现微米级和纳米级表层材料的去除；扫瞄隧道显微技术已实现单个原子的去除、搬迁、增添和原子的重组。纳米加工技术现在已成为现实的、有广宽发展前景的全新加工领域。

二、纳米级加工精度

纳米级加工精度包括：纳米级尺寸精度、纳米级几何形状精度、纳米级表面质量。对于不同的加工对象，这三方面各有所偏重。

1. 纳米级的尺寸精度

1）较大尺寸的绝对精度很难达到纳米级。零件材料的稳定性、内应力、本身重量造成的变形等内部因素和环境的温度变化、气压变化、测量误差等都将产生尺寸误差。因此，现在的长度基准不采用标准尺为基准，而采用光速和时间作为长度基准。1m长的实用基准尺，其精度要达到绝对长度误差0.1μm已经是非常不容易了。

2）较大尺寸的相对精度或重复精度达到纳米级，这在某些超精密加工中会遇到。例如某些高精度孔和轴的配合，某些精密机械零件的个别关键尺寸，超大规模集成电路制造过程中要求的重复定位精度等，现在使用激光干涉测量和X射线干涉测量法都可以达到Å级的测量分辨率和重复精度，可以保证这部分加工精度的要求。

3）微小尺寸加工达到纳米级精度，这是精密机械、微型机械和超微型机械中遇到的问题，无论是加工或测量都需要继续研究发展。

2. 纳米级的几何形状精度

这在精密加工中经常遇到。例如精密轴和孔的圆度和圆柱度；精密球（如陀螺球、计量用标准球）的球度；制造集成电路用的单晶硅基片的平面度；光学、激光、X射线的透镜和反射镜、要求非常高的平面度或是要求非常严格的曲面形状。这些精密零件的几何形状直接影响其工作性能和工作效果。

3. 纳米级的表面质量

表面质量不仅仅指它的表面粗糙度，而且包含其内在的表层的物理状态。例如，制造大规模集成电路的单晶硅基片，不仅要求很高的平面度、很小的表面粗糙度值和无划伤，而且要求无表面变质层（或极小的变质层）、无表面残留应力、无组织缺陷。高精度反射镜的表面粗糙度、变质层会影响其反射效率。微型机械和超微型机械的零件对其表面质量亦有极严格的要求。

三、纳米加工中的LIGA（Lithograph Galvanoformung Abformung）技术

LIGA是最新发展的使用X射线的深度光刻与电铸相结合，实现高深宽比的微细构造复合微细加工新技术，被认为是三维立体微细加工最有发展和应用前景的加工新技术，将对微型机械的发展起到很大的促进作用。

用 LIGA 技术可以制作各种各样的微器件和微装置，工件材料可以是金属(含合金)、陶瓷、聚合物、玻璃等，可以制作微型件的最大高度为 1000μm，横向尺寸 0.5μm 以上，高宽比大于 200 的立体微结构，加工精度可达 0.1μm。刻出的图形侧壁陡峭、表面光滑。加工出的微器件和微装置可以复制生产、成本低。

用 LIGA 技术已经研制成功或正在研制的产品有微传感器、微电动机、微执行器、微机械零件、集成光学和微光学元件、真空电子元件、微型医疗器械和装置、流体技术微元件、纳米技术元件及系统等。LIGA 产品涉及的尖端科技领域和产业部门极广，其技术经济的重要性和市场前景以及社会、经济效益是显而易见的。

LIGA 技术是 20 世纪 80 年代中期由德国 W. Ehrfeld 教授等人发明的，它是由深度同步辐射 X 射线光刻、电铸成形等技术组合而成的综合性技术。

目前，在 LIGA 工艺中有加入牺牲层的方法，使获得的微型器件中有部分可以脱离母体而能移动或转动，这在制造微型电动机或其他驱动器时很重要。还有人研究控制光刻时的照射深度，亦即使用部分透光的掩模，在曝光时同一块光刻胶在不同处的曝光深度不同，从而获得的光刻模型可以有不同的高度，用这种方法可以得到真正的三维立体微型器件。

为了制造复杂形状或复合的硅微型机械和器件，常常需要将几块基板键合在一起。常遇到的是 Si 基板和 Si 基板，Si 基板和玻璃基板的键合。基板的键合技术是微型机械制造中不可缺少的加工技术。基板键合时必须保证键合尺寸十分精确，同时，键合部分不变形，键合的两块基板热膨胀系数相同。

Si 基板和 Si 基板键合时可以直接键合，基板的面要加工得非常平，两基板加热到 1000℃以上的高温，压在一起。它是靠原子力将两块 Si 基板键合在一起的，键合非常牢固。由于是相同的材料，热膨胀系数相等，没有热应力，不会产生键合变形。两基板键合成一体可以进行普通半导体加工。利用两块基板晶向不同，各向异性腐蚀对两基板进行微加工，可以制出复杂的图形。

Si 基板和硼硅酸玻璃的键合采用阳极键合。这种玻璃的热膨胀系数和 Si 基板非常接近，键合过程中的变形和应变都非常小。在加热到 400℃左右时，玻璃侧施加数百伏负电压，玻璃和硅片间就会产生很大的静电引力，表面相互紧密接触，牢固地键合在一起。

器件的键合技术本身不是超精密加工技术，也不属于 LIGA 的技术范围内，但在制造微型器件时是一项必不可少的辅助工艺技术。

四、扫描隧道显微加工技术

扫描隧道显微镜(STM)是 1981 年由 Binnig 和 Bohrer 发明的，他们为此获得了1986年的诺贝尔物理奖。STM是基于量子隧道效应工作的，其纵向分辨率达到0.01nm，横向分辨率优于0.2nm，可以用于研究各种金属、半导体、生物等样品的表面形貌，也可以用于研究表面沉积、表面原子扩散和迁移，以及表面粒子的成核和生长、吸附和脱附等等。STM可以在真空、大气、溶液、常温、低温等不同的环境下工作。

图11-16所示为扫描隧道显微镜的结构原理图。

1. STM原子级加工的基本原理

扫描隧道显微镜在发明的初期主要用于测量试件表面纳米级的形貌。在STM的基础上，Binnig与Quate和Gerber一起于1986年又发明了原子力显微镜（AFM）。AFM是将STM的工作原理与针式轮廓曲线仪原理结合起来形成的一种新型显微镜。在这些显微探针检测技术的实际应用过程中发现，可以通过显微探针操纵试件表面的单个原子，实现单个原子和分子的搬迁、去除、增添和原子排列重组，实现极限的精加工——原子级的超精密加工。

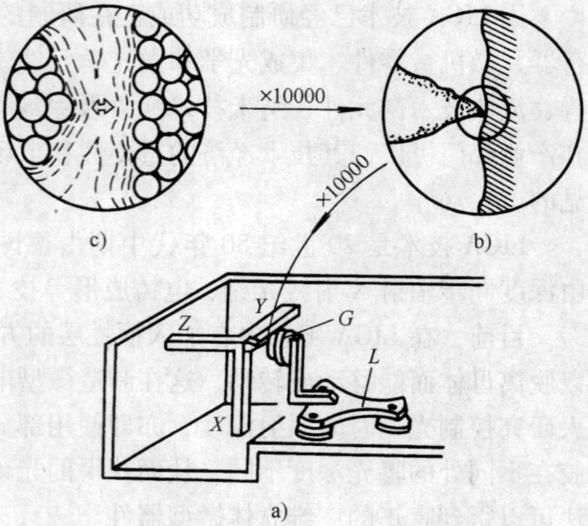

图11-16 扫描隧道显微镜的结构原理图
a）结构立体，其中X、Y、Z是压电驱动杆，L是静电初调位置架，G是样品架
b）针尖顶端与样品架放大10000倍后的示意图
c）b）图放大10000倍后的示意图

当显微镜的探针对准试件表面某个原子并非常接近时，试件上的该原子受到两方面的力：一方面是探针尖端原子对该原子间作用力，另一方面是试件其他原子对该原子间结合力。如果探针尖端的原子与该原子之间的距离小到某极小距离时，探针针尖可以带动该原子跟随针尖移动而又不脱离试件表面，实现了试件表面的原子搬迁。

在显微镜探针针尖对准试件表面上某个原子时，再加上电偏压或加脉冲电压，使该原子成为离子而被电场蒸发，达到去除原子形成空位的目的。实验证明，无论正脉冲或负脉冲均可抽出单个的Si原子，说明Si原子既可以正离子也可以负离子的形式被电场蒸发。在有脉冲电压情况下，也可以从针尖上发射原子，以达到增添原子填补空位的目的。

2. 原子级加工技术及其发展

1）近年来扫描隧道显微镜加工技术，即原子级加工技术获得了迅速的发展，取得了多项重要成果。1990年美国圣荷塞IBM阿尔马登研究所的

D. M. Eigler 等人在 4K 和超真空环境中用 STM 将 Ni(110)表面吸附的 Xe(氙)原子逐一搬迁，最终以 35 个 Xe 原子排成 IBM 三个字母，每个字母高 5nm，Xe 原子间最短距离约为 1nm。这种原子搬迁的方法就是使显微镜探针针尖对准选中的 Xe 原子，使针尖接近 Xe 原子，使原子间的作用力达到让 Xe 原子跟随针尖移动到指定位置而不脱离 Ni 的表面。用这种方法可以排列密集的 Xe 原子链。

2）1991 年日本的 S. Hosoki 等人用 STM 在 MoS_2 表面用硫空位写成“PEACE’9ICRL”的字样，每个字母尺寸仅为 2nm。这种用硫空位写字的方法是将 STM 针尖对准某个硫原子，在针尖和试件之间加脉冲电压，使硫原子电离，由于电场蒸发原理而逸离试件表面，留下空位。1993 年日本研究开发公司的 M. Aono 发表在室温条件下用 STM 加脉冲电压可以从 Si(111)7×7 表面抽出原子，作用机理为场蒸发。无论正负脉冲均能抽出单个 Si 原子，表明硅原子可以成为正离子，也可以成为负离子而被电场蒸发。

3）美国的 D. M. Eigler 等人在实现 Xe 原子搬迁后，又实现了分子的搬迁排列。在铂单晶的表面上，将吸附的一氧化碳分子(CO)用 STM 搬迁排列起来，构成一个身高仅 5nm 的世界上最小的人的图样。用来构成这个图样的 CO 分子间距离仅为 0. 5nm，人们称它为“一氧化碳小人”。

4）1993 年 11 月，美国的 Physics Today 杂志封面上刊登了一个圆形的像美丽的皇冠样的图形，它由周边的 48 个小图形组成，从中心到周围荡漾着水波一样的装饰。这是 IBM 公司科学家们的纳米技术的又一杰作。它是在单晶铜的表面上用 48 个铁原子围成一个 14. 3nm 的圆圈，相邻两个铁原子间的距离仅为 1nm。这是用 STM 在 4K 和高真空条件下移动铁原子到单晶铜表面三个等距排列的铜原子的中心位置。这个创作是一种人工的围栏，把电子圈在围栏中心，关在围栏中的电子的表面电子态密度受到围栏中铁原子的影响，形成美丽的“电子波浪”，使人们能直观地看到电子态密度的分布。这个实验还显示了电子是如何与人造的原子尺寸结构相互作用。根据这种原理，可以为电子建立一个由铁原子构成的量子围栏，进行观察这样的电子如何给出量子力学基本方程的解。对这些电子态密度波浪的精确测量表明，它们恰好代表电子在这种围栏中应处的能量位置。

5）将 STM 用于纳米级光刻加工时，它具有极细的光斑直径，可以达到原子级，这样可使加工特征和加工工具处于同一尺度。其次是所产生的二次电子对线宽影响很小，并且成本较低，可以在大气甚至在液体介质中工作。美国 IBM 公司的 M. A. McCord 等人在 Si 片上均匀覆盖一层厚度为 20nm 的聚甲基丙烯甲脂(PMMA)，然后用 STM 进行光刻，得到 10nm 宽线条的图案。后来，M. A. McCord 等人又相继研制成功 13. 5nm 厚的 Au-Pd 合金薄膜电阻。

6）1994 年美国威斯康星大学的 C. T. Salling 等人报道，在室温条件下对 Si(100)2×1 台阶表面用 STM 做原子级修饰，并可制造几何形状规则的原子级超微结构。用同样的方法也可以制造具有原子级水平的岭脊。同年，伊利诺大学的 J. W. Lyding 等人在超高真空对氢吸附的 Si(100)2×1 表面用 STM 做表面修饰，得到了宽度为 1nm 的线条。针尖置负偏压，针尖发出的电子使下面的氢脱附而露出清洁的 Si 表面，针尖沿表面扫描就能得到线条状或其他几何形状的清洁 Si 表面，线宽为 10Å。北京真空物理研究所也报道了用 STM 在 Si(111)7×7 表面上在直流偏压作用下获得原子级平直沟的成果。

7）目前，原子级加工技术正在研究对大分子中的原子搬迁、增加原子、去除原子和原子排列的重组。这无疑将创造出很多按人类需要而制成的新材料，对蛋白质分子的修改技术也将为纳米生物学开拓广阔的新领域。

思 考 题

1. 在等离子体加工过程中，为什么可以获得极高的能量密度？
2. 挤压珩磨技术有哪些特点？举例说明其实际应用情况。
3. 说明磨料喷射加工的工作原理，其设备主要由哪几部分组成。
4. 在磁性磨料研磨加工过程中，影响加工质量的因素主要有哪些？
5. 光刻加工技术的基本过程通常包括哪些步骤？如何提高其加工精度？
6. 如何理解纳米级加工的物理实质？

参 考 文 献

1 王先逵主编. 精密加工技术实用手册. 北京：机械工业出版社，2001
2 刘晋春，赵家齐，赵万生主编. 特种加工：第3版. 北京：机械工业出版社，2000
3 哈尔滨工业大学袁哲俊，清华大学王先逵主编. 精密和超精密加工技术. 北京：机械工业出版社，1999
4 钱苗根，姚寿山，张少宗编著. 现代表面技术. 北京：机械工业出版社，2001
5 赵万生等. 国外特种加工技术的最新进展. 电加工，1999，(5)
6 袁巨龙. 功能陶瓷的超精密加工技术. 哈尔滨：哈尔滨工业大学出版社，2001
7 上野进. 超精密机床的静压轴承主轴. 机床与工具，1987(12)
8 田中克敏. 超精密机床的床身导轨. 机床与工具，1987(12)
9 诸贯信行. 超精密加工机床的驱动方式. 机床与工具，1987(12)
10 王先逵等. 精密加工和超精密加工技术综述. 中国机械工程，1999，10(5)
11 Tohru ISHIDA，ISEM ⅩⅢ，2001，1：63
12 G. Spur，F. V. Dyck，Ann. CIRP，1993，42(1)：53
13 P. T. Eubank，M. R. Patel，J. Appl. Phys.，1990，73(11)：7900
14 M. Rozenek，J. Kozak，ISEM ⅩⅢ，2001，2：601
15 Fukui. H.，Ann. CIRP，1989，38(1)：203
16 T. Masuzawa，ISEM ⅩⅢ，2001，1：3
17 Masuzawa，T.，Ann. CIRP，2000，49(2)：473
18 余承业主编. 特种加工新技术. 北京：国防工业出版社，1995
19 张学仁主编. 数控电火花线切割加工技术. 哈尔滨：哈尔滨工业大学出版社，2000
20 金庆同主编. 特种加工. 北京：航空工业出版社，1988
21 第八界全国电加工学术年会论文集. 中国机械工程学会电加工分会. 1997
22 陈传梁主编. 特种加工技术. 北京：北京科学技术出版社，1989
23 胡传炘主编. 特种加工手册. 北京：北京工业大学出版社，2001
24 孔庆华编著. 特种加工. 上海：同济大学出版社，1997
25 杨世春主编. 表面质量与光整技术. 北京：机械工业出版社，2001
26 王续跃，杨金奎编著. 先进激光加工技术. 北京：机械工业出版社，1995
27 李力钧编著. 现代激光加工及其装备. 北京：北京理工大学出版社，1993
28 王家金主编. 激光加工技术. 北京：中国计量出版社，1992
29 [日]浜崎正信著. 实用激光加工. 北京：机械工业出版社，1992
30 陆键，倪晓武，贺安之著. 激光与材料相互作用物理学. 北京：机械工业出版社，1996
31 李小朋，任耘，张建妮. 激光技术在材料科学领域的应用及展望. 矿冶工程，2001，21(1)
32 王贵成，张银喜. 精密与特种加工. 武汉：武汉理工大学出版社，2001
33 刘正埙，唐亚新. 激光及其他高能束加工. 南京：南京航空航天大学出版社，1997

34 薛胜雄. 高压水射流技术与应用. 北京：机械工业出版社，1998
35 宋拥政，温效康，梁志强. 磨料水射流切割的机制. 机械工程学报，1997，33(3)
36 薛胜雄. 美国的高压水射流切割技术. 流体机械，1996(5)
37 钱苗根，姚寿山，张少宗编著. 现代表面技术. 北京：机械工业出版社，2001
38 陈锡栋主编. 模具精饰加工及表面强化技术. 北京：机械工业出版社，1999